KB115207

The Water Footprint Assessment Manual
Setting the Global Standard

Nature & Ecology Academic Series 7

물발자국평가매뉴얼

글로벌 표준 설정

아르옌 훅스트라, 아쇼크 샤파게인, 마이테 얼다이아, 메스핀 메코넨 지음

노태호 옮김

자연과생태

감사의 글

이 매뉴얼은 많은 기관과 개인의 도움으로 작성되었다. 물발자국 개념의 완성도를 높이기 위해 다양한 방법으로 기여한 다음의 모든 물발자국 네트워크 파트너(130개 기관 및 네트워크 파트너, 2010. 10. 16. 기준)들에게 감사의 말씀을 전한다:

ADAS (영국), Adecagua (스페인), Allenare Consultores (멕시코), Alliance for Water Stewardship (미국/호주), AmBev–Companhia de Bebidas das Americas (브라질), APESA (프랑스), Arup (영국), Association du Flocon àa la Vague (프랑스), ATA–Ativos Téecnicos e Ambientais (브라질), Austrian Institute of Technology (오스트리아), Barilla (이탈리아), Beijing Forestry University (중국), Bianconi Consulting (영국), Bionova (핀란드), Blonk Milieu Advies (네덜란드), C&A (독일), CEIGRAM–Research Centre for the Management of Agricultural and Environmental Risks, Technical University of Madrid (스페인), CESTRAS–Centro de Estudos e Estratéegias para a Sustentabilidade (포르투갈), Climate Change Commission (필리핀), Coca-Cola Hellenic (그리스), Confederation of European Paper Industries (벨기에), Consejo Consultivo del Agua (멕시코), Conservation International (미국), CREM (네덜란드), CSE Centre for Sustainability and Excellence (그리스), CSQA Certificazioni (이탈리아), Cyprus University of Technology (키프로스), Decide Soluciones Estratéegicas (멕시코), Denkstatt (오스트리아), DHV (네덜란드), Directorate-General for Water Affairs (네덜란드), Dole Food Company (미국), Eawag–Swiss Federal Institute of Aquatic Science and Technology (스위스), Ecolife (벨기에), Ecologic–Institute for International and European Environmental Policy (독일), Ecological Society for Eastern Africa (케냐), Ecometrica (영국), EcosSistemas Sustainable Solutions (브라질), EMWIS–Euro-Mediterranean Information System on know-how in the Water sector (프랑스), Enzen Water (영국), EPAL–. Empresa Portuguesa de Aguas Livres (포르투갈), Fibria Celulose (브라질), First Climate (독일), FloraHolland (네덜란드), Food and Drink Federation (영국), Fundacióon Centro de las Nuevas Tecnologíias del Agua (CENTA) (스페인), Fundacióon Chile (칠레), Geoklock–Consultoria e engenharia ambiental (브라질), Global Footprint Network (미국), GRACE (미국), Green Solutions (칠레), Grontmij (네덜란드), Heineken (네덜란드), iMdea Water Foundation (스페인), Institut füur Nachhaltige Landbewirtschaftung (독일), International Finance Corporation (미국), International Water Management Institute (스리랑카), Jain Irrigation Systems (인도), Jutexpo (영국), Kingston University (영국), KWR–Watercycle Research Institute (네덜란드), Lafarge (프랑스),

Leibniz Institute for Agricultural Engineering Potsdam-Bornim (독일), LimnoTech (미국), Live Earth (미국), Marcelino Botín Foundation–The Water Observatory (스페인), Massey University–Soil and Earth Sciences Group (뉴질랜드), McCain Alimentaire (프랑스), Michigan Technological University–Center for Water and Society (미국), National Ground Water Association (미국), National University of Cordoba (아르헨티나), Natura Cosméeticos (브라질), Nestlée (스위스), Netherlands Water Partnership (네덜란드), Next Planet ASBL (벨기에), Oranjewoud (네덜란드), Pacific Institute for Studies in Development, Environment, and Security (미국), Partners for Innovation (네덜란드), PE International (독일), People 4 Earth (네덜란드), PepsiCo (USA), Plant and Food Research (뉴질랜드), PRée Consultants (네덜란드), PricewaterhouseCoopers, Province of Overijssel (네덜란드), PTS–Papiertechnische Stiftung (독일), Pyramid Sustainable Resource Developers (호주), Quantis (스위스), Quíimica del Campo (칠레), Raisio (핀란드), Redevco (네덜란드), Renault (프랑스), RodaxAgro (그리스), Royal Haskoning (네덜란드), SABMiller (영국), Safe Drinking Water Foundation (케나다), SERI–Sustainable Europe Research Institute (오스트리아), Smart Approved WaterMark (호주), Soil & More International (네덜란드), Source 44 (미국), Stora Enso (스웨덴), Summa Environmental Technologies (에콰도르), Swiss Development Agency (스위스), The Coca-Cola Company (미국), The Nature Conservancy (미국), Tobco (벨기에), UNEP (프랑스), UNESCO-IHE Institute for Water Education (네덜란드), Unilever (영국), University of Chile (칠레), University of Natural Resources and Applied Life Sciences (오스트리아), University of Sãao Paulo–Escola de Engenharia de Sãao Carlos (브라질), University of Sãao Paulo–GovÁAgua (브라질), University of Siena (이탈리아), University of Tokyo (일본), University of Twente (네덜란드), University of Zaragoza (스페인), UPM-Kymmene Corporation (핀란드), URS Corporation (영국), USAID–. United States Agency for International Development (미국), Vewin–the Dutch Association of Drinking Water Companies (네덜란드), Viñna Concha y Toro (칠레), Viñna De Martino (칠레), Viñna Errazuriz (칠레), Water Neutral Foundation (남아프리카 공화국), Water Strategies (영국), Wildlife Trust (미국), World Business Council for Sustainable Development (스위스), WWF–the global conservation organization (스위스), Zero Emissions Technologies (스페인).

아울러 회색물발자국 개념을 검토하고 정의 및 지침 개선을 위한 제안에 힘써 주신 다음 회색물

발자국 작업반의 구성원들에게도 감사의 말씀을 전한다:

Jose Albiac (CITA, 스페인), Maite Aldaya (University of Twente, 네덜란드), Brent Clothier (Plant and Food Research, 뉴질랜드), James Dabrowski (CSIRO, 남아프리카 공화국), Liese Dallbauman (Pepsi, 영국), Axel Dourojeanni (Fundacióon Chile, 칠레), Piet Filet (WWF, 호주), Arjen Hoekstra (University of Twente, 네덜란드), Mark Huijbregts (Radboud University, 네덜란드), Marianela Jiméenez (Nestlée, 스위스), Greg Koch (The Coca Cola Company, 미국), Marco Mensink (CEPI, 벨기에), Angel de Miguel Garcíia (IMDEA Agua, 스페인), Jason Morrison (Pacific Institute, 미국), Juan Ramon Candia Fundacióon Chile, 칠레), Todd Redder (Limnotech, 미국), Jens Rupp (Coke Hellenic, 그리스), Ranvir Singh (Massey University, 뉴질랜드), Alistair Wyness (URS Corporation, 영국), Erika Zarate (WFN, 네덜란드), Matthias Zessner (Vienna University of Technology, 오스트리아), Guoping Zhang (WFN, 네덜란드).

물발자국 네트워크의 두 번째 작업반은 물발자국 지속가능성평가 방법을 검토하고 개선 방안을 제안했으며 구성원은 다음과 같다:

Maite Aldaya (University of Twente, 네덜란드), Upali Amarasinghe (IWMI, 스리랑카), Fatima Bertran (Denkstatt, 오스트리아), Sabrina Birner (IFC, 미국), Anne-Leonore Boffi (WBCSD, 스위스), Emma Clarke (Pepsi, 영국), Joe DePinto (Limnotech, 미국), Roland Fehringer (Denkstatt, 오스트리아), Carlo Galli (Nestlée, 스위스), Alberto Garrido (Technical University of Madrid, 스페인), Arjen Hoekstra (University of Twente, 네덜란드), Denise Knight (Coca-Cola, 미국), Junguo Liu (Beijing Forestry University, 중국), Michael McClain (UNESCOIHE, 네덜란드), Marco Mensink (CEPI, 벨기에), Jay O'Keeffe (UNESCOIHE, 네덜란드), Stuart Orr (WWF, 스위스), Brian Richter (TNC, 미국), Hong Yang (EAWAG, 스위스), Erika Zarate (WFN, 네덜란드).

또한 이 매뉴얼 초안을 검토한 과학심의위원회 위원들에게도 감사의 말씀을 전한다:

Huub Savenije (Delft University of Technology, 네덜란드), Alberto Garrido (Technical University of Madrid, 스페인), Junguo Liu (Beijing Forestry University, 중국), Johan Rockströ (Stockholm University & Stockholm Environment Institute, 스웨덴), Pasquale Steduto (FAO, 이탈리아), Mathis Wackernagel (Global Footprint Network, 미국). 그리고 지속가능성평가에 대한 부분(장)의 초안을 검토를 해주신 Brian Richter (TNC, 미국)에게도 감사의 말씀을 전한다.

이외에도 많은 분들께서 소중한 의견을 주었다. 이메일을 비롯한 개인 연락처를 통해 물발자국 개념 및 응용 프로그램에 관한 피드백을 제공해 주신 수많은 전문가들과 기관들을 일일이 언급할 수 없다. 특히 CROPWAT 모델 관련 조언을 주신 UN식량농업기구(FAO)의 Giovanni Muñoz, 물발자국 교육자료 개발과 관련해 협력해 주신 세계은행의 Mei Xie, 2010년 3월 스위스 몽트뢰에서 물발자국 관련 워크숍을 개최해 준 지속가능발전 세계기업협의회(World Business Council for Sustainable Development), 물발자국의 음료 부문 영향 관련 조사를 수행한 음료사업환경원탁회의(BIER: Beverage Industry Environmental Roundtable) 및 작물 생산 물발자국에 있어 토양 관리의 영향에 관한 광범위한 피드백을 제공한 Soil & More International에 감사의 말씀을 전한다.

또한 이 매뉴얼 작성을 위해 시간을 할애할 수 있도록 지원해 준 다음과 같은 저자들의 소속기관 책임자들에게도 감사의 말씀을 전한다:

Arjen Hoekstra와 Mesfin Mekonnen의 소속기관인 University of Twente의 총장, Ashok Chapagain 의 WWF-UK의 책임자, Maite Aldaya가 속했던 Technical University of Madrid의 Research Centre for the Management of Agricultural and Environmental Risks (CEIGRAM) 센터장, 그리고 현 소속인 United Nations Environment Programme (UNEP)의 책임자.

마지막으로 물발자국 개념 및 응용기법 발전에 기여하고 이를 보급하는 데 있어 지속적인 헌신과 우정을 보여준 물발자국 네트워크 직원인 Derk Kuiper, Erika Zarate, Guoping Zhang에게 감사의 말씀을 전한다. 또한 업무를 지원해 준 Joshua Waweru, Joke Meijer-Lentelink, 물발자국 웹사이트 유지를 지원해 준 René Buijsrogge에게도 감사의 말씀을 전한다.

머리말

이 책은 물발자국 네트워크(WFN: Water Footprint Network)가 개발 및 운영하는 물발자국평가에 대한 글로벌 표준 내용을 담고 있다. 물발자국 산정(계정)에 대한 정의 및 방법에 대한 포괄적인 내용을 포함하며, 물발자국의 개별 공정과 제품뿐만 아니라 소비자, 국가 및 기업과 관련해 이를 계산하는 방법을 기술하고 있다. 또한 물발자국 지속가능성평가를 위한 방법과 물발자국 대응선택 관련 정보를 제공하고 있다.

기업과 정부에서 물발자국에 많은 관심을 갖는 가운데 물발자국 계정을 기초로 지속가능한 물 전략 및 정책 수립을 위해 개념의 정의 및 표준화된 계산 방법의 공유는 매우 중요하다.

이 메뉴얼은 WFN의 요청에 따라 작성되었으며, 2009년에 WFN이 발간한《2009년 물발자국 최신 매뉴얼(Water Footprint Manual: State of the Art 2009)》의 수정 및 확장된 버전이다. 이번 개정판은 세계 각국의 파트너사와 연구원의 수많은 자문을 거쳐 출판되었다. 2009년 버전은 발간 직후 전 세계 파트너들에게 피드백을 요청했다. 또한 WFN의 파트너사 및 초청 전문가로 이루어진 두 개의 작업반을 구성해 운영했다. 한 작업반은 회색물발자국에 대한 문제를 제기했고(Zarate, 2010a), 다른 작업반은 물발자국 지속가능성평가에 대해 연구했다(Zarate, 2010b). 또한 몇몇의 파트너들은 WFN과 공동으로 시범사업을 시작했으며 이를 통해 실질적인 물발자국 활용에 기초한 특정 지역의 물 전략 또는 정책 등을 수립한 바 있다. WFN은 수신된 피드백(신규 발간물, 실제 물발자국 시범사업 경험, 작업반 보고서)에 기초해 새로운 개정판의 초안을 준비했다. 이후 물발자국 네트워크의 과학자 공동검토위원회는 초안 버전을 검토하고 개정판을 위한 구체적인 조언을 제시한 바 있다. 이 매뉴얼은 이 모든 과정의 산물이다.

이번 개정판도 역시 적당한 시기에 개정이 필요할 것으로 보인다. 이 분야의 연구는 급속하게 발전하고 있으며 물발자국평가와 관련한 수많은 시험적 연구가 경제 전반에 걸쳐 모든 대륙에서 진행되고 있다. WFN은 진행 중인 다양한 물발자국 시범사업과 새로운 과학 발간물 등으로부터 얻을 수 있는 지식의 습득 그리고 파트너 및 비파트너 모두의 피드백을 환영한다. 이를 통해 각 분야에서 서로 다른 목적으로 물발자국을 평가할 때 개인과 조직이 가지고 있는 다양한 경험을 최대한 활용할 수 있도록 하고자 한다. 우리는 물발자국 방법론을 구체화하는 것을 목표로 이 개념이 사회의 다른 분야에서도 다양한 용도로 이용되는 동시에 일관성 및 과학적인 정밀성을 유지토록 노력하고자 한다.

욥 드 스쿠터(Joop de Schutter)
물발자국 네트워크 감독이사회 의장

옮긴이의 말

생태발자국, 탄소발자국과 함께 환경지표의 3대 개념으로 부상한 물발자국(Water Footprint)은 소비자나 생산자의 직간접적인 물사용을 고려하는 담수소비의 지표다. 실제 사용되는 물의 양과 가상수의 양을 합해 개인이 소비하는 물의 총량을 의미하는 이 개념이 최근 들어 주목받고 있다.

우리나라는 스리랑카, 일본, 네덜란드에 이어 세계 4위 가상수 수입국이다. 따라서 가상적인 물교역으로 발생하는 전 지구적 물부족 현상에 적극적으로 대응하고, 표준화된 방법을 적용하는 것이 국가의 중요한 사안이 되었다. 이러한 상황에서 담수소비의 국제적 신지표로 부상한 물발자국 개념을 조속히 정착시키고, 지속가능한 물관리정책 수립에 보탬이 되고자 『물발자국평가매뉴얼』 한글판을 출간하게 되었다.

새로운 개념의 기술서를 한글로 옮기는 작업에서 가장 까다로웠던 점은 원문의 용어를 우리말로 명명하는 것이었다. 본질적 의미를 잘 반영하되 함축성을 높이고, 유사 용어들을 보다 명확하게 구분하려 애썼으며, 독자의 이해를 돕고자 책 후반부에 별도의 용어해설을 담았다. 기술서라는 특성상 최대한 원문에 충실하게 번역하고자 노력했으며, 보충 설명이 필요하다 여겨지는 부분에는 역자의 해설과 생각을 덧붙였다.

이 책은 제3, 4장을 중심으로 많은 수학공식들에 기초한 물발자국 산정방법을 설명하고 있으며 다양한 형태의 기호들이 사용되었다. 이 기호들은 글로벌 표준화기법을 소개한다는 이 책의 취지에 부합하도록 원문의 것을 그대로 수록했으며, 각각의 의미는 본문 내 풀이와 함께 책 말미에 기호분류표로 종합 정리했다. 부록 II에는 특정한 모델을 사용해 출력된 결과물이 담겨 있는데, 이 역시 사용자들의 이해를 돕고자 원문 그대로 실었다. 기술적인 측면보다 일반적인 이해를 구하는 독자는 부록 VI의 '자주 묻는 질문'을 우선 참고할 것을 권한다.

많은 분들의 자문과 도움이 없었다면 역자의 일천한 지식으로 이 책의 완성도를 확보하기 어려웠을 것이다. 짧은 글로 깊은 감사의 말씀을 드린다. 특히 원고정리와 자료보완에 도움을 준 미 존스홉킨스대학교 노유경, KEI 박준현, 오진관 연구원에게 고마움을 전하며, 출판을 흔쾌히 허락하고 거친 문구를 다듬어 주신 자연과생태 편집부에게 감사의 말씀을 전한다. 끝으로 지속가능발전의 토대를 마련하고자 노력하는 국내 모든 물 관계자 여러분께 감사의 마음을 전한다.

2015년 4월

노태호
한국환경정책평가연구원(KEI) 글로벌전략센터장

차례

그림 목록

표 목록

Box 목록

제1장

서문

1.1 배경

인간의 활동은 많은 양의 물을 소모하며 오염시킨다. 지구적으로 볼 때 물소비는 대부분 농업에서 일어나지만, 산업과 가정 부문에서 소비되고 오염되는 양도 상당하다(WWAP, 2009). 물 소비와 오염은 관개, 목욕, 세탁, 청소, 냉각, 가공과 같은 특정한 활동과 관련 있다. 전체 물 소비와 오염은 다수의 독립적인 물 수요와 오염 활동의 합이라고 볼 수 있는데도, 어떤 공동체들이 소비하는 물의 양과, 다양한 물품 및 서비스를 제공하는 국제 경제의 구조와 관련 있다는 사실은 그리 주목받지 못했다. 또한 최근까지 과학 및 물관리 분야에 있어서 물의 소비와 오염을 전체적인 생산 및 공급사슬 과정과 연관 지어 고려하는 정도가 낮았다. 따라서 생산과 공급사슬의 조직과 특징들이 최종적인 소비재와 관련 있는 물의 소비와 오염 양, 그리고 시공간적 분포에 큰 영향을 미친다는 사실에 대한 인식이 거의 없었다.

Hoekstra와 Chapagain (2008)은 제품에 숨겨진 물소비를 시각화하는 것이 담수의 전반적인 특징을 이해하고, 소비와 무역이 물소비에 미치는 영향을 수량화하는 데 도움을 준다고 밝힌 바 있다. 이러한 이해의 폭이 넓어지면 지구적 차원의 담수자원관리가 개선되는 기반을 만들 수 있다.

담수는 물집약적 제품의 국제적인 무역이 활성화됨에 따라 점점 더 글로벌 자원이 되어가고 있다. 농작물과 축산물, 천연 섬유, 생물에너지와 같은 물집약적 제품에는 지역 시장뿐만 아니라 세계 시장도 존재한다. 그래서 담수자원이 반드시 소비자와 공간적으로 직접 연결되어 사용되지만은 않았다. 이것은 목화재배의 경우에 있어서 잘 나타난다. 목화는 담수자원에 서로 다른 영향을 미치는 몇몇 특정한 생산과정을 거친다. 이 생산과정은 대부분 다른 장소에 있으며, 최종적으로 소비되는 곳 또한 다른 장소일 수 있다. 말레이시아는 목화를 기르지는 않지만, 중국, 인도, 파키스탄에서 목화를 수입한 후, 섬유 공장에서 가공해 유럽시장에 면으로 된 옷을 수출한다(Chapagain 등, 2006b). 따라서 면 제품 소비가 지구의 담수자원에 끼치는 영향을 찾아내려면 그 제품의 공급사슬을 관찰하고 원산지를 추적해야만 한다. 즉, 소비와 물사용 사이에 숨겨진 연결고리를 찾아내는 것이 새로운 물관리 전략을 구축하는 데 기본이 된다. 물집약적 제품의 최종 소비자, 소매인, 식품 산업과 상인들이 전통적인 물관리 방식에서 제외되었던 요소라면, 이제는 이들을 잠재적 '변화요소'로 보아야 한다. 이들은 '직접적인' 물사용자일 뿐만 아니라, '간접적인' 물사용자이기도 하다.

1.2 물발자국 개념

물소비를 공급사슬과 함께 고려한다는 생각은 Hoekstra가 2002년에 '물발자국'이라는 개념을 처음 소개한 후부터 관심받기 시작했다(Hoekstra, 2003). 물발자국은 소비자나 생산자의 직접적인 물사용뿐만 아니라 간접적인 물사용도 고려하는 담수소비의 지표다. 물발자국은 전통적이고 제한적인 취수량의 측정 다음으로 담수자원 책정에 있어 포괄적인 지표라고 할 수 있다. 특정 제품의 물발자국은 그 제품을 생산할 때 전체적인 공급사슬에 걸쳐 측정되고 소비된 담수의 양이다. 이것은 물소비량을 원산지별로, 오염된 양은 오염 종류별로 나타내

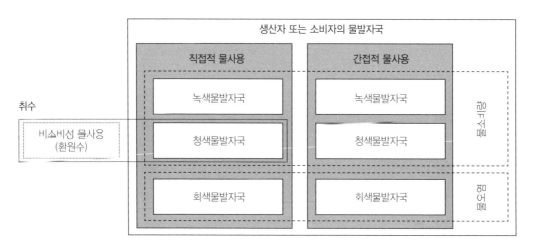

그림 1.1 물발자국 요소들의 도식적 표현
취수의 비소비적 부분인 환원수가 물발자국의 일부가 아니라는 것을 보여준다. 또한 취수와 달리 물발자국은 녹색·회색물과 간접적 물사용 요소를 포함한다는 것을 설명한다.

는 다차원적 지표다. 완전한 물발자국 하나에 담긴 모든 요소는 지역별, 기간별로 세분화되어 있다. 청색물발자국은 제품의 공급사실을 따라 소비된 청색물(지표수와 지하수)을 뜻한다. '소비'는 집수역 내 가용 지표수의 총량에서 사용되어 생기는 물손실을 의미한다. 손실은 물이 증발하거나, 다른 집수역 또는 바다로 돌아가거나, 제품에 포함되었을 때 일어난다. 녹색물발자국은 녹색물(흐르지 않고 머무는 빗물)의 소비를 가리킨다. 회색물발자국은 오염을 의미하고, 오염원을 자연적인 배경농도와 주변수질기준에 맞게 정화하기 위해 필요한 담수의 양으로 정의한다.

물사용(물이용)의 한 지표로서 물발자국은 '취수'를 측정하는 고전적인 방법과 다음의 3가지 측면에서 다르다(그림 1.1).

1. 청색물이 기원한 곳으로 돌아가면 청색물사용은 포함하지 않는다.
2. 청색물사용에 국한하지 않고 녹색물과 회색물도 포함한다.
3. 직접적 물사용에 국한하지 않고 간접적 물사용도 포함한다.

따라서 물발자국은 한 소비자나 생산자가 어떻게 담수시스템 사용에 결부되는지에 대한 넓은 관점을 제공한다. 물발자국은 물 소비와 오염의 양을 측정하나 물 소비와 오염이 지역 환경에 어느 정도 영향을 미치는지에 관련한 심각성을 측정하는 것은 아니다. 어느 특정한 양의 물을 소비하고 낭비하는 것의 지역적 환경영향은 그 지역 담수시스템의 취약성과 동일한 시스템을 이용하는 물소비자와 오염을 유발하는 사람들의 인구수에 의존한다.

물발자국 산정(계정)은 시공간적으로 물이 인간의 다양한 목적에 어떻게 책정되는지에 관한 명확한 정보를 제공한다. 이 계정은 지속가능하고 공정한 물사용과 분배에 관한 토론을 불러일으키며, 또한 환경 · 사회 · 경제적 영향에 대한 지역적 평가를 위한 좋은 기반을 형성할 수 있다.

1.3 물발자국평가

물발자국평가는 (i) 공정, 제품, 생산자나 소비자의 물발자국을 계량하고 위치를 찾아내거나, 특정한 지리적 영역의 물발자국을 시공간적으로 수량화하고, (ii) 이러한 물발자국의 환경·사회·경제적 지속가능성을 평가하며, (iii) 대응전략의 구축에 이르기까지 일련의 과정을 의미한다. 광범위하게 말하자면, 물발자국평가의 목표는 인간 활동이나 특정한 제품이 어떻게 물 부족과 오염 문제에 결부되어 있는지를 분석하고, 물의 관점에서 활동과 제품이 어떻게 좀 더 지속성을 확보할 수 있는지를 살펴보는 것이다.

물발자국평가가 어떻게 나타날지는 관심의 초점에 따라 크게 달라진다. 전체적인 생산사슬에서 특정한 공정의 물발자국에 관심이 있을 수 있고, 최종 제품의 물발자국에 관심이 있을 수 있다. 또는, 소비자 1인이나 소비자집단의 물발자국에 관심이 있을 수 있고, 생산자 한 사람이나 경제 분야 전체의 물발자국에 관심이 있을 수 있다. 그 외에도 지리적인 관점에서 물발자국평가를 택할 수도 있는데 이는 지방자치단체, 국가, 집수역, 또는 유역처럼 세분화된 지역의 완전한 물발자국을 파악하는 것이다. 이 같은 종합적 물발자국은 그 지역에서 일어나는 수많은 독립적 공정의 물발자국 집합체다.

물발자국평가는 분석적인 도구이다. 활동과 제품이 어떻게 물 부족과 오염, 그리고 관련된 영향에 결부되어 있는지, 또한 인간 활동과 제품이 담수의 지속가능한 이용을 저해하는 원인으로 작용하지 않도록 하려면 어찌해야 하는지에 관한 이해를 돕는다. 도구로서의 물발자국평가는 통찰력을 제공하지만, 무엇을 해야 하는지는 말해주지 않는다. 대신 그 사람들이 무엇을 할 수 있는지 이해하는 데 도움을 준다.

그림 1.2 물발자국평가의 4단계

전체적인 물발지국평가는 뚜렷한 4단계로 구성된다(그림 1.2). 물발자국평가에 관한 연구를 실행할 때 연구 목표와 분야를 명확히 설정해야 한다. 물발자국 연구는 여러 가지 이유로 실행될 수 있다. 예를 들어, 정부는 국가의 외국 수자원 의존도를 알고 싶어 할 수 있고, 물집약적 수입 물품이 유래된 지역의 물사용 지속성을 알고 싶어 할 수도 있다. 유역 관할기관은 유역 내 인간 활동에 의해 발생한 물발자국이 언제 환경유량요건이나 수질기준을 위반하는지 알고자 할 수 있다. 또 그 유역의 수자원이 부족한데 그것이 가치가 낮은 수출 작물에 분배되는지의 여부를 파악코자 할 수도 있다. 기업은 공급사슬에 있어 부족한 수자원 의존도나, 공급사슬과 공정 내에서 어떻게 하면 담수시스템에 끼치는 영향을 줄일 수 있는지 알고자 할 수 있다.

물발자국 산정 단계는 정보를 수집하고 계정을 개발하는 단계다. 산정 범위나 세부 내용은 그 전 단계의 결정에 따른다. 산정 단계 다음은 지속가능성평가로, 이때는 환경 · 사회 · 경제적 관점에서 물발자국을 평가한다. 마지막 단계인 대응선택에 있어서는 전략이나 정책을 수립한다. 그렇다고 반드시 한 연구에 모든 단계를 포함할 필요는 없다. 목표와 범위를 세우는 첫 단계 후 산정에만 집중하거나 지속가능성평가 단계에서 연구를 멈추는 결정을 할 수도 있다. 이는 대응선택에 관한 논의는 나중으로 미룬다는 것이다. 사실 이러한 일련의 4단계는 엄격한 지시사항이라기보다는 지침에 가깝다. 전 단계로 돌아가는 것과 단계를 반복하는 것은 종종 필수사항이 될지도 모른다. 이는 한 기업이 물발자국에 필수적인 요소를 파악하고 대응선택을 위한 우선 요소의 설정을 위해 처음에는 모든 단계의 개략적인 탐구에 흥미를 지닐 수 있지만, 나중에는 산정의 특정한 부분이나 지속가능성평가에 보다 정밀한 세부 설명을 필요로 할 수 있기 때문이다.

1.4 이 책의 구성에 대한 안내

앞으로 물발자국평가를 위한 4단계를 다룬다. 제2장에서는 물발자국평가에서 목표나 범위를 정할 때 고려해야 하는 중요한 주제들을 다루고 제3장에는 물발자국 산정의 정의와 방법을 담았다. 제4장에서는 물발자국의 지속가능성평가 단계에 필요한 가이드라인을 제공하며, 제5장에서는 정책 수립 단계에서 고려되는 물발자국 대응전략 선택의 전체적인 개요를 제시한다. 제6장에서는 물발자국평가 방법을 더 넓은 맥락에 두고 그 한계를 논의했고, 제7장에서는 미래에 야기될 주요 과제를 확인하고 논하며 8장은 결론을 담고 있다.

독자의 흥미에 따라 이 설명서의 각기 다른 부분에 집중할 수 있다. 특히 제3장에서는 물발자국 산정을 다루는데, 독자가 소비자(3.5), 국가 정부(3.7), 유역 관할기관(3.8), 또는 비즈니스(3.10) 중 어느 관점을 취하느냐에 따라 선택적으로 읽을 수 있다. 물발자국 산정의 기본인 공정과 제품(3.3과 3.4) 관련 설명은 모든 물발자국 관점에서 참고가 가능하다.

또한 이 매뉴얼은 다양한 개념들을 정의했다. 이 책에서 사용한 주된 단어들의 정의를 쉽게 찾을 수 있도록 책 마지막에 용어집을 수록했다. 이와 함께 물발자국평가 맥락에서 가장 자주하는 질문들도 다뤘다.

제2장

물발자국평가의
목표와 범위

2.1 물발자국평가의 목표

물발자국 연구에는 다양한 목적이 있을 수 있고, 여러 가지 맥락에서 이를 적용할 수 있다. 각각의 목적은 그에 따른 공유된 분석 범위가 요구되고 여러 가정을 설정하면 다양한 선택을 허용할 수 있다. 각기 다른 주체(대상)에 대한 물발자국을 평가할 수 있으므로 어떤 물발자국에 관심이 있는지 명시하는 것부터 시작하는 것이 가장 중요하다. 다음의 관심사항을 예로 들 수 있다.

- 공정단계의 물발자국
- 제품의 물발자국
- 소비자의 물발자국
- 소비자집단의 물발자국
    - 국가 소비자들의 물발자국
    - 지방자치단체 또는 기타 행정단위 내 소비자들의 물발자국
    - 집수역이나 유역 소비자들의 물발자국
- 지리적으로 세분화된 지역의 물발자국
    - 국가내물발자국
    - 지방자치단체 또는 다른 행정단위 내 물발자국
    - 집수역이나 유역의 물발자국

- 비즈니스의 물발자국
- 사업 분야의 물발자국
- 인류 전체의 물발자국

물발자국평가의 목표를 정하는 데 필요한 점검사항 대조표는 Box 2.1과 같다. 이 대조표는 완전하지는 않지만, 명시해야 할 몇 가지를 보여준다. 아마도 가장 중요한 문제는 어떤 종류의 세부사항을 추구하느냐일 것이다. 목적이 물발자국에 관한 의식을 불러일으키는 것이라면 제품물발자국의 국가적 또는 지구적인 평균 측정치가 있으면 충분하다. 핫스팟(hotspot)을 확인하는 것이 목표라면 더 상세한 세부사항을 정하고, 산정과 평가에 포함시켜 물발자국이 정확히 언제 어디에서 환경·사회·경제적으로 최대의 영향을 갖는지 찾아낼 수 있다. 정책을 세우고 물발자국을 감소시키는 것이 목표일 경우에는 보다 많은 시공간적 세부사항이 필요하다. 그 밖에도 물을 제외한 다른 요소들을 포함시키는 더욱 방대한 숙의를 하는 데에도 물발자국평가가 포함되어야 한다.

Box 2.1 물발자국평가의 목표

일반
- 최종 목적이 무엇인가? 의식고취, 핫스팟 확인, 정책 수립, 또는 양적인 목표 설정?
- 특정한 단계에 초점을 두는가? 산정, 지속성, 평가 또는 대응수립?
- 관심 범위는 어떤가? 직간접적 물발자국, 녹색·청색·회색물발자국?
- 기간은 어떻게 다룰 것인가? 특정한 연도를 평가, 몇 년에 걸친 평균치 또는 트렌드 분석에 초점?

공정물발자국평가
- 어떤 공정을 고려할까? 특정한 공정 또는 대체 가능한 공정(대체 기법의 물발자국과 비교하기 위해)?
- 어떤 규모로 할 것인가? 특정한 장소의 특정 공정 또는 다른 위치에서의 동일한 공정?

제품물발자국평가
- 어떤 제품을 고려할까? 특정 브랜드의 재고 단위, 특정 종류의 제품 또는 제품 전체 범주?
- 어떤 규모로 할 것인가? 들판이나 공장에서의 제품, 한 개 이상의 기업 또는 한 개 이상의 생산지역?

소비자 또는 공동체 물발자국평가
- 어떤 공동체를 대상으로 하는가? 개인 소비자 또는 지방자치단체, 그 지역의 소비자들?

지리적으로 세분화된 지역의 물발자국평가
- 지역 경계는 무엇인가? 집수역, 강 유역, 지방자치단체 또는 국가?

- 관심 분야는 무엇인가? 가상수(virtual water)를 수입함으로써 그 지역의 물발자국이 어떻게 감소하는지, 물발자국이 수출품을 만들면서 어떻게 증가하는지를 조사, 지역의 수자원이 다양한 목적으로 분배되는지 분석, 지역 내 물발자국이 지역 환경유량요건(environmental flow requirements)과 주변 수질기준을 어디에서 위반하는지 조사?

국가적 물발자국평가(국가내물발자국과 국가소비물발자국)
- 관심 범위는 무엇인가? 국가 내의 물발자국을 평가, 국가 소비의 물발자국을 평가, 국가 소비의 내부적, 외부적 물발자국을 분석?
- 관심 분야는 무엇인가? 국가적 물부족, 국가 생산의 지속가능성, 희박한 수자원을 가상수 형태로 수출입할 때 얻을 수 있는 국가적 물절약, 국가 소비의 지속가능성, 다른 나라에서의 국가소비물발자국 영향, 외국 수자원에 대한 의존율?

비즈니스물발자국평가
- 연구 규모는 어떤가? 기업의 구성단위, 기업 전체 또는 영역별 전체(관심 규모가 제품 단계일 때는 위의 '제품 물발자국평가'를 참조)?
- 관심 범위는 어떤가? 운용 또는 공급사슬 과정의 물발자국평가?
- 관심 분야는 무엇인가? 비즈니스 위험, 제품 투명성, 기업의 환경영향 관련 보도, 제품 표시, 벤치마킹, 비즈니스 증명서, 필수적인 물발자국 요소들 확인, 수량 감소 목표의 수립?

2.2 물발자국 산정(계정)의 범위

물발자국 계정을 수립할 때 '항목 범위'에 관한 사항들이 명확하고 분명해야 한다. 항목 범위는 계정에서 무엇을 포함하고 무엇을 제외하는지를 가리키며, 그 계정이 갖고 있는 목저외 기능으로 선택되어야 한다. 다음의 섬섬사항 대조표를 사용해 물발자국 계정을 설정할 수 있다.

- 청색 · 녹색 · 회색물발자국을 고려하는가?
- 공급사슬을 따라 거슬러갈 때 어느 부분의 분석을 줄일까?
- 어떤 수준의 시공간적 설명인가?
- 어떤 기간의 데이터인가?
- 소비자나 비즈니스일 때, 직 · 간접적 물발자국을 고려하는가?

• 국가일 때, 국가내물발자국, 국가소비물발자국, 국가소비내적 · 외적물발자국을 고려하는가?

청색 · 녹색 · 회색물발자국을 고려하는가?

일반적으로 청색물이 희박하고 녹색물보다 기회비용이 더 높다는 이유로 청색물발자국 산정에만 초점을 맞추는 경우가 있다. 그러나 녹색물 또한 제한적이고 녹색물이 청색물로 대체될 수도 있기 때문에(농업에서는 그 반대도 가능) 두 가지를 같이 산정해야만 완전한 결과를 보장할 수 있다. 녹색물 사용을 포함시키는 것에 대한 논란은 청색물에 초점을 둔 전통적 공학기술이 생산에 중요한 요소 중 하나인 녹색물에 대해 과소평가해온 것에 기인한다(Falkenmark, 2003; Rockstrom, 2001). 회색물발자국 개념은 오염된 물을 용량적 측면에서 표현하고자 도입되었기 때문에 역시 체적으로 표현되는 물소비와 비교할 수 있게 되었다(Chapagain 등, 2006b; Hoekstra와 Chapagain, 2008). 이용 가능한 수자원의 오염과 소비에 관한 주장들을 비교하는 데 관심이 있다면, 회색물발자국도 추가하는 것이 적절하다.

공급사슬을 따라 거슬러갈 때, 어느 부분의 분석을 줄일까?

절삭(생략) 관련 주제는 물발자국 산정의 기본적인 문제다. 탄소발자국과 생태발자국 산정, 에너지 분석, 전과정평가에서도 비슷한 문제들과 직면한다. 아직 물발자국 산정 분야에서 일반적인 가이드라인이 개발되지는 않았지만, 전반적인 원칙은 하나의 생산 체계 안에서 전체 물발자국에 중대하게 기여하는 모든 공정의 물발자국을 포함하는 것이다. 문제는 어느 정도가 중대한가인데, 예를 들어 '1%보다 크다(또는 최대 요소들에만 관심이 있을 때는 10%보다 크다)'라고 할 수 있다. 특정 제품의 원산지를 추적하면 각 공정단계에서 사용되는 다양한 원료(투입물) 때문에 공급사슬이 끝이 없고, 넓게 분열되는 것을 보게 된다. 그러나 실질적으로 최종 제품의 완전한 물발자국에 중대하게 기여하는 공정단계는 몇 개밖에 없다. 경험에 근거할 때, 그리고 제품이 농업에서 유래한 원료를 포함할 때, 그 원료는 대부분 그 제품의 전체적인 물발자국에 주요하게 기여한다고 예측할 수 있다. 인류의 물발자국 86% 정도가 농업 분야에 속하기 때문이다(Hoekstra와 Chapagain, 2008). 산업적 원료는 물오염과 관련이 있을 때 특히 기여할 가능성이 높다(이러한 이유로 회색물발자국을 유발함).

절삭 문제에 놓이는 또 다른 문제는 거의 모든 공정의 투입 요소인 노동의 물발자국을 산정해야 하느냐다. 피고용인들은 음식, 의류, 식수를 필요로 하는 투입 요소이기 때문에 그들과 관련된 모든 직간접적 물 요구도 제품의 간접적 물발자국에 포함되어야 한다고 주장할 수 있다. 그러나 이것은 전과정평가 분야를 보면 잘 알 수 있듯, 중복 집계가 일어나기 때문에 매우 심각한 산정 문제를 야기한다. 제품의 천연자원 산정에 있어 근본적인 개념은 모든 천연자원의 소비는 최종 소비재와 소비자의 소비 데이터를 바탕으로 분배하는 것이다. 따라서 모든 천연자원 소비는 최종적으로 소비자가 원인이 된다. 하지만 소비자는 노동자이기도 하기 때문에 소비자가 원인이 된 천연자원 소비를 생산의 투입 요소인 노동의 근본적인 천연자원 소비로 계산하면, 끝없는 중복의 고리를 만들게 된다. 짧게 말하면, 간접적 자원 소비를 상징하는 요소로 보아 노동을 제외하는 것이 일반적이다.

자주 야기되는 또 다른 문제(특히 탄소발자국 산정 분야의 분석가들이 제기하는)는 운송에 따른 물발자국이 포함되어야 하는가이다. 운송은 에너지를 많이 소비하고, 그 양은 제품을 생산하고 최종 목적지로 옮기는 데 드는 전체적인 에너지의 상당한 부분을 차지할 수 있다. 많은 경우에 있어 제품을 만들고 운송하는 데 소비된 담수의 총량에 비해 운송은 많은 양의 물을 소비하지는 않는다. 소비의 양은 제품과 적용된 에너지의 종류에 따라 달라진다. 일반적으로 운송 물발자국이 분석에 포함되어야 하는지는 운송이 제품의 전반적인 물발자국에 어느 정도 기여하는지에 따라 적용하면 된다. 만일 운송이 아주 적게 기여했다고 여겨지면 분석에서 그 요소를 제외할 수 있다. 우리는 바이오연료나 수력전기가 에너지의 원료로 쓰일 때 운송의 물발자국을 포함시킬 것을 추천한다. 이런 종류의 에너지가 단위에너지당 상대적으로 큰 물발자국을 갖는다고 알려져 있기 때문이다(Gerbens-Leenes 등, 2009a; Yang 등, 2009; Dominguex-Faus 등, 2009). 좀 더 일반적으로 최종 제품의 물발자국평가에 생산시스템에서 적용된 에너지의 물발자국을 포함해야 하느냐는 질문이 있을 수 있다. 대부분 그 에너지 요소가 기여한 것은 제품의 전체적 물발자국에서 작은 부분을 차지할 것이다. 그러나 바이오연료나 생물량 연소를 통해 얻은 전기나 수력전기로 얻은 에너지가 공급될 때라면 예외일 수 있다.

어떤 수준의 시공간적 실명인가?

물발자국은 다른 수준의 시공간적 세부사항을 기준으로 평가될 수 있다(표 2.1). 수준 A (세부사항의 가장 낮은 수준)에서는, 물발자국을 유효한 데이터베이스에서 나온 지구적 평균 물발자국 데이터를 기반으로 평가한다. 그 데이터는 수년의 평균치들을 의미한다. 이 수준은 의식고취의 목적으로는 충분하고 가장 유용하며, 전체적인 물발자국에 가장 많이 영향을 주는 원료나 제품을 확인하는 것이 목표일 때도 적합하다. 또한 소비패턴에 큰 변화가 있을 때(더 많은 육류나 바이오 원료로의 전환), 미래의 세계 물소비에 대한 대략적 예측에도 유용하다. 수준 B에서의 물발자국은 지리적으로 명확한 데이터베이스에서 나온 국가나 지역별 평균, 또는 특정 집수역의 물발자국 데이터를 기반으로 평가할 수 있는 정도의 수준이다. 여기서 물발자국은 선호에 따라 월 단위로 특정화되지만, 수년 동안의 평균 데이터도 명시될 수 있다. 이 산정 수준은 집수역 어디에서 핫스팟이 예상되는지 이해하고자 할 때와 물 분배 판단의 토대로 제공하는 데 적합하다. 수준 C에서 물발자국 계정은 지리적, 시간적으로 분명하며, 이는 사용된 투입물에 관한 정밀한 데이터와 그 투입물의 정확한 근원지에 기반을 두고 있다. 이 수준에 있어 공간적 최소범위는 작은 집수역 규모(100~1,000㎢)이지만, 데이터가 허락하고 원하는 경우 야외(역자 주: 경작지, 주거지, 산업단지 등) 수준에서 산정할 수 있다. 야외 수준에서의 경우, 농장, 주거구역, 또는 산업 당 물발자국을 보여주는 계정을 말한다. 시간적 최소범위는 한 달이며, 연간 변동을 연구하는 것이 분석의 일부분이 될 수 있다. 산정은 실제 지역의 물 소비와 오염의 가장 근사치에 가까운 측정이 바탕이 되고, 우선적으로 지표면에서 입증될 것이다. 이 높은 수준의 시공간적 세부사항은 특정지역의 물발자국 감소 전략을 구축하는 데 적합하다.

표 2.1 물발자국 산정에서의 시공간적 설명

	공간적 설명	시간적 설명	물사용에 요구된 데이터의 근원	계정의 일반적인 쓰임
수준 A	지구적 평균	매년	제품이나 공정에 의한 전형적인 물 소비와 오염에 관한 유효 문헌과 데이터베이스	의식고취, 전체적인 물발자국에 가장 많이 기여하는 요소들을 대략적으로 규명. 물소비에 관한 지구적 예측의 개발
수준 B	국가적, 지역별 또는 특정 집수역	매년 또는 매달	위와 같음. 그러나 국가, 지역, 집수역에 관련된 데이터를 사용	공간적 분포와 가변성의 대략적 확인, 핫스팟 규명과 물 분배 판단의 기반이 될 지식
수준 C	작은 집수역 또는 특정 소규모 지역	매달 또는 매일	경험적 데이터 또는 (직접적으로 측정할 수 없는 경우) 정해진 장소와 기간 내 물 소비량과 오염량의 최대 측정치	물발자국 지속가능성평가 실행의 기반이 될 지식. 물발자국과 관련된 지역별 영향을 줄일 전략 수립

Note: 위 3가지 수준은 모든 종류의 물발자국 산정(예를 들면, 제품, 국가적, 기업적 계정)으로 구분될 수 있음

어떤 기간의 데이터인가?

물가용성은 1년에서 수년에 걸쳐 변화가 거듭되며, 그 결과 물수요도 시간에 따라 변동한다. 따라서 물발자국 경향에 관해서 주장을 펼칠 때는 매우 조심스럽게 접근해야 한다. 어떤

물발자국 연구가 착수되어도, 선택된 기간이 결과에 영향을 미칠 것이기 때문에 사용된 데이터의 기간에 관해서는 명백해야 한다. 건조한 해에는, 더 많은 관개용수가 필요하므로 농작물의 청색물발자국 규모가 습한 해보다 훨씬 높을 것이다. 이처럼 특정한 년도나 기간 동안의 상황을 적용해 물발자국을 계산할 수 있지만, 어떤 때에는 연평균 기후(연속된 30년 동안의 평균 기후)를 적용할 수도 있다. 후자의 경우, 특정 기간의 분석에 다른 기간의 데이터를 혼용하게 된다. 예를 들어, 생산과 산출 데이터는 최근 5년간의 데이터를 쓰지만, 기후(기온과 강수량) 데이터는 지난 30년간의 평균 데이터로 쓰는 것과 같은 것이다.

직접적인 혹은 간접적인 물발자국인가?

일반적인 권고는 직간접적 물발자국을 둘 다 포함하는 것이다. 직접적 물발자국은 소비자와 기업이 전통적으로 관심을 지녀왔던 부분이지만, 보통은 간접적 물발자국이 훨씬 크다. 직접적 물발자국만 다룬다면, 소비자들은 그들의 물발자국 중 가장 큰 부분이 집에서 소비하는 물이 아니라 시장에서 구매하는 제품과 관련이 있다는 사실을 도외시하게 된다. 대부분의 비즈니스에서 공급사슬에 있는 물발자국이 공정단계의 물발자국보다 훨씬 크다. 이는 공급사슬을 개선하는 것이 비용 면에서 더 효과적임에도 불구하고, 이를 간과하고 공정상의 물사용 개선에 투자를 집중하기 때문이다. 그러나 특정한 연구 목적에 따라, 직접적 또는 간접적 물발자국 중 하나만을 분석에 포힘시킬 수도 있다. 여기에는 탄소발자국 산정에서 구분된 범주와 유사한 면이 있다(Box 2.2).

Box 2.2 물발자국 산정에도 기업 탄소발자국 산정에서와 같은 범주가 있을까?

> 탄소발자국은 개인, 단체, 이벤트, 또는 제품이 직간접적으로 일으킨 온실가스 배출의 총량이다. 기업의 탄소발자국 산정 분야에서 3가지 범주가 정의되었다(WRI와 WBCSD, 2004) 범주 1은 '직접적' 온실가스 배출의 산정을 말하며, 이것은 기업이 소유하거나 소송하는 원산지에서 일어난다. 예를 들면, 소유하거나 조종하는 보일러, 용광로, 차량 등이 연소하면서 배출하는 것이다. 범주 2는 기업이 매입해 소모하는 발전에서의 간접적 온실가스 배출을 말한다. 범주 3은 기업의 행동 결과이지만, 기업이 소유하거나 조종하지 않는 원산지에서 발생하는 또 다른 간접적 온실가스 배출이다. 매입한 재료의 추출과 생산, 매입한 연료의 운송, 판매한 제품과 서비스의 사용 등이 그 예다. 직접과 간접의 차이는 물발자국 산정에서도 나타난다. 소비자나 생산자의 총 물발자국은 그들의 직간접적인 물사용 모두를 가리킨다. 즉 물발자국이라는 용어는 직접물발자국과 간접물발자국의 합이라는 뜻이다. 따라서 탄소발자국에서 적용되었던 범주 2와 3의 차이는 물발자국 산정에서는 유용하지 않다. 물발자국 산정에는 '직접'과 '간접' 물발자국, 2개의 범주만 있다.

국가내물발자국과 국가소비물발자국은 다른가?

국가 내의 물발자국은 국가 영토 안에서 소비되거나 오염된 담수의 총량을 가리킨다. 이것은 국내에서 소비된 제품을 만드는 데 쓰인 물사용뿐만 아니라 수출품을 만드는 데 쓰인 물사용도 포함한다. 국가내물발자국은 국가소비물발자국과 다르다. 국가소비물발자국은 국가의 거주자들이 소비한 제품과 서비스를 생산하는 데 사용된 물의 총량을 뜻한다. 이것은 국가 내의 물사용과 영토 밖에서의 물사용 모두를 가리키지만, 국가 내에서 소비된 제품의 물사용에 국한된다. 따라서 국가소비물발자국은 내외부적인 요소를 포함한다. 외부적 물발자국의 분석을 포함하는 것은 국가 소비가 어떻게 그 국가 안에서뿐만 아니라 해외에서의 물사용으로도 해석되는지 완전히 이해하는 데 중요한 요소이고, 그러므로 수입품의 물의존도와 지속성을 분석하는 데도 중요한 열쇠가 된다. 국가내물발자국을 살피는 데에는 국내 수자원 사용만 고려해도 충분하다.

2.3 물발자국 지속가능성평가 범위

지속가능성평가 단계에서의 주안점은 지리적 관점을 취할 것인지, 공정·제품·소비자·생산자의 관점을 취할 것인지의 문제다. 지리적 관점을 취할 경우, 특정한 지역, 선호하는 집수역이나 유역 전체의 종합적 물발자국의 지속성을 살피는데, 이것은 이 지역들이 물발자국과 물가용성을 비교할 수 있는 천연적인 단위이고, 수자원 분배와 잠재적 충돌이 일어나는 곳이기 때문이다. 공정·제품·소비자·생산자의 관점을 취할 경우, 지리적 배경의 종합적 물발자국이 아닌, 더 큰 그림에서 개별적 공정, 제품, 소비자, 생산자의 물발자국 기여도에 초점이 맞추어져 있다. 기여도 문제는 다음의 두 가지 요소로 구성된다. (i) 인류의 지구적 물발자국에 대한 특정한 공정, 제품, 소비자, 생산자의 물발자국 기여도는 무엇인가와 (ii) 어느 특정 지역의 종합적 물발자국에 대한 기여도는 무엇인가의 문제이다. 지속가능성 관점에서 보았을 때 세계 전체에 대한 기여도가 흥미로운 이유는, 세계의 담수자원은 한정적이고 기술적이나 사회적인 측면에서 볼 때 타당한 최대 필요량을 넘어선 기여도에는 관심 가질 필요가 있기 때문이다. 반면 특정 집수역이나 유역의 종합적 물발자국에 대한 기여도가 흥미로운 이유는, 기본적인 환경적 욕구가 성취되지 않거나 물 분배가 사회적이나 경제적으로 지속불가능한 상황인 집수역이나 유역에서 주의가 필요하기 때문이다.

따라서 물발자국 지속가능성평가의 범위는 선택한 관점에 의존한다. 모든 경우에서 범위는 평가 목적에 따라 더 자세히 명시될 필요가 있다. 지리적 관점의 경우, 다음과 같은 점검사항 대조표를 이용할 수 있다.

- 녹색·청색·회색물발자국의 지속가능성을 고려하는가?
- 지속가능성의 환경·사회·경제적 측면을 고려하는가?
- 핫스팟만을 확인하거나, 핫스팟 내의 주된 영향과 부차적인 영향들을 자세히 분석하는가?

마지막 사항의 답은 평가에서 요구되는 세부사항의 수준에 영향을 미칠 것이다. 핫스팟을 확인하는 것, 다른 말로 한 해의 특정한 기간 동안 물발자국이 지속불가능한 (소)집수역을 찾아내는 것은 물 부족이나 오염의 결과로 일어날 수 있는 일차적이거나 부차적인 영향을 상세히 분석할 필요 없이 회색물발자국을 사용 가능한 정화능력과 비교하는 것으로 가능하다. 물발자국을 물가용성과 비교할 때, 적용된 시공간적 최소단위가 보다 섬세할수록 핫스팟을 세분화시킬 수 있다. 유역 전체 수준에서 연 단위 자료를 활용할 경우 핫스팟은 대략적으로 파악될 수밖에 없다. 보다 높은 정확성을 얻는 것이 목표일 때, 월별 수치와 더 작은 집수역을 대상으로 범위를 살피는 것이 필수적이다. 목표가 핫스팟 확인을 넘어서 특정 지역의 물발자국이 진정 암시하는 것이 무엇이냐는 한걸음 더 나아간 이해도를 포함하고자 할 때는, 어떻게 집수역 내의 물발자국이 그 지역의 유량과 수질에 (주된) 영향을 미치는지, 어떻게 이것이 결정적으로 복지, 사회 평등, 보건, 생물다양성과 같은 궁극적인 지표에 영향을 주는지를 상세히 묘사할 필요가 있다.

공정, 제품, 소비자, 생산자 물발자국의 지속가능성에 관심을 둔다면, 초점은 (i) 물발자국이 인류의 전 지구적 물발자국에 불필요하게 영향을 끼치는지 여부와 (ii) 물발자국이 특정한 핫스팟에 영향을 끼치는지에 두게 될 것이다. 전자의 목적을 위해서는 각 공정이나 제품의 지구적 기준이 이미 존재한다면, 그 공정이나 제품의 물발자국을 각 기준과 비교하는 것으로 충분할 것이다. 그런 기준이 없을 경우에는 어떤 것이 타당한 기준이 될 수 있을지에 관한 연구도 포함하도록 평가의 범위가 확장되어야 한다. 공정, 제품, 소비자, 생산자의 물발자국이 특정 핫스팟에 기여하는지에 관한 탐구에는, 특정 지역 내에 있거나 그렇지 않거나를 떠나 각각의 물발자국 요소들을 확인하는 것으로 충분하다. 이것은 시공간적 세부사항을 요구하는 수준의 전 지구적 핫스팟 데이터베이스를 필요로 한다. 그런 배경의 데이터를 이용할 수 없을 경우, 연구 범위는 지리적 관점에서의 공정, 제품, 소비자, 생산자 물발자국의 주된 요소들이 있는 집수역도 포함해야 한다.

2.4 물발자국 대응방안 수립 범위

대응방안 수립의 범위는 연구자가 살피고자하는 물발자국 종류에 달려 있다. 지리적으로 상세한 지역 내의 물발자국인 경우, 그곳의 물발자국을 어떤 시간과 경로로 얼마만큼 줄이기 위해 누군가가 행할 수 있는 것은 무엇인가가 중요한 사항이다. 대응방안 수립의 범위를 정할 때, 누가 대응하는가는 특히 명확해야 한다. 정부가 할 수 있는 것들(사람들이 한 지리적 배경 내의 물발자국에 대해 얘기할 때 처음으로 생각할 만한 사항)을 살펴볼 수도 있지만, 소비자, 농부, 기업, 투자자가 할 수 있는 일들과 정부 간의 협력을 통해야만 하는 일들 또한 살펴볼 수 있다. 그리고 정부에 있어서는 각기 다른 정부 계층(지방자치단체나 기초자치단체 등)과 이들 정부의 기관들을 구분할 수 있다. 국가적인 수준에서는 물, 농업, 에너지, 공간기획부터 경제, 외교통상까지 각각의 여러 부처 안에서 필수적 대응이 행동으로 옮겨질 수 있다. 대응방법을 확인하고 방안을 결정할 때는 처음부터 어느 방향에서 접근할 것인지 명확히 해두는 것이 중요하다.

소비자나 소비자 공동체의 물발자국인 경우, 간단히 소비자들이 할 수 있는 것을 살펴볼 수도 있지만, 다른 주체들(예를 들면 기업이나 정부)이 할 수 있는 일을 분석하는 것도 포함할 수 있다. 특정 기업의 물발자국을 평가할 때는, 최소한 어떤 종류의 대응을 그 기업 스스로가 개발할 수 있는지 알아보는 것이 가장 논리적이지만 여기서도 범위를 보다 확장해 수립할 수 있다.

제3장

물발자국 산정

3.1 인류의 담수전용: 무엇을 측정하고 왜 측정하는가?

지구상의 물은 지속적으로 움직인다. 물은 태양과 풍력에너지에 의해 토양과 개방된 수면에서 증발한다. 또한, 식물은 땅에서 물을 빨아들이고 잎의 기공을 통해 물을 대기 중으로 방출한다. 이 두 작용을 합해 '증발산'이라고 한다(생활언어에서는 일반적으로 증발에 증산을 포함함). 공기 중 물의 양은 증발산을 통해 증가하지만, 강수를 통해 다시 감소한다. 공기 중의 수증기는 복잡한 패턴을 따라 순환하기 때문에, 한 곳에서 증발한 물이 반드시 같은 곳으로 돌아오지는 않는다. 대지 위 물의 양은 강수로 증가하지만 증발산으로 감소한다. 매일은 아니지만 길게 봤을 경우 대지 위의 강수량이 증발산량을 초월하기 때문에 땅 위에는 물의 과잉이 발생하고 지표수가 생긴다. 대지를 가르는 지표수는 최종적으로 대양으로 유출되는데, 대지에서는 강수 과잉이 있었던 것과는 달리 대양에서는 증발 과잉이 일어난다. 종합적으로 공기를 통해 대양에서 대지로 이동하는 물의 유효전달이 있으며, 이는 다시 유출수로 육지에서 대양으로 돌아온다. 대지의 유출수는 부분적으로 지표수의 흐름(강과 개울)과 지하수의 흐름으로 일어난다. 이러한 일련의 작용으로 지구 내 물균형이 유지된다.

인류는 다양한 목적에 담수(민물)를 필요로 한다. 대양의 염수는 대부분 식수, 세탁, 요리, 관개, 산업의 용도로 쓰일 수 없다. 염수의 염분을 제거할 수 있지만, 이는 제한된 용도로만 실현 가능한 고가의 에너지 소비를 수반한다. 게다가 염수는 해안에서 얻을 수 있는데 반해, 대부분의 물은 내륙에서 필요하므로 오르막으로의 운송도 문제가 된다. 간단히 말해, 인간은 담수가 육지에 존재하기에 그것에 주로 의존한다. 물순환을 통해 지속적으로 담수가 대지에 보충되지만 그 가용성은 제한적이다. 매년, 사람들은 연간 보충 요율을 초과할 수 없는 특정한 양의 물을 가정, 농업, 산업적인 목적에 소비할 수 있다. 따라서 중요한 질문은 "특정 기간 동안 얼마만큼의 담수가 가용하며, 이 기간 동안 인류가 얼마나 실질적으로 전용할 수 있는가?"이다. 물발자국 산정은 이 질문 중 전용에 관련한 내용을 답하는 데 필요한 자료를 제공한다. 기본적으로 물발자국은 인간이 사용하는 담수를 양적으로 표현한다. 사람의 물발자국을 실제의 물가용성과 비교하는 것은 물발자국 지속가능성평가의 일부분이고, 이것은 제4장의 주된 내용이기도 하다.

인간의 담수사용을 수문학적인 순환과 관련해 이해하려면 유역을 생각해볼 수 있다. 유역은 강과 강의 지류에 의해 배수된 지리적 영역 전체를 말한다. 유역에서의 모든 지표수는 동일한 배출구로 전달된다. 유역의 다른 용어는 집수역, 배수지역, 분수령이다. 집수역의 연간 총 물가용성은 연간 강수량과 같다. 집수역 내 물 저장량이 거의 없다고 가정할 때, 집수역의 연간 총 강수량은 부분적으로는 증발산을 통해, 또 다른 일부는 지표수를 통해 방출된다. 증발의 흐름과 지표수 흐름 모두 인간에 의해 전용될 수 있다. 녹색물발자국은 대체로 인간이 농작이나 생산림을 기르는 데 사용하는 지면에서의 증발 흐름을 나타낸다(그림 3.1). 청색물발자국은 지표수 흐름의 소비적인 사용을 일컬으며, 이것이 환원수의 형태로 유역으로 환류되지 않는 특정한 유역에서의 지표수 추출(취수)을 의미한다.

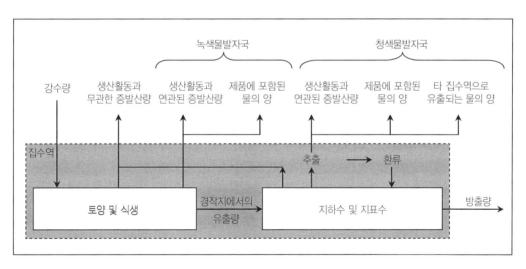

그림 3.1 집수역의 물균형과 연계된 녹색 및 청색 물발자국

역사적으로 사람들은 지표수를 담수자원의 근원지와 오폐수의 배출구로 혼용해왔다. 이와 같이 지표수를 자원의 근원지와 개수대로 동시에 사용하는 것에는 분명히 한계가 있다.

전체 지표수는 수돗물처럼 사용량이 제한되어 있고, 오폐수을 정화시킬 수 있는 한계능력을 지니고 있다. 청색물발자국은 전체 지표수에서 효과적으로 활용된 물의 양을 보여주기 때문에 '전용된 탭(tap) 용량'을 나타내며, 회색물발자국은 '전용된 오폐수 정화용량'을 나타내고, 이것은 폐기물을 정화하는 데 필요한 물의 양이라고 정의할 수 있다. 즉, 오염원을 수질기준을 만족하도록 정화하는 데 필요한 물의 양으로 수량화할 수 있다. 사용된 물의 용량이라는 측면에서 수질오염을 측정하는 것의 장점은 다른 형태의 오염이 하나의 공통분모(오폐수 정화를 위해 사용된 물의 양)로 통합되어 표현된다는 것이다. 추가적으로 물오염이 물소비와 같은 조건으로 표현될 때 근원지로서의 지표수 사용(청색물발자국)과 개수대로서의 지표수 사용(회색물발자국)을 비교할 수 있다는 장점이 있다.

3.2 물발자국 계정의 다른 종류 간 일관성

단일 공정단계의 물발자국은 모든 물발자국 계정의 기본적인 구성요소다(그림 3.2, Box 3.1). 중간 또는 최종 생산물(제품이나 서비스)의 물발자국은 그 생산품을 생산하는 데 관련된 다양한 공정단계 물발자국들의 합이다. 개인 소비자의 물발자국은 그 소비자에 의해 소비된 다양한 생산품의 물발자국으로 설명된다. 소비자 공동체의 물발자국은(예를 들어, 지방자치단체 또는 국가) 그 공동체 구성원들 개인의 물발자국 합과 같다. 생산자나 특정 종류의 비즈니스물발자국은 그 생산자나 비즈니스가 전달하는 생산품의 물발자국 합과 일치한다. 세분화된 지역(지방, 국가, 집수역 또는 유역)의 경우는 그 안에서 행해지는 모든 과정에서 발생하는 물발자국의 합과 같다. 인류 전체의 물발자국은 전 세계 모든 소비자의 물발자국 합과 같고, 모든 소비자의 물발자국은 최종 소비자가 매년 소비하는 제품과 서비스의 물발자국 합과 같으며, 이는 또한 전 지구적으로 소비되거나 오염된 물의 양과 동일하다.

최종 (소비자) 제품의 물발자국은 중복 없이 합산될 수 있다. 이것은 물발자국이 항상 단 하나의 최종 제품에 독점적으로 할당되거나, 각 공정별로 여러 종류의 최종 제품이 만들어질 때 물발자국이 각각의 최종 제품들에 나뉘어 할당되기 때문이다. 중간 단계 생산품의 물발자국을 더하는 것은 중복 집계가 쉽게 일어날 수 있기 때문에 논리적으로 모순이 발생한다. 예를 들어, 면직물의 물발자국에 목화의 물발자국을 추가하면 전자(면직물 물발자국)가 후자를 포함하기 때문에 중복으로 집계된다. 이와 같이 개인 소비자들의 물발자국은 중복

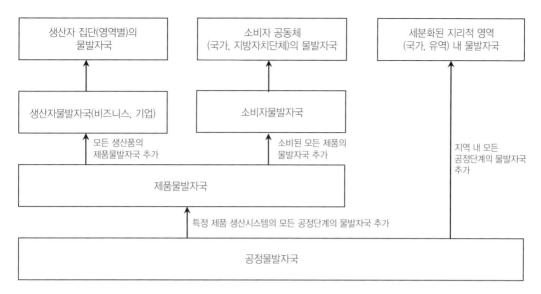

그림 3.2 공정물발자국을 기초로 한 다양한 물발자국의 산정 및 연관성

없이 더할 수 있지만, 다른 생산자들의 물발자국은 중복 집계로 이어질 수 있기 때문에 이를 단순히 합산해서는 안 된다.

소비자의 물발자국은 공급사슬(과정)에서의 생산자 물발자국과 연관된다. 그림 3.3은 어느 육류 가공품의 공급사슬을 간단히 나타낸 것이다. 여기서 소비자의 전체 물발자국은 직접물발자국과 간접물발자국의 합이다. 육류 소비에 초점을 맞췄을 때, 소비자의 직접물발자국은 육류를 준비하거나 요리할 때 소비되거나 오염된 물의 양을 나타낸다. 그러나 육류 소비자의 간접물발자국은 그 육류를 판매한 소매상, 그 육류를 판매하려고 사용한 식품 가공

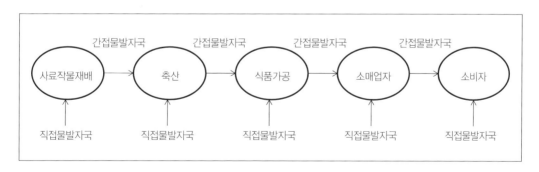

그림 3.3 축산식품의 공급사슬 단계별로 연관되는 직접 및 간접 물발자국

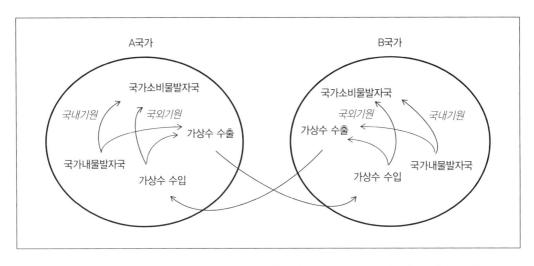

그림 3.4 단순화된 국가 간 무역구도를 통해 도식화한 국가소비물발자국과 국가내물발자국 간의 연관성

기계, 그 동물을 길렀던 축산 농장, 그 동물이 먹었던 곡식을 생산한 농장의 직접물발자국에 의존한다. 같은 논리로 소매상의 간접물발자국은 그 식품 가공기계, 축산 농장, 곡식 농장 등의 직접물발자국에 의존한다.

특정 지역 소비자들의 물발사국은 지역 내 물발자국과 일치하지 않지만 연관성은 있다. 그림 3.4는 국가소비물발자국과 국가내물발자국 간의 연관관계를 두 무역국의 간단한 예로 보여준다. 국가 소비의 내부 물발자국은 수출품 생산을 제외한 국가내물발자국과 동일하다. 국내 소비의 외부 물발자국은 수입품(즉, 가상수 형태의 물)과 그와 관련된 수출국 내의 물발자국을 통해 알 수 있다.

물발자국은 단위제품 당 물의 양이나, 단위시간 당 물의 양으로 표현할 수 있다(Box 3.2). 공정물발자국은 단위시간 당 물의 양으로 나타내며 공정에서 생산된 제품의 양으로 나누었을 때, 단위제품 당 물의 양으로도 나타낼 수 있다. 그러나 제품물발자국은 항상 제품 당 물의 양으로 표시한다(대체로 ㎥/ton 또는 l/kg). 소비자 또는 생산자의 물발자국이나 한 지역 내의 물발자국은 항상 단위시간 당 물의 양으로 나타낸다. 제공하고자 하는 세부사항의 목표 수준에 따라 물발자국은 일별, 월별, 또는 연도별로 표현할 수 있다.

Box 3.1 다른 종류의 물발자국 간 연관관계

- 제품물발자국 = 제품 생산 공정단계 물발자국의 합(전체적인 생산과 공급사슬을 고려했을 때)
- 소비자물발자국 = 소비자가 소모한 전체 제품의 물발자국 합
- 공동체의 물발자국 = 구성원들의 물발자국 합
- 국가소비물발자국 = 거주자들의 물발자국 합
- 비즈니스물발자국 = 기업이 생산한 최종 제품의 물발자국 합
- 지리적으로 세분화된 지역 내 물발자국(예를 들어 시, 도, 국가, 집수역 또는 유역) = 지역에서 발생한 전체 공정의 물발자국 합

Box 3.2 물발자국의 단위

- 공정물발자국은 단위시간 당 물의 양으로 표시한다. 공정 결과인 제품의 양(단위시간 당 제품)으로 나누었을 때, 단위제품 당 물의 양으로도 나타낼 수 있다.
- 제품물발자국은 항상 단위제품 당 물의 양으로 표시한다. 예를 들면
  - 단위무게 당 물의 양(무게가 양을 나타내는 가장 좋은 지표인 제품의 경우)
  - 단위화폐 당 물의 양(무게보다 가치로 더 잘 나타나는 제품의 경우)
  - 조각 당 물의 양(무게보다 조각 단위로 세는 제품들의 경우)
  - 단위에너지 당 물의 양(식품인 경우 ㎉ 당, 전기나 연료의 경우 joule 당)
- 소비자나 비즈니스의 물발자국은 단위시간 당 물의 양으로 표시한다. 단위시간 당 물발자국이 소비자에게는 수입으로, 비즈니스에서는 거래액으로 나뉠 경우, 단위화폐 당 물의 양으로 나타낼 수 있다. 소비자 공동체의 물발자국은 개인 별로 단위시간 당 물의 단위로 나타낼 수 있다.
- 지리적으로 세분화된 지역의 물발자국은 단위시간 당 물의 양으로 표시한다. 그 지역의 수입으로 나눌 수 있을 경우, 단위화폐 당 물의 양으로 나타낸다.

3.3 공정단계의 물발자국

3.3.1 청색물발자국

청색물발자국은 청색물, 즉 지표수와 지하수라고 불리는 물의 소비적인 사용을 나타내는 지표다. '소비적 물사용'은 아래 네 가지 경우 중 하나에 해당한다.

1. 물이 증발한다.
2. 물이 제품으로 융합된다.
3. 다른 집수역이나 대양으로 유출되는 것처럼 물이 동일한 집수역으로 되돌아오지 않는다.
4. 물이 희박한 기간에는 회수되었다가 습한 기간에는 돌아오는 것처럼 동일한 시기에 되돌아오지 않는다.

첫째 요소인 증발은 일반적으로 가장 중요하다. 그러므로 소비적인 사용이 증발과 동일시되는 것을 종종 볼 수 있지만, 다른 세 가지 요소도 적절한 경우 포함해야 한다. 모든 생산과정과 연관된 증발은 물의 저장(예: 인공 저수지), 운송(예: 개방된 수로), 공정과정(예: 회수되지 않는 뜨거운 물의 증발), 수집과 처분(예: 배수로와 폐수처리장에서의 증발) 동안에 발생하는 것을 포함한다.

'소비적 물사용'은 단지 물이 사라진다는 것을 의미하지 않는다. 물은 항상 순환계 안에 머물러 있으며 어디론가 늘 이동하기 때문이다. 물은 재생가능한 자원이지만 가용성이 무제한적이라는 의미는 아니다. 특정 기간에 지하수로 재충전되는 물의 양과 강을 따라 흐르는 수량은 항상 특정한 양에 국한된다. 강이나 대수층에 있는 물은 관개나 산업용 또는 가정용으로 쓰일 수 있다. 그러나 우리는 특정한 기간 동안 사용 가능한 물의 양을 초과하는 양의 물을 소비힐 수 없다. 청색물발자국은 특정 기간에 소비뇐(즉, 같은 집수역으로 짧은 시간 내 돌아오지 않는) 사용 가능한 물의 양을 측정하는 것이며, 이 방법으로 인간이 소비한 청색물의 양을 수치화한다. 청색물 이외에 인간이 소비하지 않은 지하수와 지표수 흐름은 자연 생태계를 유지시키는 기능을 수행한다.

공정단계에서 청색물발자국($WF_{proc,blue}$)의 산출식은 아래와 같다.

$WF_{proc,blue}$ = 청색물 증발량 + 청색물 융합량 + 유실 환원수 [volume/time]　　　　(1)

마지막 요소(유실 환원수)는 다른 집수역이나 대양으로 유입되거나 일정 시간 후에 환원되므로 동일한 집수역에서 같은 회수기간 내 재사용이 불가능한 환원수의 일부를 의미한다.

공정과정의 청색물발자국을 평가하는 것은 (연구의 범위에 따라) 각기 다른 청색물 근원지를 구분하는 데 적절할 수 있다. 가장 적절한 구별은 지표수, (재생 가능한) 유동 지하수, 화석지하수(fossil groudwater)로 나누는 것이다. 이들에 각자 청색 지표수발자국, 청색 재생

가능 유동 지하수발자국, 청색 화석지하수발자국(또는 색을 사용하는 것을 정말 좋아한다면, 연한 청색, 진한 청색, 검은 물발자국)이라고 부르며 구분할수 있다. 실질적으로 데이터가 충분하지 않아 이처럼 구분하기란 매우 어려우므로, 대체로 구분이 만들어지지 않는다. 하지만 데이터가 충분하다면, 청색물발자국을 근원지에 따라 명시할 수 있을 것이다(Aldaya와 Llamas, 2008; Aldaya와 Hoekstra, 2010; Mekonnen과 Hoekstra, 2010b).

전체 청색물발자국을 근원지에 따라 분별할 때는 수확된 빗물의 소비적 사용도 명백히 구분할 수 있다. 빗물 수확은 녹색물인지 청색물인지에 대한 논쟁의 여지가 있기 때문에 조금 특별한 경우다. 대부분 빗물 수확이란 모으지 않으면 지표수가 되는 빗물을 수집하는 것을 말한다. 수확된 빗물의 소비적인 사용은 지표수에서 빠지기 때문에, 청색물발자국으로 여기는 것을 권한다. 다양한 종류의 빗물 수확 방법이 식수, 축산용수 또는 농작물이나 정원의 관개에 적용된다. 지역적인 지표수의 수집을 말하는 경우(지붕이나 다른 단단한 표면에서 수확된 빗물이나, 작은 웅덩이로 물을 모으는 경우)에는 이 물의 소비적인 사용은 청색물발자국으로 분류할 수 있다. 만일 이와는 반대로, 토양 수용량을 늘리려는 방법을 쓰거나 빗물을 얻으려고 옥상정원을 이용하는 경우 농작물생산을 위한 소비적인 물사용은 녹색물발자국에 속하게 될 것이다.

공정별 청색물발자국의 단위는 단위시간(일별, 월별, 연도별) 당 물의 양으로 기술한다. 공정에서 생산된 제품의 양으로 나누었을 때, 공정물발자국도 단위제품 당 물의 양으로 나타낼 수 있다. Box 3.3은 어디서 청색물발자국 산정에 필수적인 데이터를 얻을 수 있는지를 보여준다.

Box 3.3 청색물발자국 산정을 위한 데이터베이스

산업 공정: 공정에 있어 청색물발자국의 각 요소는 직접적이나 간접적으로 측정할 수 있다. 제품의 일부분이 되려면 얼마나 많은 물이 더해져야 하는지에 관해서는 일반적으로 알려져 있다. 보관, 운송, 공정, 처분 도중에 얼마나 많은 물이 증발하는지는 보통 직접적으로 측정되지 않지만, 추출과 최종 처분되는 양의 차로 추론할 수 있다. 이상적으로, 다양한 생산과정의 소비적 물사용에 관한 전형적인 데이터가 있으면 좋지만 그런 데이터베이스는 거의 없고, 일반적으로 소비적 물사용이 아니라 취수량(추출)에 관한 데이터가 있다. 그럼에도 이런 데이터베이스는 대체로 필수적인 세부사항이 부족하고, 생산과정 당이 아닌 산업분야 당(설탕 정제, 직물 공장, 종이공장 등) 물사용 데이터를 담고 있다. 데이터가 풍부한 두 개의 개요서로 Gleick (1993)과 Van der Leeden 등 (1990)의 결과물

이 있지만, 두 가지 모두 미국 중심이고 취수량에 관한 데이터에 국한된다. Ecoinvent (2010)와 같은 전매 데이터베이스를 참고할 수도 있지만, 이러한 데이터베이스는 일반적으로 소비적 물사용이 아닌 취수량에 관한 데이터를 제공한다. 생산과정에서의 청색물소비에 관한 최상의 자료는 생산자들이나 지역별, 국제적 단체의 지부에서 갖고 있다.

농업 공정: 농업에서의 청색물 사용에 관해 이용할 수 있는 통계는 일반적으로 소비적 청색물 사용이 아닌 관개만을 위한 전체 취수량을 보여준다. 야외에서의 물 증발산을 측정하는 것은 고된 일이다. 그리고 총 증발산량이 측정되더라도 전체에서 어느 부분이 청색물인지 측정해야 할 필요가 있다. 그러므로 기후, 흙, 농작 특징, 실제 관개를 데이터로 사용하는 물균형 모델에 의지하게 된다. 3.3.4절은 물균형 모델을 바탕으로 농작의 청색물발자국을 어떻게 측정하는지를 자세히 보여준다. 다른 농작물들이 성장하는 위치와 기후, 토양, 관개의 전 지구적 지도를 기반으로, 몇몇의 연구단이 농작물재배의 청색(청색과 녹색) 물발자국을 공간적으로 명확히 측정하는 연구를 시작했다. 예를 들어 밀에 관해서는 지구적 데이터베이스 4개를 이용할 수 있다(Liu 등 (2007, 2009), Siebert와 Doll (2010), Mekonnen과 Hoekstra (2010a), Zwart 등 (2010)). 물발자국네트워크의 홈페이지(www.waterfootprint. org)에는 농작물재배의 물발자국에 관한 지리적으로 명확한 데이터가 전 세계의 주된 농작물을 대상으로 제공되고 있다. 이 데이터 세트는 수준 B (표 2.1)의 물발자국 산정에 쓰일 수 있으며, 수준 C의 산정에는 적절한 물균형 모델을 지역의 특정한 입력 데이터와 함께 적용해야 한다.

다소 명확하지 않은 두 가지 경우를 설명하고 이 장을 마무리하고자 한다. 첫 번째 경우는 물 재활용과 재사용에 관한 문제이며, 두 번째는 유역간 물 이동을 어떻게 산정해야 하는지에 관한 문제다.

물 재활용과 재사용

물 재활용과 재사용은 서로 대체 가능한 용어로 자주 쓰인다. 여기서 우리는 물 재활용을 특별히 같은 용도를 위해 현장에서 물을 재사용하는 것으로 정의하고, 물 재사용은 다른 곳에서 다른 용도로 물이 재사용되는 것으로 정의한다. 재활용의 경우, 폐수 재활용(재사용을 위해 처리하는 것)과 증발된 물의 재활용(재사용을 위한 수증기를 응결하는 것)으로 추가 구분할 수 있다. 다른 종류의 물 재활용과 재사용은 그림 3.5의 간단한 예를 통해 알 수 있다. 이 그림은 두 개의 공정과정을 보여주며, 두 번째 과정은 첫 번째 과정에서의 폐수를 재사용(처리)하는 것을 나타낸다. 이 도식은 두 공정의 청색물발자국이 소비적인 물이용(증발과 제품으로의 활용)이라는 것을 나타낸다. 물 재활용과 재사용은 소비적인 물이용을 효율적으로 줄일 때만, 한 공정의 청색물발자국을 줄이는 데 유용하다. 물 재활용과 재사용은 물 사용자들의 회색물발자국을 줄이는 데도 역시 유용할 수 있으며, 이것은 3.3.3절에서 논의한다.

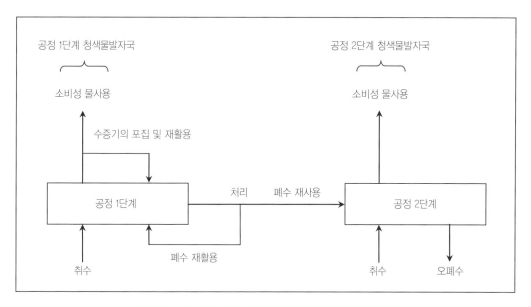

그림 3.5 물 재활용 및 물 재사용에 있어서의 청색물발자국 산정

유역간 물 이동

유역간 물 이동은 유역 A에서 물을 추출해 파이프, 수로, 또는 대형 트럭이나 배를 이용해 또
다른 유역인 B로 옮기는 것이다. 청색물발자국 정의에 따르면, 한 유역에서 물을 옮기는 것
은 소비적 물사용이므로, 그 유역 안에서의 청색물발자국이라고 한다. 이동된 전체 청색물
발자국은 이를 받아들이는 유역의 물 수혜자들에게 할당된다. 따라서 다른 유역 A의 물을
사용하는 유역 B의 공정은 유역 A에서 발생한 청색물발자국을 가지고, 그 크기는 수혜자들
이 받은 물의 양과 옮기는 동안 있을 수 있는 손실을 더한 것과 같다. 물을 받는 유역 B의 물
이용자들이 사용한 물(일부분)을 환원시킨다면, 유역 B의 수자원에 물이 추가된 것을 확인
할 수 있다. 이 추가된 물은 유역 B에서 물을 소비한 다른 사용자들의 청색물발자국을 보상
해 줄 수 있다. 그런 점에서 유역간 물 이동은 (물이 증발하지 않고 수신하는 유역의 담수시
스템에 더해지지 않는 한) 수신하는 유역에 '음의 청색물발자국'을 생성한다고 할 수 있다.
유역 B의 음의 청색물발자국은 유역 B의 다른 사용자들의 '양의 청색물발자국'을 부분적으
로 보상하지만, 유역 A의 양의 청색물발자국을 보상하지 않는다는 점에 주목해야 한다. 유
역 B의 인간 활동이 유발한 전체적인 물발자국을 평가하는 것이 목표일 경우, (같은 기간 동
안 그 유역에서 양의 청색물발자국을 실질적으로 보상했을 경우에 한해) 유역으로의 실질적
인 물 이동 결과로 존재하는 음의 청색물발자국을 포함하도록 권한다.

개별적 공정, 제품, 소비자 또는 생산자물발자국 산정의 경우, 공정, 제품, 소비자 또는 생산자의 총체적인 물발자국 및 가능한 보상에 관한 논의를 명확하게 분리하려면, 계산된 음의 청색물발자국을 산정에서 제외시켜야만 한다. 보상 문제는 논란의 여지가 있으므로 산정 단계와는 따로 다루어야 한다. 한 유역에서의 긍정적 행위(예: 그 유역에서 음의 청색물발자국)가 다른 유역에서 양의 청색물발자국을 보상할 수 없다는 논란이 있는데, 그 이유는 물 고갈과 그에 따른 영향이 다른 곳에 물을 더한다고 해결될 문제가 아니기 때문이다. 이런 경우, 계산된 음의 청색물발자국에 양의 청색물발자국을 더하는 것은 오해의 소지가 있을 수 있다. 제5장(Box 5.2)에서 특정 유역의 물발자국을 다른 유역에 더하는 것으로 보상할 수 없는 불가능성에 관해 더 살펴보길 바란다.

3.3.2 녹색물발자국

녹색물발자국은 사람이 사용한 녹색물을 나타낸다. 녹색물은 대지에 내리는 강수량을 가리키고, 지표수가 되거나 지하수로 충전되지는 않지만 토양에 저장되거나 일시적으로 토양이나 식물 위에 머무는 물을 말한다. 결과적으로 녹색물은 증발되거나 식물을 통해 증산되어 곡물 재배에 생산적으로 쓰일 수 있다(하지만 토양에서의 증발은 항상 일어나고, 또 1년 내내 모든 시기와 지역들이 농작물재배에 적당하지는 않기 때문에, 모든 녹색물이 농작물로 흡수되는 것은 아니다).

녹색물발자국은 생산과정 중에 소비되는 빗물의 양이다. 이것은 특히 농업과 임업 제품(작물이나 나무로 만들어진 제품)에 관련 있으며, 총 빗물 증발산(들판과 농장으로부터)과 수확된 작물이나 나무에 융합된 물의 합을 나타낸다. 특정한 단계의 공정녹색물발자국($WF_{proc,green}$)은 아래와 같다.

$$WF_{proc,green} = 녹색물\ 증발량 + 녹색물\ 융합량 \quad [volume/time] \qquad (2)$$

수문학적, 환경적, 사회적 영향뿐만 아니라, 생산에 사용된 지표수와 지하수의 경제적인 기회비용이 빗물 사용의 영향이나 비용과 특징적으로 차이가 나기 때문에, 청색물발자국과 녹색물발자국의 차이점은 중요하다(Falkenmark와 Rockstrom, 2004; Hoekstra와 chapagain, 2008).

농업에서의 녹색물소비는 일련의 경험적 공식을 이용하거나 기후, 토양, 작물의 특징에 관한 입력 데이터를 바탕으로 증발산량 예측에 적합한 작물 모델을 사용해서 측정하거나 추정할 수 있다. 작물재배의 녹색물발자국을 어떻게 추정하는지 3.3.4절에서 보다 자세하게 다룬다.

3.3.3 회색물발자국

공정단계의 회색물발자국은 그 공정단계에 관련될 수 있는 담수 오염의 정도를 나타내는 지표다. 또한 오폐수를 자연적 배경농도와 주변수질기준에 맞게 정화하는 데 필요한 담수의 양이라고 정의한다. 회색물발자국의 개념은 오염원 농도를 주변 수계에 아무런 해를 미치지 않을 정도로 희석시키는 데 필요한 물의 양으로 표현할 수 있다(Box 3.4).

Box 3.4 회색물발자국 개념의 역사

회색물발자국은 오폐수를 정화하기 위해 필요한 물의 양을 나타내고, 오염원을 희석시켜서 주변의 물이 수질기준을 충족하는 수준을 유지하는 데 필요한 물의 양으로 계량화된다. 오염물질을 희석하는 데 필요한 물의 양으로 물오염의 정도를 나타내는 개념은 새로운 것이 아니다. 비슷한 개념으로 Falkenmark와 Lindh (1974)는 경험에 근거한 규칙으로 폐수 방출량의 10~50배의 희석계수를 언급했다. Postel 등 (1996)은 이것을 인구 1,000명당 1초에 28 ℓ의 오염원 흡수를 위한 희석계수로 적용했다. 이런 포괄적인 희석계수들은 오염원 종류나 폐기 전의 취급 정도를 설명하진 않지만, 암묵적으로 인간이 유발한 오폐수 흐름의 어느 정도 평균적인 특징들을 가정한다. Chapagain 등 (2006)은 오염원 종류에 희석계수를 의존하게 만들겠다고 제안했고, 특정 오염원에 대한 주변의 수질기준을 희석계수로 수량화하는 평가 기준으로 사용했다.

회색물발자국이란 용어는 Hoekstra와 Chapagain (2008)에 의해 처음으로 도입되었고, 오염원이 유입되는 집수역에서 허용되는 농도의 최대치로 나뉜 오염원의 양으로 정의되었다. 그 후, 회색물발자국은 오염원 최대 허용농도와 자연적 배경농도의 차로 나뉜 오염원의 양으로서 향상된 계산이 이루어진다는 점이 인정되었다(Hoekstra 등, 2009a). 물발자국네트워크 회색물발자국 작업반(Zarate, 2010a)의 활동은 몇몇 개선점을 찾아냈다. 그것은 유입되는 물의 수질을 고려해야 한다는 인식과, 분산 오염의 경우에 회색물발자국을 평가할 때 다른 수준의 세부사항 간 구분을 가능하게 한 다층 접근이었다.

회색물발자국이 '희석 물 요건'이라고 이해될 수 있지만, 그 용어가 암시하는 뜻이 오염원의 배출을 감소시키는 대신 오염원을 희석시켜야 한다고 생각한 몇몇 사람들에게 혼란을 야기한 것 같아 그 용어를 선호하지 않는다. 회색물발자국은 오염의 정도를 가늠하는 지표이고, 오염은 적을수록 더 좋다.

회색물발자국의 계량화에 관한 최근의 연구는 다음과 같다: Dabrowski 등 (2009), Ercin 등 (2009), Gerbens-Leenes와 Hoekstra (2009), Van Oel 등 (2009), Aldaya와 Hoekstra (2010), Bulsink 등 (2010), Chapagain과 Hoekstra (2010), Mekonnen과 Hoekstra (2010a, b).

공정회색물발자국은 오염원의 양(L, 질량/시간)을 그 오염원 주변수질기준(최대 허용농도, c_{max})과 수신하는 수역의 자연적 배경농도(c_{nat})의 차로 나누어 계산할 수 있다.

$$WF_{proc,grey} = \frac{L}{c_{max} - c_{nat}} \qquad \text{[volume/time]} \qquad\qquad (3)$$

유입되는 수체의 자연적 배경농도는 그 집수역 안에 아무런 인위적 교란이 없을 때 나타나는 농도를 말한다. 물에서 자연적으로 발생하지 않는 인위적인 물질은 c_{nat} = 0으로 나타난다. 배경농도가 정확히 알려지지 않았지만 낮다고 추정될 때, 간단하게 c_{nat} = 0이라고 가정해도 괜찮다. 하지만 이것이 실제로 c_{nat}이 0이 아닐 경우, 실제 값보다 과소평가된 회색물발자국 수치를 나타내게 된다.

왜 오염원을 받아들이는 수역의 실제 농도가 아닌 배경농도가 참고로 사용될까? 그 이유는 회색물발자국은 정화작용을 위해 사용된 수량의 지표이기 때문이다. 오염원이 유입되는 수역의 정화용량은 오염원 최대 허용농도와 배경농도의 차에 의존한다. 최대 허용농도를 실제 농도와 비교한다면 특정 시점의 실제 오염 정도의 함수로 나타나는, 늘 변화하는 나머지 정화용량을 확인할 수 있다.

회색물발자국은 오염원이 유입되는 담수역의 주변수질기준을 활용해 계산하며 이는 오염원 최대 허용농도에 따른 기준이다. 그 이유는 회색물발자국이 화학물질을 정화하는 데 필요한 주변의 물 용량을 보여주는 것을 목적으로 하기 때문이다. 주변의 수질기준은 다양한 수질기준의 특정한 범주에 속한다. 다른 종류의 기준으로는 식수 수질기준, 관개 수질기준, 배출(또는 폐수) 기준 등이 있다. 어느 특정 물질의 주변수질기준은 수역마다 다를 수 있으며, 장소에 따라 배경농도도 차이 날 수 있다. 결과적으로, 특정한 오염원의 양은 장소에 따라 다른 회색물발자국을 남길 수 있다. 이것은 특정한 오염원을 정화하는 데 필요한 물의 양이 최대 허용농도와 배경농도의 차이에 따라 다를 것이므로 타당하다.

유럽연합 물관리 기본지침(EU, 2000)과 같이 주변의 수질기준이 법에 명시되거나 집수역 또는 수역이 속하는 지역의 동의하에 결정될 수도 있지만, 모든 물질과 모든 장소에서 그러한 것은 아니다. 물론 가장 중요한 것은 어떤 수질기준과 배경농도가 회색물발자국 산정을 준비하는 데 사용되었는지 명시하는 것이다.

주변수질기준과 배경농도는 지표수체와 지하수체에 따라 다르다. 지하수의 한계점은 종종 식수의 요건에 기반을 둔다면, 지표수의 최대허용농도는 보통 생태적 고려로 결정된다.

따라서 지표수와 지하수 시스템 각각 회색물발자국을 계산할 수 있다. 그러나 일반적으로 지하수는 결국 지표수가 되기 때문에, 지하수로의 오염부하가 일어날 경우 가장 필수적인 수역(지하수나 지표수 시스템)의 수질기준과 배경농도의 차이를 사용할 수 있다. 지표수 시스템으로의 오염부하인 경우에는 지표수 시스템에 맞는 적절한 데이터를 사용할 수 있다. 어떤 부하가 지하수 시스템에 (처음으로) 도착하고 다른 어떤 부하가 지표수 시스템에 도착하는지 정확히 알 수 있다면, 지하수 회색발자국과 지표수 회색발자국의 두 가지 요소로 해석할 수 있다.

0보다 큰 회색물발자국이 자동적으로 주변수질기준이 위반되었다는 것을 암시하지 않는다. 그것은 단지 정화용량의 일부분이 이미 소비되었다는 것을 나타낸다. 회색물발자국이 계산된 지표수량이나 지하수량보다 적다면, 오염원의 농도를 기준 이하로 희석할 충분한 물이 남아 있다는 것을 의미한다. 계산된 회색물발자국이 주변의 유량과 정확히 같아질 때, 그때의 농도는 수질기준과 정확히 같을 것이다. 만약 폐수가 매우 많은 부하의 화학물질을 포함한다면, 회색물발자국이 계산된 유수량이나 지하수량을 초과하는 경우도 생길 수 있다. 이 경우에는 오염이 유입되는 수체의 정화용량을 초과하게 된다. 회색물발자국이 원래의 유량보다 더 크다는 사실은 회색물발자국이 '오염된 물의 양'을 나타내지 않는다는 것을 말해준다. 이는 원래 있던 양보다 더 많은 양의 물을 오염시키는 것은 불가능하기 때문이고, 회색물발자국은 물오염 심각성의 지표로서 존재하는 오염원의 부하를 정화하는 데 필요한 담수의 양으로 표현된다는 점을 보여준다.

회색물발자국 산정에 쓰인 방식은 '임계부하'라 불리는 접근방법과 같다(Box 3.5). 두 경우 모두, 기본적인 인식은 수역의 오염원 흡수(정화) 능력이 최대 허용농도와 배경농도의 차이로 제한된다는 점이다. 임계부하는 오염원 정화를 위한 능력이 모두 소비된 상황을 일컫는다. 임계부하에서는 회색물발자국이 사용 가능한 유량과 동일할 것이고, 그것은 허용 가능한 농도로 화학물질을 희석시키는 데 모든 유량이 요구된다.

Box 3.5 임계부하의 개념

유수역으로의 부하가 특정한 임계부하에 이르면, 회색물발자국은 지표수량과 같아지고, 이것은 모든 지표수가 오염원 정화에 사용된다는 것을 의미한다. 임계부하량(L_{crit})은 오염원이 유입되는 수역의 정화용량을 완전히 소비되게 하는 오염 부하량이며, 이 값은 수체의 유수량(R)에 최대 허용농도와 자연적 배경농도의 차를 곱해 산출한다.

$L_{crit} = R \times (c_{max} - c_{nat})$ [mass/time]

임계부하의 개념은 미국 환경보호청이 개발한 일일 최대 오염배출량(TMDL)과 비슷하다. TMDL은 특정한 오염원이 수역에 들어올 때, 해당 수역의 수질기준이 지속적으로 유지되도록 최대유입량을 계산하고, 그 부하를 인위적·자연적 오염원을 포함하는 점 및 비점원의 부하에 할당한다. 임계부하의 개념과 관련된 또 다른 개념은 '최대 허용추가(MPA)'인데, 이것은 최대 허용농도(MPC)에서 배경농도를 뺀 값이므로 $c_{max} - c_{nat}$의 값과 같다 (Crommentuijin 등, 2000).

물의 점오염원

오염을 유발하는 화학물질들이 폐수처리 형태로 직접 지표수역으로 방출되는 점오염원의 경우, 오염부하는 폐수량과 폐수의 화학물질 농도의 측정을 통해 추정 가능하다. 즉, 오염원 부하는 폐수량($Effl$)에 폐수에 포함된 오염원의 농도(c_{effl}) 곱한 값에서 취수량($Abstr$)과 취수의 실제 농도(c_{act})를 곱한 값을 뺀다. 회색물발자국은 다음 공식을 통해 계산 가능하다.

$$WF_{proc, grey} = \frac{L}{c_{max} - c_{nat}} = \frac{Effl \times c_{effl} - Abstr \times c_{act}}{c_{max} - c_{nat}} \quad \text{[volume/time]} \qquad (4)$$

따라서 오염원 부하량 L은 지금 고려하는 활동에 의해 영향 받기 전에 수체에 이미 포함되어 있던 부하에 추가된 부하량이다. 이 공식의 적용 예는 부록IV에 기술되어 있다. 대부분의 경우, 수체로 유입된 화학물질의 양($Effl \times c_{effl}$)은 취수된 물에 포함된 화학물질의 양($Abstr \times c_{act}$)과 같거나 더 크기 때문에, 그 부하는 양의 값을 지닌다. 예외적인 상황에서는 ($c_{effl} \langle c_{act}$이거나 $Effl \langle Abstr$일 경우) 음의 부하값이 나올 수 있는데 이러한 결과는 물발자국 산정에서 무시되어야 한다(따라서 이 경우에는 물발자국을 0으로 고려함). 음의 부하값의 예외적인 경우가 환경에 끼치는 긍정적 기여는 인정되어야 하지만, 원래 양의 값인 물발자국으로부터 가능한 물발자국 보상의 논의를 구분해야 하기에 음의 부하는 물발자국 산정에 포함되어서는 안 된다. 물발자국 보상 또는 상쇄는 그 자체로도 논쟁거리이며, 그것은 산정에 숨겨지기보다 분명히 표출되어야 한다(제5장의 Box 5.2). 집수역 A로부터 담수가 특정 공정을 위해 취수되고 집수역 B로부터는 폐수가 처리되었을 때, 집수역 B의 회색물발자국 산정을 위해서는 $Abstr = 0$의 값을 적용해야 한다는 것도 유념해야 한다.

소비적 물사용이 없을 때, 즉 폐수량이 추출 양과 같을 때 위의 공식은 아래의 공식으로 간단하게 변환된다.

$$WF_{proc, grey} = \frac{c_{effl} - c_{act}}{c_{max} - c_{nat}} \times Effl \quad \text{[volume/time]} \tag{5}$$

Effl 앞에 있는 요소는 '희석계수'라고 불리며, 그 폐수량이 최대 허용농도 수준에 도달하기 위해서 주변의 물과 희석되어야 하는 횟수를 나타낸다. 이 공식이 특정한 경우에서 어떻게 풀리는지 Box 3.6에서 다뤘다.

Box 3.6 점오염원에 있어 다양한 조건에 따른 회색물발자국 산정

폐수량이 취수량과 같거나 비슷한 일반적인 경우를 고려해보자.

- $c_{effl} = c_{act}$일 경우, 회색물발자국은 없다. 이는 오염원이 유입되는 수체의 농도가 변하지 않을 것이기 때문이다.
- $c_{effl} = c_{max}$일 경우, 회색물발자국은 폐수량의 일정 부분을 차지한다. 또한, $c_{act} = c_{nat}$일 경우, 회색물발자국은 정확히 폐수량과 일치한다. 폐수의 농도가 주변수질기준에 맞을 때 왜 0보다 큰 회색물발자국이 나올까? 이는 오염원을 정화하는 용량의 일부가 소비되었기 때문이다. 폐수의 영향으로 오염원이 유입되는 수체의 화학물질의 농도는 c_{nat}에서 c_{max}의 방향으로 변한다. 강에 있는 모든 물이 회수되고 c_{max}와 같은 농도를 지닌 폐수로 되돌아오는 극단적인 경우, 그 강의 전체적인 정화용량은 소비되고, 따라서 회색물발자국은 전체적인 강의 지표수량과 같게 된다.
- $c_{effl} < c_{act}$일 때, 계산된 회색물발자국은 음수일 것이고, 이는 취수된 물보다 폐수가 더 깨끗하다는 사실로 설명된다. 강이 아직도 자연 상태일 때는 배경농도가 전반적으로 깨끗한 수준이기 때문에, 정화란 개념은 이치에 맞지 않다. 그러나 만약 다른 활동들이 자연적인 배경농도를 이미 올려두었다면, 정화는 주변의 수질을 자연의 상태로 되돌리는 데 기여할 수 있고, 따라서 수질에도 긍정적인 영향을 미칠 수 있다. 그러나 계산된 음수의 회색물발자국은 누군가의 실질적인 양의 물발자국을 보상적인 측면에서 또 다른 사람의 가능한 역할을 분리하기 위해 산정으로부터 제외되어야 한다. 물발자국의 보상 또는 상쇄의 문제는 제5장에서 다룬다.
- $c_{max} = 0$일 경우(매우 지속적이거나 해로운 오염원을 완벽히 금지할 경우, $c_{nat} = 0$이다), 0보다 큰 농도를 갖는 폐수는 무한대의 큰 회색물발자국을 만들 수 있다. 이 무한함은 완벽한 금지와 같다. 완벽히 용인될 수 없다는 것은 발자국이 치솟는다는 것을 의미한다.
- $c_{max} = c_{nat}$의 경우도 마찬가지로 무한히 큰 회색물발자국을 만들지만, 기준과 배경농도가 같은 것은 이치에 맞지 않고 현실적이지 않기에 이러한 경우는 실제로 발생하지 않는다.

물 재활용과 재사용

공식 5번으로부터 물 재활용이나 물 재사용이 회색물발자국에 영향을 미친다는 것을 알 수 있다. 필요한 처리가 끝나고 물이 동일하거나 혹은 다른 목적으로 완전히 재활용이나 재사용 되었을 때, 환경에 영향을 미치는 오폐수가 없게 되므로 회색물발자국은 0이 될 것이다. 그러나 한번 이상 재사용한 후에는 물은 여전히 외부환경으로 방류되고, 이에 따라 폐수의 질과 연관된 회색물발자국은 생길 것이다.

폐수처리

폐수가 주변으로 방류되기 전에 처리된다면 이것은 최종 방류수 내 오염원의 농도를 낮출 것이고 따라서 회색물발자국의 값도 낮아질 것이다. 특정 공정의 회색물발자국은 폐수가 처리되기 전의 질에 연관된 것이 아니고, 최종 방류수의 질에 의존한다는 것을 염두에 두어야 한다. 폐수처리는 폐수에 있는 오염원의 농도가 추출된 물의 농도와 같거나 이보다 낮을 때 회색물발자국을 0으로 낮출 수 있다. 또한 개방된 저수지에서의 처리과정에 있어 증발이 일어날 때, 폐수처리 자체가 청색물발자국을 갖게 될 것이다.

폐열에 의한 오염은 화학물질에 의한 오염과 유사하게 접근할 수 있다. 이와 관련한 회색물발자국은 폐수 온도(℃)와 폐수가 유입되는 수체 간의 온도 차를 최대 허용온도의 증가분으로 나눈 값에 폐수량을 곱해 산출한다.

$$WF_{proc,grey} = \frac{T_{effl} - T_{act}}{T_{max} - T_{nat}} \times Effl \quad \text{[volume/time]} \tag{6}$$

최대 허용온도 증가분($T_{max} - T_{nat}$)은 물의 종류와 지역별 상황에 따라 상이하다. 만약 지역별 가이드라인이 없다면, 초기값을 3℃로 설정해 산정할 것을 권고한다(EU, 2006).

물의 비점(분산)오염원

비점(분산)오염원(diffuse source)의 경우 화학적 부하를 추정하는 것이 점오염원의 경우만큼 간단하지 않다. 고형 폐기물처리나 비료, 살충제 등의 사용으로 인해 화학물질이 지표면이나 토양 내부로 작용되었을 때, 오염원의 일부분만이 지하수나 지표수 시스템으로 흘러들어간다. 즉, 이런 경우 지하수나 지표수에 이르는 양은 토양 표면이나 토양 내부로 투입된 화학물질 총량의 일부가 되고, 이것이 오염원 부하로 작용한다. 그러나 사용된 화학물질의 양은 측정 가능하지만 분산된 방식으로 물에 유입되는 일부 양은 언제 어디서 측정해야하는지 명확하지 않기 때문에 지하수나 지표수에 이르는 부하량의 측정은 쉽지 않다. 해결방안으로 집수역의 배출구에서 수질을 측정할 수는 있지만, 다른 오염원도 섞여 있기 때문에 측정된 농도를 각기 다른 근원지로 배분하는 것이 문제가 된다. 그러므로 담수시스템에섞이는 화학물질의 일부를 간단하거나 좀 더 발전된 모델을 사용해 예측하는 것이 일반적이고, 또 권고되고 있다. 사용된 화학물질 중 최종적으로 지하수나 지표수에 도달하는 양을 고정된 비율로 구하는 가장 간단한 방법은 아래와 같다.

$$WF_{proc,grey} \ = \ \frac{L}{c_{max} - c_{nat}} = \frac{\alpha \times Appl}{c_{max} - c_{nat}} \ \ \text{[volume/time]} \tag{7}$$

무차원 인수 α는 담수역에 도달하는 적용된 화학물질의 일부라고 정의되는 침출 지표수의 일부다. *Appl*이라는 변수는 어떤 공정을 통해 지표면이나 토양 내부에 단위시간 당 적용(살포)된 화학물질의 양을 나타낸다. 비점오염에 대한 이 모델은 가장 간단하지만 회색물발자국을 측정하는 데 있어서는 가장 정교하지 않은 모델이다. 따라서 좀 더 상세한 연구를 할시간이 없을 경우에만 이 모델을 기초적인 방법으로 사용할 것을 권한다. 보다 높은 수준의세부사항 적용이 가능하며, 3가지 단계로 구분하는 것이 제안된 바 있다. 기본적인 방법의 1단계부터 가장 세분화된 3단계로 적용 가능하며 2단계와 3단계에서는 보다 상세하고 발전된 방법들이 사용되어야 한다(Box 3.7).

Box 3.7 비점(분산)오염 부하 측정의 3단계 접근방법

3단계 접근법은 비점오염 부하를 측정하는 데 권고하는 방법으로, 이는 기후변화 정부 간 패널(IPCC)이 온실가스 배출을 측정하는 데 적용하는 방법(IPCC, 2006)과 비슷하다. 1단계부터 3단계까지 정확도는 증가하지만 실현 가능성은 감소한다.

• 1단계는 토양에 사용된 화학물질의 양에 관한 데이터를 지하수나 지표수 시스템으로 유입되는 화학물질의 양으로 바꿀 때, 사용된 양의 일정 비율을 적용해 값을 측정한다. 일정 비율은 참고문헌을 통해 얻을 수 있고, 선택하는 화학물질에 따라 달라질 수 있다. 1단계는 대략의 측정으로도 충분하다. 토양의 종류, 농업, 토양 수문학과 토양에 있는 다른 화학물질 간의 작용과 같은 연관 변수들의 상호 작용은 제외된다.

- 2단계는 표준화되고 간단해진 모델 접근방법으로 보다 많은 데이터를 기반으로 사용할 수 있다(예: 농업 양분 수지, 토양 유실 데이터, 기초적 수리학, 암석학, 수형태적 정보 등). 간단하고 표준된 모델을 사용하는 접근 방법들은 폭넓게 인정되고 입증된 모델들로부터 파생되어야 한다.
- 3단계에서는 보다 정교한 모델링 테크닉을 사용한다. 토양을 통과하는 오염원 흐름의 상세한 기계론적인 모델의 사용이 가능하지만, 그것들은 복잡하기 때문에 3단계의 비점오염 부하 측정에 적합하지 않다. 그러나 간단한 토양 및 날씨 데이터를 사용해 농장의 정보로부터 얻은 입증된 경험적 모델들은 비점원 부하 연구에 사용 가능하다. 3단계는 2단계의 접근방법을 개선하기 위해서 사용한다.

증발이 수질에 미치는 영향

증발 영향으로 수질이 악화될 경우 특정 종류의 오염이 일어날 수 있다. 유량의 일부가 증발하면 화학물질은 물속에 계속 잔류하기 때문에 남은 유량에 있는 화학물질의 농도가 증가한다. 예로서 관개된 들판의 배출수의 높은 소금 농도를 생각해보자. 증발하는 물의 양에 비해 적은 양을 배수하는 지속적인 관개가 있을 경우, 관개수에 자연적으로 포함된 소금은 토양에 축적된다. 결과적으로 배수되는 물의 소금량도 상대적으로 높을 것이다. 이것을 어떤 이는 '오염'이라고 부를 수 있겠지만 이 경우는 사람들이 화학물질을 물에 섞는 것과는 다른 종류의 오염이다. 왜냐하면 인위적인 화학물질의 첨가가 없지만, 물 증발에 의해서 자연적으로 존재하던 물질들이 농축된 경우이기 때문이다. 이와 같은 사례를 '증발을 통해 물이 시스템으로부터 제거'된 모든 사례에 일반화시킬 수 있다. 예를 들어 물은 증발하고 화학물질들은 축적되는 인공 저수지에 일반화하는 것이다.

증발을 통해 물은 제거되고 화학물질은 남는 기작을 통해 수체 내의 증가하는 화학물질의 농도는 특정한 추가 부하를 수체에 가하는 것과 같은 효과다. X ㎥만큼의 담수를 제거하면, 동등한 부하는 X ㎥와 수체의 배경농도(c_{nat})를 곱한 것과 같다. 동등부하량 $X \times c_{nat}$은 자연적이긴 하지만 물이 증발로 제거되었기 때문에 더 이상 물의 형태로 존재하지는 않는다. 이 동등부하량은 다른 자연적인 물에 의해 정화되어야만 한다. 동등부하량과 관련된 회색물발자국은 표준 공식으로 계산될 수 있다. 동등한 부하를 최대 허용농도와 자연적 배경농도 간의 차로 나눈 것으로 이는 회색물발자국과 같기 때문이다(공식 3). 이 회색물발자국은 인간 활동으로 인한 실제 부하가 일어나는 다수 지역에서의 회색물발자국 중 가장 정점에 위치한다.

여러 종류의 오염원과 일정 기간 후 통합

회색물발자국의 1일 수치를 1년 동안 더하면 연간 수치를 구할 수 있다. 특정 폐수가 한 가지보다 많은 오염원을 포함한다면, 대부분의 경우가 그렇듯, 그 폐수의 회색물발자국은 가장 심각하고 중요한 오염원(회색물발자국이 가장 큰 오염원)에 의해 결정된다. 따라서 전반적인 오염의 경우, 가장 중요한 물질의 회색물발자국만 발표해도 충분하다. 반면에 특정 오염원의 회색물발자국에 관심이 있다면 각 오염원에 대해 개별적으로 그 값을 발표할 수 있다. 이것은 당연히 각각의 오염원을 상대로 한 대응방안을 구축하는 데 관련이 있다.

주지해야 할 점은 회색물발자국의 측정은 강이나 지하수 흐름에 있어 어느 하류 지점에서 측정된 최종 부하량을 기준으로 산출하는 것이 아니라 인간 활동으로 인해 수체로 유입되는 부하량을 기준으로 회색물발자국을 측정한다는 것이다. 시간의 흐름에 따라 유수에서는 자연적 정화의 결과로 수질도 변화하기 때문에, 하류 한 지점에서의 특정 화학물질의 부하는 상류에서 유입된 부하의 총량과 판이할 수 있다. 오염원이 지하수나 지표수 시스템으로 들어오는 부분에서 회색물발자국을 측정하는 것은 간단하다는 이점이 있다. 이는 강을 따라 수질을 변화시키는 공정을 고려할 필요가 없기 때문이며, 물의 유동에 따른 정화작용에 의해 수질이 개선될 수 있기 때문에 안전하기도 하다. 그러나 왜 부하가 시스템에 들어오는 지점에서 즉각 영향을 측정하지 않고, 하류의 개선된 수질을 지표로 삼아야 하는지는 분명하지 않다. 따라서 회색물발자국 지표는 물의 흐름에 따라 수질을 개선하는 자연적인 공정을 계산하지 않지만, 오염원들의 통합된 영향을 고려하는 공정도 계산하지 않는다. 이것이 따로 고려되었을 경우에는 화학물질의 농도를 기반으로 예상하는 수치보다 가끔 더 높은 수치가 나온다. 결과적으로 회색물발자국은 주변의 수질기준(최대 허용농도)에 크게 의존하며, 이는 그 기준들이 여러 화학물질들이 혼재되었을 때 나타날 수 있는 상호작용의 악영향에 관한 모든 지식을 바탕으로 만들어졌다는 가정 하에 타당하다.

3.3.4 작물이나 나무 재배의 녹색 · 청색 · 회색물발자국 산정

많은 제품에는 농업이나 임업으로부터 생산된 재료가 포함된다. 작물은 식품, 사료, 섬유, 연료, 기름, 비누, 화장품 등에 사용된다. 나무는 목재, 종이, 연료로 사용된다. 농업과 임업 분야가 주된 물소비 분야이기 때문에, 농업이나 임업 생산시스템에 포함되는 제품들은 상당히 큰 물발자국을 갖고 있을 것이다. 따라서 이러한 모든 제품들은 작물이나 나무 재배과정의 물발자국을 살펴보는 것이 적절하다. 여기에서는 작물과 나무 재배과정을 평가하는 것에 대해 다룬다. 이 방법은 일년생, 다년생 작물 모두에 적용 가능하며, 나무는 다년생 작물로 볼 수 있다. 여기서는 작물이라는 용어를 넓은 의미로 사용해 숲에서 자라는 나무도 포함한다.

작물이나 나무를 재배하는 공정의 물발자국(WF_{proc})은 녹색·청색·회색물발자국을 모두 합한 것과 같다.

$$WF_{proc} = WF_{proc,green} + WF_{proc,blue} + WF_{proc,grey} \quad \text{[volume/mass]} \tag{8}$$

여기서는 단위질량 당 물의 양이라는 제품단위로 모든 물발자국을 표현한다. 가끔 농업이나 임업에서의 공정물발자국을 ㎥/ton이라고 표현하는데, 이는 litre/kg과 동일하다.

작물이나 나무 재배의 공정녹색물발자국($WF_{proc,green}$, ㎥/ton)은 작물의 녹색물사용량(CWU_{green}, ㎥/ha)을 작물의 양(Y, ton/ha)으로 나눠서 구한다. 공정청색물발자국($WF_{proc,blue}$, ㎥/ton)도 같은 방법으로 계산된다.

$$WF_{proc,green} = \frac{CWU_{green}}{Y} \quad \text{[volume/mass]} \tag{9}$$

$$WF_{proc,blue} = \frac{CWU_{blue}}{Y} \quad \text{[volume/mass]} \tag{10}$$

연간 작물 수확량은 수확량 통계에 나와 있는 것을 활용하면 된다. 다년생 작물의 경우, 그 작물의 전체적인 수명 동안의 연평균 수확량을 이용하면 된다. 이 방법에서는 처음 다년생 작물을 심은 년도의 수확량이 낮거나 0에 가깝고, 몇 년 후에는 수확량이 가장 많았으며, 수명이 거의 끝날 때는 수확량이 감소한다는 것을 고려하게 된다. 물사용은 작물의 수명기간 동안의 연 평균 물사용량을 적용한다.

작물이나 나무 재배에서 공정회색물발자국($WF_{proc,grey}$, ㎥/ton)은 헥타르 당 논에 적용된 화학물질(AR, kg/ha) 침출 지표수의 일부(α)를 곱한 값을 오염원 최대 허용농도(c_{max}, kg/㎥)와 자연 배경농도(c_{nar}, kg/㎥)의 차이로 나눈 값에 대해 다시 작물 생산량(Y, ton/ha)으로 나누면 구할 수 있다.

$$WF_{proc,grey} = \frac{(\alpha \times AR) / (c_{max} - c_{nat})}{Y} \quad \text{[volume/mass]} \tag{11}$$

오염원은 주로 비료(질소, 인 등)와 농약 및 살충제로 구성되어 있다. 이 경우에는 비료와 농약 총 사용량의 일부가 포함된 유입 폐수량만을 고려해야 하며, 가장 많은 용량의 폐수를 유발하는 가장 중요한 오염원만을 대상으로 산출해야 한다.

작물의 녹색물 및 청색물 사용량(CWU, ㎥/ha)은 작물의 전체 재배기간 동안의 일일 증발산량(ET, ㎜/day)을 합해 계산한다.

$$CWU_{green} = 10 \times \sum_{d=1}^{lgp} ET_{green} \quad \text{[volume/area]} \tag{12}$$

$$CWU_{blue} = 10 \times \sum_{d=1}^{lgp} ET_{blue} \quad \text{[volume/area]} \tag{13}$$

여기서 ET_{green}은 녹색물 증발산량을, ET_{blue}는 청색물 증발산량을 나타낸다. 10은 밀리미터 단위의 수량 규모를 ㎥/ha 단위로 전환하는 계수다. 위 식에서 합산기호(시그마)는 심은 날(1일)부터 수확 날(lgp: 일 단위 식물재배 기간)까지의 합을 의미한다. 다양한 식물들의 재배기간이 서로 다르기 때문에, 계산된 작물의 물사용량에 영향을 크게 미칠 수 있다. 다년생 작물과 생산림은 한 해에 걸친 증발산을 계산해야 한다. 게다가 다년생 작물이나 나무의 총 수명에 걸친 증발산의 차이점을 계산하려면, 그 작물이나 나무의 전체 수명에 걸친 증발산의 연간 평균을 살펴보아야 한다. 예를 들어, 어느 다년생 작물의 수명이 20년인데, 6년생이 되는 해부터 수확이 가능하다고 가정해보자. 이 경우, 20년에 걸친 작물의 물사용은 15년간 생산의 총 수확량으로 나누어야 한다. 작물의 녹색물사용량은 재배기간 동안 재배지에서 증발한 빗물의 총량을 나타내며 청색물사용량은 재배지에서 증발한 관개수의 총량을 나타낸다.

재배지로부터의 증발산은 경험적인 공식에 근거한 모델을 사용해서 측정하거나 추정할 수 있다. 증발산량을 측정하는 것은 고비용적이며 그리 흔치 않다. 일반적으로 기후, 토질, 작물의 특징을 입력 요소로 하는 모델을 사용해서 간접적으로 증발산을 측정한다. 일일 증발산량(ET)과 작물 성장을 모델링하는 데는 다양한 대안적 방법이 있다. 그중 자주 쓰이는 모델은 EPIC 모델(Williams 등, 1989; Williams, 1995)이며, 이를 격자형으로 사용하는 방법(Liu 등, 2007)도 이용 가능하다. 또 다른 모델로 Allen 등 (1998)이 기술한 방법을 토대로 UN식량농업기구가 개발한 CROPWAT 모델(FAO, 2010b)을 들 수 있다. 이외의 다른 모델로는 AQUACROP 모델(FAO, 2010e)을 들 수 있는데, 이것은 물부족 상태에서의 작물재배와 일일 증발산량(ET)을 측정하기 위해 특별히 고안된 것이다.

　CROPWAT 모델은 증발산량을 계산하는 데 두 개의 옵션을 제공한다. 작물 물요구량 옵션(최적의 상황을 가정 시) 그리고 관개 계획 옵션(시간에 따른 실제 관개 공급을 명시할 가능성 포함 시)이다. 가능하면 두 번째 옵션을 적용할 것을 권고한다. 이는 최적, 최악의 재배 상황 모두에 적용 가능하고 더 정확하기 때문이다(이 모델은 토양 수분의 동적평형을 포함함). CROPWAT 프로그램의 실용적 사용을 위한 포괄적 매뉴얼은 온라인에서 이용 가능하다. 부록 I 은 '작물 물요구량 옵션'을 사용해 최적의 상황 아래서 녹색물과 청색물 증발산량을 측정하는 방법을 요약하며, 모든 상황에 적용할 수 있는 '관개 계획 옵션'에 대한 내용도 간략히 기술하고 있다. 농작물재배의 공정물발자국 산정의 실용적 예는 부록II를 참고하면 된다.

　작물재배의 녹색ㆍ청색ㆍ회색물발자국을 측정하는 것은 많은 데이터를 필요로 한다(Box 3.8). 일반적으로 작물 경작지의 위치를 포함하는 지역의 데이터를 구하는 것이 언제나 선호되지만, 대부분의 경우 평가의 목적에 따라 해당지역의 특정한 데이터를 수집하는 것은 용이하지 않다. 만약 평가의 목적이 대략적인 추정에 있다면, 경작지 근처의 데이터나 더 쉽게 구할 수 있는 지역적 혹은 국가적 평균값을 가지고 연구할 수 있다.

　위의 산정에서 수확된 삭물에 포함된 녹색물과 청색물에 대해서는 고려하지 않았다. 수확된 작물의 물 부분을 살펴보는 것으로 물발자국의 요소들을 찾을 수 있다. 과일에서의 물 부분은 질량의 80~90%이고, 야채의 경우 주로 90~95%이다. 작물에 융합된 녹색물과 청색물의 비율은 작물의 녹색물 사용량(CWU_{green})과 작물의 청색물 사용량(CWU_{blue})의 비율과 같다고 가정할 수 있다. 그러나 증발된 물에 융합된 물을 더하는 것은 최종 물발자국 수치를 아주 약간 늘리게 되는데 이는 융합된 물이 보통 증발된 물의 0.1%, 많게는 1% 정도에 불과하기 때문이다.

　이 절에서 우리는 야외 재배지에서의 작물재배 공정물발자국의 계산에 대해 알아보았다. 여기서 계산된 청색물발자국은 작물재배지에 국한된 관개수의 증발산량을 나타낸다. 관개수를 저장하기 위해 만든 저수지로부터의 증발과 취수된 곳으로부터 재배지까지 관개수를 이동시키는 운송수로로부터의 물 증발은 제외한다. 물 저장과 운송은 야외에서의 작물재배 공정을 앞서는 공정이고, 그들만의 물발자국을 갖는다(그림 3.6). 이 앞선 공정에서의 증발 손실은 매우 큰 규모일 수 있으며, 수확된 작물의 제품물발자국에 관심이 있다면 이것을 포함하는 것이 이상적이다.

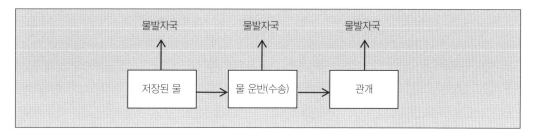

그림 3.6 저수, 운반, 관개로 이어지는 경작지에서의 관개과정. 각 과정별로 물발자국이 발생함

Box 3.8 작물재배의 물발자국 산정을 위한 데이터 출처

- **기후 데이터**: 작물 경작지 근처, 작물을 생산하는 지역이나 근처 기상관측소에서의 기후 데이터를 사용해서 계산해야 한다. 한 개 이상의 기후관측소가 있는 지역에는 각각의 관측소마다 계산하고 그 결과를 비교한다. CLIMWAT 2.0 기후 데이터베이스(FAO, 2010a)는 CROPWAT 8.0 모델이 요구하는 적절한 포맷의 기후 데이터를 제공한다. 이 데이터베이스는 특정한 년도가 아닌 30년 평균치를 제공한다. 다른 자료인 LocClim 1.1 (FAO, 2005)도 관측이 불가능한 장소들의 평균 기후상태를 제공한다. 격자 기후 데이터베이스도 사용할 수 있다. 30 arc minute의 공간해상도를 갖는 주된 기후 한도들의 월별 수치는 CGIAR–CSI GeoPortal의 CRU TS–2.1 (Mitchell과 Jones, 2005)을 통해 얻을 수 있다. US National Climate Data Centre는 세계의 많은 관측소에 일별 기후 데이터를 제공한다. 또한 FAO는 GeoNetwork 사이트를 통해 10 arc minute의 공간해상도로 장기간 평균 강수량과 증발산을 제공한다(FAO, 2010g).
- **작물 매개변수**: 작물계수와 작물 패턴(파종 및 수확일)은 지역 데이터에서 가장 잘 얻을 수 있다. 작물 다양성과 특정 작물의 적절한 재배 시기는 기후나 지역 관습, 전통, 사회적 구조, 규범과 정책 등 많은 요소들에 의존한다. 따라서 지역의 농업연구소에서 얻은 데이터는 가장 신뢰할 수 있는 작물 데이터. 사용 가능한 지구적 데이터베이스는 Allen 등 (1998, 표 11, 12), FAO (2010b), USDA (1994)가 있으며, FAO의 온라인 Global Information and Early Warning system (GIEWS)은 개발도상국 주요 작물의 작물 달력을 제공한다. 또한 이 사이트에서는 직접 각 대륙의 작물 달력 이미지를 제공한다(FAO, 2010f).
- **작물 지도**: 5 arc minute 셀 격자 해상도에서 175개 작물의 수확지역과 수확량은 McGill 대학교 지리학과 Land Use and Global Environmental Change Research Group 사이트에서 얻을 수 있다(Monfreda 등, 2008).
- **작물 수확량**: 요구되는 공간적 해상도 수준의 수확량은 지역별로 가장 잘 얻을 수 있다. 수확량이 어떻게 측정(예: 작물의 어느 부분, 건조 혹은 습윤 질량)되었는지 명확히 나타나 있는지 확인해야 한다. FAO (2010d)를 통해 지구적 데이터베이스를 사용할 수 있다.
- **토양 지도**: ISRIC–WISE는 5 arc minute와 30 arc minute 해상도 수준에서 유도 토질의 지구적 데이터 세트를 제공한다(Batjes, 2006). 또한, FAO GeoNetwork 웹사이트는 5 arc minute 해상도의 최대 이용 가능 토양 수분 데이터를 제공한다(FAO, 2010h). CROPWAT 모델에서 관개 계획 옵션을 적용할 때는 토양데이터가 필요하며 토양데이터가 없을 경우 '중간 토양'을 기본값으로 선택한다.
- **관개 지도**: 5 arc minute의 공간해상도를 갖는 Global Map of Irrigation Areas (GMIA) 4.1 버전(Siebert 등, 2007)은 관개를 위해 장비를 갖춘 지역들을 정의한다. 5와 30 arc minute 해상도의 26가지 주된 작물의 관개 지도는 프랑크푸르트 대학 웹사이트에서 얻을 수 있다(Portmann 등, 2008, 2010). 이 데이터는 위의 26가지 작물들의 천수답 재배지도 제공한다.

- **비료 적용 비율**: 지역 데이터를 사용하는 것이 좋다. 유용한 지구적 데이터베이스는 FertiStat (FAO, 2010c)이다. 국제비료연맹(IFA, 2009)은 나라별 연간 비료 소비량을 제공한다. Heffer (2009)는 주된 작물 종류와 주된 국가들의 작물당 비료의 양을 제공한다.
- **농약 적용 비율**: 지역 데이터를 사용하는 것이 좋다. National Agricultural Statistics Service (NASS, 2009)는 미국을 위한 온라인 데이터베이스에서 작물 당 화학물질의 사용량을 제공한다. Crop Life Foundation (2006)은 미국의 농약 데이터베이스를 제공한다. Eurostat (2007)는 유럽의 데이터를 제공한다.
- **침출 지표수 부분**: 사용 가능한 데이터베이스가 없다. 야외 작업의 실험 데이터를 가지고 대략적인 가정을 만들어야 한다. Chapagain 등 (2006b)이 제안한 방법을 따라 질소 비료는 10%라고 가정할 수 있다.
- **주변수질기준**: 입법화된 지역별 기준을 사용하는 것이 좋다. 유럽연합(EU, 2008), 미국(EPA, 2010b), 캐나다(Canadian Council of Ministers of the Environment, 2010), 호주와 뉴질랜드(ANZECC and ARMCANZ, 2000), 중국(Chinese Ministry of Environmental Protection, 2002), 일본(Japanese Ministry of the Environment, 2010), 오스트리아(Austrian Federal Ministry of Agriculture, Forestry, Environment and Water Management, 2010), 브라질(CONAMA, 2005), 남아프리카(South African Department of Water Affairs and Forestry, 1996), 독일(LAWA-AO, 2007), 영국(UKTAG, 2008)과 같은 세계 몇몇 국가의 지역 정보를 이용할 수 있다. MacDonald 등 (2000)에서 모음집을 찾을 수 있다. 만약 주변수질기준이 없고 수체가 음용에 적절하다면, 식수 수질기준을 적용해도 된다. 예로 EU (2000)나 EPA (2005)를 참조한다.
- **수신하는 수역의 배경농도**: 깨끗한 강에서 배경농도는 실제 농도와 같다고 가정할 수 있고, 따라서 주변의 측정기관에서 측정된 장기간의 일별, 월별 평균에 의존할 수 있다. 오염된 강에서는 역사 기록이나 모델 연구에 의존해야 한다. 세계 몇 곳은 이용 가능한 좋은 연구결과가 있다. 미국은 Clark 등 (2000)이나 Smith 등 (2003)을 참고하고, 오스트리아는 Austrian Federal Ministry of Agriculture, Forestry, Environment and Water Management (2010), 독일은 LAWA-AO (2007)를 참고한다. 실제 농도의 지구적 데이터베이스는 UNEP (2009)를 통해 볼 수 있다. 아무 정보도 없을 경우, 배경농도를 적당히 추정하거나 0으로 가정한다.
- **유입된 물의 실제 농도**: UNEP (2009)를 통해 실제 농도의 지구적 데이터베이스 이용이 가능하다.

3.4 제품의 물발자국

3.4.1 정의

어느 제품의 물발자국은 그 제품을 생산하는 데 직접적이나 간접적으로 사용된 담수의 총량으로 정의한다. 생산사슬(과정) 모든 단계의 물 소비와 오염을 고려해서 측정한다. 산정 과정은 농업, 산업, 또는 서비스 분야의 모든 제품에서 비슷하다. 제품의 물발자국은 녹색, 청색, 회색 요소로 나눌 수 있다. 제품물발자국의 대체 용어는 '가상수함량' 이지만, 후자의 의미는 좀 더 좁다(Box 3.9).

　농산품의 경우, 물발자국은 일반적으로 ㎥/ton 이나 litre/kg 단위로 표현한다. 셀 수 있는 음식물일 때는 개당 물 총량으로 물발자국을 나타낼 수 있다. 산업제품의 경우 물발자국은 ㎥/US$나 개당 물의 양으로 나타낼 수 있다. 물발자국을 표현하는 다른 방법들은 물의 양/㎉(식료품) 또는 물의 양/joule (전기나 연료)이다.

Box 3.9　용어: 물발자국, 가상수함량, 내재성 물

> 제품물발자국은 여러 문헌에서 제품의 '가상수함량'이나 제품에 포함된, 체화된, 외인성의 물, 그림자 물이라고 불린 것과 유사하다. 그러나 가상수함량과 내재성 물이라는 용어들은 제품에만 포함된 물의 양을 나타내고, '물발자국'이란 용어는 물의 양뿐만 아니라 사용된 물의 종류(녹색, 청색, 회색)와 언제 어디서 물이 사용되었는지도 나타낸다. 따라서 제품물발자국은 다차원적 지표이지만, '가상수함량'이나 '내재성 물'은 물의 양만 가리킨다. 물발자국이라는 용어의 의미적 범위가 더 넓기 때문에 이를 사용하는 것을 권한다. 양은 물사용에서 단 하나의 양상이다. 물사용의 장소와 시간, 사용될 물의 종류는 중요하다. 게다가, '물발자국'이란 용어는 소비자 또는 생산자의 물발자국에 대해 언급하는 맥락에서도 사용 가능하다. 소비자나 생산자의 가상수함량이란 표현은 다소 이상할 것이다. 국제적인(지역 간의) 가상수흐름을 얘기할 때 '가상수'라는 용어를 사용한다. 한 국가(지역)가 어느 제품을 수출입할 때 가상 형태의 물도 함께 수출입하는 것이다. 이런 맥락에서 가상수 수출이나 수입, 또는 가상수흐름이나 무역에 있어서 보다 일반적인 것에 대해 얘기할 수 있다.

3.4.2 생산시스템의 공정단계 도식화

제품물발자국을 측정하기 위해서는 어떻게 제품이 생산되는지를 이해하는 것부터 시작해야 한다. 그래서 생산시스템을 규명할 필요가 있다. 생산시스템은 순차적인 공정단계로 구성되어 있다.

　예를 들어 면 셔츠의 생산시스템을 간소화시켜 살펴보면, 목화 재배, 수확, 조면, 소면, 뜨개질, 표백, 염색, 인쇄, 마무리 등의 단계를 거치게 된다. 많은 제품들이 다수의 투입물을 필요로 한다는 점을 감안할 때, 하나의 공정단계 전에 다수의 공정단계들이 앞서는 경우가 잦다. 그럴 경우, 나열되는 선형 공정단계가 아니라 역삼각 형태인 제품수(product tree)가 된다. 간소화시킨 제품수로서 집적화된 축산 농장을 예로 들면, 각종 사료가 필요하고 다양한 종류의 투입물을 생산하며, 동물을 기른 뒤 육류로 가공한다. 생산시스템들은 하나 이상의 최종 제품을 생산하기 때문에(예: 소는 우유를 포함해 육류와 가죽도 제공) 제품수라는 비유

도 불충분하다. 실제로 생산시스템의 모양은 둥글기도 한, 연결된 공정들의 복잡한 네트워크다.

　제품물발자국을 측정하기 위해서 생산시스템을 수가 제한되고 연결된 공정단계들로 도식화해야 한다. 게다가 지구적 평균에 기반을 둔 매우 피상적인 분석 이상을 추구한다면, 그 단계들을 시공간적으로 명시해야 하며, 그러려면 제품에 투입된 것들의 근원지를 추적해야 한다. 면 셔츠의 예에서 목화 생산은 한곳에서 일어날 수 있고(중국), 다른 곳에서 일어날 수도 있으며(말레이시아), 소비는 또 다른 곳에서 일어날 수 있다(독일). 생산 정황과 공정 특징은 장소마다 다를 것이기 때문에 생산 장소가 물발자국의 크기나 색에 영향을 끼친다.

　생산시스템을 분명한 공정단계로 도식화는 것은 피할 수 없는 가정과 간소화를 필요로 한다. 특히 이와 연관 있는 것은 제2장에서 언급된 절삭(생략) 문제다. 이론적으로 많은 생산시스템의 요인들이 원형의 연결고리를 이루기 때문에 연계된 공정단계의 네트워크를 통해 투입물을 추적할 수 있다. 그리고 분석에 필요한 중요한 정보를 더 이상 추가하지 않아도 되는 지점에서 분석을 멈춘다.

　농산물의 생산시스템 표는 FAO (2003)와 Chapagain과 Hoekstra (2004)의 예에서 찾을 수 있다. 산업제품의 경우, 보통 공식적으로 사용 가능한 데이터를 바탕으로 생산시스템 표를 쉽게 구축할 수 있다. 당연히 그 제품이 실제 공급사슬에서 어떤 공정단계를 거쳤는지에 대한 정보를 구하는 것이 더 낫다. 이것은 모든 제품 원료를 추적해야 가능하다.

3.4.3 제품물발자국 산정

제품의 물발자국은 두 가지의 방법으로 계산할 수 있다. 과정-요약 접근법과 계단식 축적 접근법이다. 전자는 특정한 경우에만 적용될 수 있으며, 후자는 일반적인 방법이다.

과정-요약 접근법

이것은 후에 논의될 방법보다 간단하지만 생산시스템이 하나의 제품을 생산할 경우에만 적용 가능하다(그림 3.7). 이 경우 생산시스템의 다양한 공성과정에 관련되는 물발자국이 생산품에 완전히 귀속될 수 있다.

　이 간단한 생산시스템에서, 제품 p의 물발자국(부피/질량)은 관련된 공정물발자국의 합을 제품 p의 생산량으로 나눈 값과 같다.

$$WF_{prod}[p] = \frac{\sum_{s=1}^{k} WF_{proc}[s]}{P[p]} \quad \text{[volume/mass]} \tag{14}$$

$WF_{proc}[s]$는 공정단계 s의 공정물발자국(부피/질량)이고, $P[p]$는 제품 p의 생산량을 나타낸다. 실질적으로 단 하나의 제품만 만드는 간단한 생산시스템은 거의 없으므로, 생산시스템 전체를 통틀어 사용된 물을 중복 계산하지 않고, 그 시스템으로부터 일어나는 다양한 제품으로 배분하는 더 일반적인 산정이 필수다.

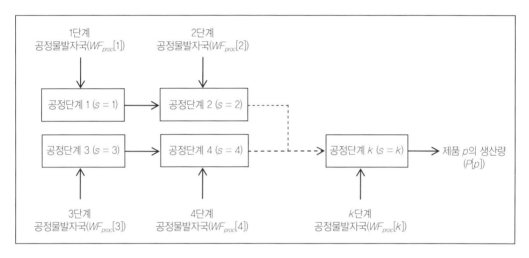

그림 3.7 k 단계의 공정을 거쳐 생산되는 생산품 p의 생산체계도. 과정 중 일부는 전후로 연결되거나 동시에 일어남. 최종 생산품인 p의 물발자국은 생산과정을 구성하는 각 공정단계 물발자국의 합으로 산출됨(단순화된 이 생산체계에 있어 p는 유일한 최종산물로 전제함에 유의)

계단식 축적 접근법

한 제품을 생산하는 데 마지막 공정단계에서 필수적으로 투입된 재료들의 물발자국과 최종 생산품의 물발자국을 계산하는 일반적인 방법이다. 하나의 제품(출력제품)을 만드는 데 몇 개의 재료(입력제품)가 필요하다고 가정할 경우, 출력제품물발자국을 입력제품물발자국의 총합에 공정물발자국을 더하는 것으로 간단하게 구할 수 있다. 하나의 입력제품이 있고 다수의 출력제품이 있는 경우일 때에는 입력제품의 물발자국을 각각의 출력제품들로 배분할 필요가 있다. 이것은 각 제품의 무게에 비례해 적용할 수 있지만, 그럴 경우 의미는 적다. 가장 일반적인 경우로 y 입력제품들로부터 공정되는 제품 p의 물발자국 산정의 예를 들 수 있다(그림 3.8). 입력제품에는 i = 1부터 y까지 숫자를 지정한다. y 입력제품들의 공정이 z 출력제품의 결과를 낳는다고 가정하고 출력제품에는 p = 1부터 z까지 숫자를 부여한다.

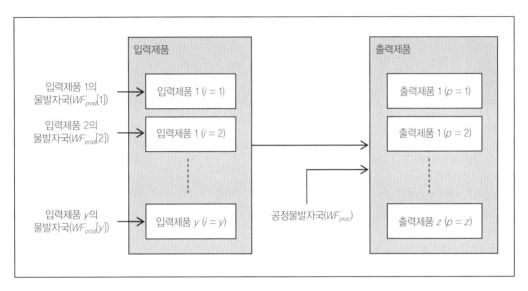

그림 3.8   출력제품 p를 생산하는 최종 공정단계의 도식. 출력제품 p의 물발자국은 입력제품이 출력제품으로 가공될 때의 공정물발자국과 입력제품물발자국에 기초해 산출됨

공정 중에 얼마만큼의 물사용이 포함돼 있었다면, 공정물발자국은 총량이 다양한 출력제품으로 분배되기 전에, 입력제품들의 물발자국에 더해진다. 출력제품 p의 물발자국은 아래와 같이 계산한다.

$$WF_{prod}[p] = \left(WF_{proc}[p] + \sum_{i=1}^{y} \frac{WF_{prod}[i]}{f_p[p, \iota]} \right) \times f_v[p] \quad [\text{volume/mass}] \tag{15}$$

$WF_{prod}[p]$는 출력제품 p의 물발자국, $WF_{prod}[i]$는 입력제품 i의 물발자국, $WF_{proc}[p]$는 y 입력제품을 z 출력제품으로 변환하는 단계의 공정물발자국이고, 이들은 공정된 제품 p의 단위당 물사용으로 표현되었다. 매개변수 $f_p[p, i]$는 '제품분율'이고, $f_v[p]$는 '가치분율'이다. 공식에서는 공정물발자국이 공정된 제품단위 당 물의 양으로 나타난다는 것에 유의해야 한다. 특정한 입력제품의 단위 당 공정물발자국이 주어졌다면, 주어진 양은 그 입력제품의 제품분율로

나눌 필요가 있다.

입력제품 *i*로부터 공정된 출력제품 *p*의 제품분율(*f*$_p$[*p*,*i*])은 입력제품의 수량(*w*[*i*]) 당 얻어진 출력제품의 수량(*w*[*p*])으로 정의된다.

$$f_p[p,i] = \frac{w[p]}{w[i]} \quad [-] \tag{16}$$

출력제품 *p*의 가치분율(*f*$_v$[*p*])은 이 제품의 시장가치와 입력제품으로부터 얻어진 모든 출력제품(*p* = 1 to *z*)의 합산된 시장 가치의 분율이다.

$$f_v[p] = \frac{price[p] \times w[p]}{\sum\limits_{p=1}^{z} \left(price[p] \times w[p] \right)} \quad [-] \tag{17}$$

여기서 *price*[*p*]는 제품 *p*의 가격(화폐단위/질량)을 나타낸다. 입력제품으로부터 생산된 출력제품 *z* 밑에서 분모가 더해진다. '가격'을 제품의 경제적 가치의 지표로 보고 있지만, 항상 그런 것은 아니다. 제품을 위한 시장이 없거나 그 시장이 왜곡되었을 경우가 그 예다. 물론 실제 경제적 가치에 가장 가까운 수치를 구할 수 있다.

간단한 경우, 하나의 입력제품을 하나의 출력제품으로 공정할 때, 출력제품의 물발자국 산정은 쉬워진다.

$$WF_{prod}[p] = WF_{proc}[p] + \frac{WF_{prod}[i]}{f_p[p,i]} \quad [\text{volume/mass}] \tag{18}$$

생산시스템에서 최종 제품의 물발자국을 계산하기 위해서는 가장 먼 근원지(공급사슬이 시작되는 곳)의 물발자국을 계산하는 것으로 시작해서, 최종 제품의 물발자국을 계산할 수 있을 때까지 차근차근 중급 제품들의 물발자국을 계산해야 한다. 첫째 단계는 항상 입력제품과 그것들을 출력제품으로 공정하는 데 쓰인 물의 물발자국을 얻는 것이다. 이러한 다양한 요소들의 총 합은 그 후 제품분율과 가치분율에 따라 다양한 출력제품에 분배된다.

농작물 물발자국 산정의 실질적인 예는 부록Ⅲ에 수록되어 있다.

제품분율은 특정한 생산공정에 대한 문헌에서 얻을 수 있다. 제품분율은 대부분 좁은 범위에 있지만, 입력제품의 단위 당 출력제품의 양은 적용된 공정에 크게 의존한다. 그럴 경우, 어떤 공정이 거기에 적용되었는지 이해하는 것이 중요하다. 작물과 축산 제품의 경우, FAO (2003), Chapagain과 Hoekstra (2004, 2권)에서 제품분율을 찾을 수 있다. 가치분율은 가격변화에 따라 한 해 동안 변동한다. 따라서 물발자국 산정 결과에 가격 변동이 큰 영향을 미치지 않도록, 최소 5년 동안의 평균 가격을 바탕으로 가치분율을 측정할 것을 권한다. 큰 범위의 작물과 가축 제품의 가치분율은 Chapagain과 Hoekstra (2004)에 의해 보고된 바 있다. 하지만 문헌으로부터 기본적 가치를 얻는 것보다, 실제 연결되는 데이터를 먼저 찾아볼 것을 권한다. 특정한 공정과정의 공정물발자국은 적용된 방법의 종류에 따라 변화할 수 있다(예: 습윤 혹은 건조 도정, 건조 또는 습윤 세탁, 밀폐된 냉각 시스템 또는 물 증발이 있는 열린 냉각시스템). 문헌에서 공정에 쓰인 취수량과 관련된 측정값을 찾을 수 있지만, 소비적 물이용에 관한 것은 없을 것이며 공정 당 오염에 관한 일반적인 데이터 또한 희박하다. 마찬가지로 각 지역마다 차이가 매우 크기 때문에 일반적인 데이터를 적용하는 것은 상당히 개략적인 수준으로 계산하는 것일 수밖에 없다. 따라서 생산자와 공장 같은 근원지 데이터를 살필 필요가 있다.

3.5 소비자나 소비자집단의 물발자국

3.5.1 정의

소비자물발자국은 그 소비자가 사용한 제품이나 서비스의 생산을 위해 소비되거나 오염된 담수의 총량이다. 소비자집단의 물발자국은 개인 소비자의 물발자국 합과 일치한다.

3.5.2 계산

소비자물발자국(WF_{cons})은 개인의 직접적인 물발자국과 간접적인 물발자국을 합해 구한다.

$$WF_{cons} = WF_{cons,dir} + WF_{cons,indir} \quad \text{[volume/time]} \tag{19}$$

소비자직접물발자국은 집이나 정원에서 사용한 물과 이와 관련된 물 소비와 오염을 말한다. 소비자직접물발자국은 소비자가 사용한 제품, 서비스의 생산에 관련될 수 있는 물 소비나 오염을 가리킨다. 예를 들어 소비된 식품, 의류, 종이, 에너지, 산업 제품들을 만드는 데 쓰인 물을 일컫는다. 소비자간접물사용은 각각의 제품물발자국을 소비된 모든 제품에 곱해 구한다.

$$WF_{cons,indir} = \sum_p \left(C[p] \times WF_{prod}^*[p] \right) \quad \text{[volume/time]} \tag{20}$$

$C[p]$는 제품 p의 소비(제품단위/시간), $WF_{prod}^*[p]$는 이 제품의 평균 물발자국(물의 양/제품단위)이다. 고려된 제품들은 소비자 제품과 서비스의 전체적인 범위를 나타낸다. 제품의 물발자국은 앞서 기술한 것과 같이 정의되고 계산된다.

소비된 제품 p의 총량은 일반적으로 x라는 다른 장소로부터 유래되었을 것이다. 소비된 제품 p의 평균 물발자국은 다음과 같이 계산한다.

$$WF_{prod}^*[p] = \frac{\sum_x \left(C[x,p] \times WF_{prod}[x,p] \right)}{\sum_x C[x,p]} \quad \text{[volume/product unit]} \tag{21}$$

$C[x,p]$는 근원지 x로부터의 제품 p의 소비(제품단위/시간)이고, $WF_{prod}[x,p]$는 근원지 x로부터의 제품 p의 물발자국(물의 양/제품단위)이다. 선호에 따라, 정확도를 더 높거나 낮게 적용해 소비된 제품의 근원지를 추적할 수 있다. 소비된 제품의 근원지를 추적할 수 없거나 원하지 않을 때는 지구적 혹은 국가적 평균 측정치에 의존해야 한다. 그러나 만약 제품의 원산지를 추적할 준비가 되어 있다면, 높은 공간적 세부사항으로 제품물발자국을 측정할 수 있다(제2장 물발자국 산정의 시공간적 해설에서 수준 참조).

개인적인 제품과 서비스의 물발자국은 그 소비자에게 국한되어 할당되며, 공공 또는 공동 제품이나 서비스의 물발자국은 각각의 소비자가 얻는 비율과 양을 바탕으로 할당된다.

3.6 지리적으로 세분화된 특정지역 내 물발자국

3.6.1 정의

특정한 지리적 영역 내 물발자국은 그 지역 경계선 안에서의 총 담수 소비와 오염으로 정의된다. 고려된 지역의 분계선을 명확히 정의하는 것이 중요하다. 지역은 집수역, 유역, 지방, 주, 국가, 또는 수문학적이거나 행정적 공간의 단위일 수 있다.

3.6.2 계산

지리적으로 세분화된 특정지역 물발자국(WF_{area})은 그 지역에서 물을 사용하는 모든 공정의 공정물발자국 총합으로 계산한다.

$$WF_{area} = \sum_q WF_{\text{proc}}[q] \quad [\text{volume/time}] \tag{22}$$

$WF_{proc}[q]$는 지리적으로 세분화된 지역 내 공정 q의 물발자국을 가리킨다. 그 지역에서 일어나는 모든 물소비 또는 물오염 공정을 다 합치는 공식이다.

한 지역 밖으로 물을 수출하거나 유역간 이동의 경우에는 물이 수출된 지역의 공정물발자국으로 계산한다.

특정한 지역 내의 수자원 보호 관점에서(특히 그 지역이 물부족 상태일 때) 얼마나 많은 물이 수출품을 생산하는 데 쓰이고, 얼마나 많은 물이 가상의 형태(물 집적 제품의 형태)로 수입되어 그 지역에서 생산하지 않아도 되는지 알게 되어 흥미롭다. 즉, 한 지역의 '가상수균형'을 알게 된다. 지리적으로 세분화된 지역의 특정 시간에 걸친 가상수균형은 이 기간 동안 가상수 순 수입량($V_{i,net}$)이며, 이것은 가상수 총 수입량(V_i)에서 가상수 총 수출량(V_e)을 뺀 값과 같다.

$$V_{i,net} = V_i - V_e \quad [\text{volume/time}] \tag{23}$$

양(+)의 가상수균형은 다른 지역으로부터 가상수가 순 유입되었음을 암시하며, 음의 가상수균형은 순 유출을 의미한다. 총 가상수 수입은 수입되는 가상수가 그 지역에서 물을 아끼게 해준다는 점이 흥미롭다. 총 가상수 수출은 그 지역 밖에 사는 사람들의 소비에 관련된 물발자국을 가리킨다는 점도 흥미롭다. 가상수 수입과 수출은 3.7.3절에 나라별로 논의된 접근법과 같은 방법으로 계산 가능하다.

3.7 국가물발자국 산정

3.7.1 국가물발자국 산정제도

종합적인 국가물발자국 산정은 국가소비내적물발자국(3.5절에 소개된 소비자 산정)과 국가내물발자국(3.6절에 소개된 지역 산정)을 하나의 총괄적인 제도로 합해 얻어진다. 그림 3.9는 Hoekstra와 Chapagain (2008)에 소개된 국가물발자국 산정제도의 도식적 표현이다.

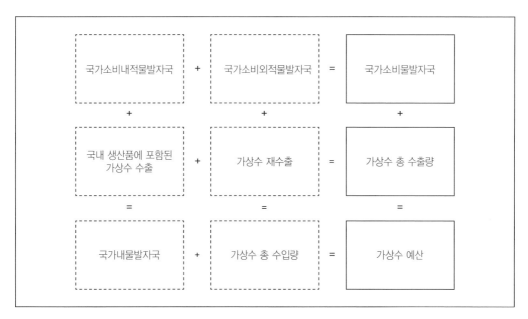

그림 3.9 국가물발자국 산정 체계. 이 산정체계는 국가소비물발자국($WF_{cons,nat}$), 국가내물발자국($WF_{area,nat}$), 가상수 총 수출량(V_e) 및 가상수 총 수입량(V_i)을 매개로 설명되는 다양한 성립관계를 보임

전통적인 국가 물사용 산정은 국가 내의 취수량만 의미한다. 국내 소비를 위한 제품 생산에 사용된 물과 수출품 생산에 사용된 물을 구분하지 않았다. 또한 국가적 소비를 파악하기 위해 국외의 물사용 데이터는 제외했으며, 녹색물과 회색물을 제외한 청색물만 포함했다. 보다 폭넓은 종류의 분석과 더 나은 의사결정을 위해, 전통적인 국가 물사용 산정은 확장되어야 한다.

한 국가의 소비자들 물발자국(국가소비물발자국)은 두 가지 요소, 내부적 물발자국과 외부적 물발자국을 갖고 있다.

$$WF_{cons,nat} = WF_{cons,nat,int} + WF_{cons,nat,ext} \quad [\text{volume/time}] \tag{24}$$

국가소비내적물발자국($WF_{cons,nat,int}$)은 국민이 소비하는 제품과 서비스를 생산하는 데 사용된 국내 수자원을 가리킨다. 즉 국가내물발자국 총합에서 국내 수자원으로 생산되어 다른 국가로 수출하는 제품에 관련된 가상수의 총량($V_{e,d}$)을 뺀 것이다.

$$WF_{cons,nat,int} = WF_{area,nat} - V_{e,d} \quad [\text{volume/time}] \tag{25}$$

국가소비외적물발자국($WF_{cons,nat,ext}$)은 국민이 소비하는 제품과 서비스를 생산하는 데 나른 국가에서 사용된 수자원의 양이다. 그 국가로의 가상수 총 수입량(V_i)에서 다른 국가로 재수출된 가상수 총 수출량($V_{e,r}$)을 뺀 값이다.

$$WF_{cons,nat,ext} = V_i - V_{e,r} \quad [\text{volume/time}] \tag{26}$$

특정 국가의 가상수 총 수출량(V_e)은 국내 원산지 기원의 가상수 총 수출량($V_{e,d}$)과 해외 원산지에서 수입된 제품의 재수출을 통한 가상수 총 수출량($V_{e,r}$)으로 구성된다.

$$V_e = V_{e,d} + V_{e,r} \quad [\text{volume/time}] \tag{27}$$

국내로 수입된 가상수의 일부는 소비될 것이기 때문에 이는 국가소비외적물발자국($WF_{cons,nat,ext}$)으로 여겨지며, 나머지는 재수출($V_{e,r}$)된다.

$$V_i = WF_{cons,nat,ext} + V_{e,r} \quad \text{[volume/time]} \tag{28}$$

V_i와 $WF_{area,nat}$의 합은 V_e와 $WF_{cons,nat}$의 합과 같다. 이 합은 한 국가의 가상수 예산(V_b)이라고 불린다.

$$V_b = V_i + WF_{area,nat} = V_e + WF_{cons,nat} \quad \text{[volume/time]} \tag{29}$$

3.7.2 국가내물발자국 산정

국가내물발자국($WF_{area,nat}$)은 해당 국가의 영토 내에서 소비되거나 오염된 총 담수량으로 이는 3.6절에 기술된 방법으로 계산할 수 있다.

$$WF_{area,nat} = \sum_q WF_{proc}[q] \quad \text{[volume/time]} \tag{30}$$

$WF_{proc}[q]$는 물을 소비하거나 오염을 유발하는 국가 내 공정 q의 물발자국을 나타낸다. 이 공식은 그 국가 안에서 일어나는 모든 물 소비와 오염 공정을 합한다. 여기서 공정물발자국의 단위는 부피/시간으로 표현된다.

3.7.3 국가소비물발자국 산정

국가소비물발자국은 '하향식'와 '상향식' 두 가지 방법으로 계산될 수 있다.

하향식 접근법

하향식 접근법에서는 국가소비물발자국은 국가내물발자국에 가상수 총 수입량을 더한 후 가상수 총 수출량을 뺀 값으로 나타낸다.

$$WF_{cons,nat} = WF_{area,nat} + V_i - V_e \quad \text{[volume/time]} \tag{31}$$

가상수 총 수입량은 다음과 같이 계산된다.

$$V_i = \sum_{n_e} \sum_{p} \left(T_i[n_e, p] \times WF_{prod}[n_e, p] \right) \quad [\text{volume/time}] \tag{32}$$

$T_i[n_e,p]$는 수출국 n_e로부터 수입된 제품 p의 양을 나타내고, $WF_{prod}[n_e,p]$는 수출국 n_e에서의 제품 p의 물발자국을 나타낸다. 보다 많은 세부사항을 사용할 수 없을 경우, 특정 제품이 수출국에서 생산된다고 가정할 수 있다. 그러므로 제품물발자국의 평균값은 수출국에서의 값을 사용할 수 있다. 수출국 내에서의 원산지 위치를 알고 있다면, 그 제품의 위치 특정적인 물발자국을 알 수 있다. 어느 제품이 그 제품을 생산하지 않는 국가로부터 수입되었고, 실제 원산지에 대한 정보가 없을 경우, 수입 흐름에 관해 지구적 평균 제품물발자국을 적용할 수 있다. 이상적으로 각각의 제품을 수입하기 위해 제품물발자국을 실제 공급사슬과 함께 측정해야 하지만, 이런 측정은 개별적인 경우에만 가능하고 한 국가에 들어오는 모든 수입에는 가능하지 않다(Chapagain과 Orr (2008)의 영국 물발자국 연구에서 규명). 이런 경우에는 특정한 가정을 분명히 명시할 필요가 있다.

가상수 총 수출량은 아래와 같이 계산한다.

$$V_e = \sum_{p} T_e[p] \times WF_{prod}^{*}[p] \quad [\text{volume/time}] \tag{33}$$

$T_e[p]$는 한 국가로부터 수출된 제품 p의 양을 나타내고, $WF^{*}_{prod}[p]$는 수출된 제품 p의 평균 물발자국을 나타내며, 이는 다음과 같이 측정한다.

$$WF_{prod}^{*}[p] = \frac{P[p] \times WF_{prod}[p] + \sum_{n_e} \left(T_i[n_e, p] \times WF_{prod}[n_e, p] \right)}{P[p] + \sum_{n_e} T_i[n_e, p]} \quad [\text{volume/product unit}] \tag{34}$$

$P[p]$는 해당 국가에서의 제품 p의 생산량을 나타내고, $T_i[n_e,p]$는 수출국 n_e로부터 수입된 제품 p의 양, $WF_{prod}[p]$는 그 국가에서 제품 p가 생산되었을 때의 물발자국을 나타내고, $WF_{prod}[n_e,p]$는 수출국 n_e에서의 제품 p의 물발자국을 나타낸다. 여기서 적용된 가정은 국내

생산량과 수입량에 따라 수출이 발생한다는 것이다.

상향식 접근법

상향식 접근법은 한 소비자그룹의 물발자국을 계산하는 방법에 기반을 두고 있다(3.5절). 소비자그룹은 한 국가의 거주자들로 구성되어 있고, 국가소비물발자국은 국내 소비자들의 직간접적인 물발자국을 더하는 것으로 계산할 수 있다.

$$WF_{cons,nat} = WF_{cons,nat,dir} + WF_{cons,nat,indir} \quad [\text{volume/time}] \tag{35}$$

국가소비직접물발자국은 소비자들의 집이나 정원에서 사용하는 물로 인한 물의 소비나 오염을 의미한다. 국가 소비 간접물발자국은 소비자들을 제외한 사람들이 제품과 서비스를 만드는 데 사용하는 물소비를 말한다. 예를 들면, 음식, 의류, 종이, 에너지, 산업 제품들을 생산하는 데 사용된 물을 가리킨다. 국가소비간접물발자국은 그 국가의 모든 거주자들이 소비한 모든 제품들 각각의 물발자국을 곱해 구한다.

$$WF_{cons,nat,indir} = \sum_p \left(C[p] \times WF_{prod}^*[p] \right) \quad [\text{volume/time}] \tag{36}$$

$C[p]$는 특정 국가 내 소비자들에 의한 제품 p 소비량(제품단위/시간)이고, $WF_{prod}[p]$는 그 제품의 물발자국(부피/제품단위)이다. 여기서 고려된 제품은 최종 소비자 제품과 서비스의 전체적인 범위를 말한다. 일반적으로 한 국가에서 소비된 제품 p의 양 가운데 일정 부분은 그 국가에서 직접 유래하고, 나머지 부분은 다른 국가로부터 유래한다. 한 국가에서 소비된 제품 p의 평균 물발자국은 하향식 접근법에서 사용된 것과 같은 가정을 적용해서 측정한다.

$$WF_{prod}^*[p] = \frac{P[p] \times WF_{prod}[p] + \sum_{n_e} \left(T_i[n_e, p] \times WF_{prod}[n_e, p] \right)}{P[p] + \sum_{n_e} T_i[n_e, p]} \quad [\text{volume/product unit}] \tag{37}$$

여기서 소비는 국내 생산량과 수입량에 의해 기원된다고 가정한다.

상향식과 하향식 접근법의 비교

상향식와 하향식 계산은 1년 동안 제품의 보유량(재고) 변화가 없다는 가정 하에 이론적으로는 같은 수치의 결과를 보인다. 하향식 계산은 이론적으로 1년 동안 물집약적 제품의 재고가 증가(감소)했을 때 실제보다 약간 더 높은(낮은) 수치를 나타내는 문제점이 있다. 그 이유는 하향식 접근이 '$WF_{area,nat} + V_i = WF_{cons,nat} + V_e$'로 된다는 것을 전제했기 때문이다. 이것은 단지 대략적인 값일 뿐이고, 더 정확히 표현하자면, '$WF_{area,nat} + V_i = WF_{cons,nat} + V_e + 가상수 재고 증가량$'이 된다.

하향식의 또 다른 단점은 생산을 위한 물소비 시점과 무역 시점 사이에 지연이 발생할 수 있다는 점이다. 가축 제품 무역의 경우 이런 일이 일어날 수 있는데, 이는 1년 동안 거래된 소나 가죽 제품들이 당해년도보다 전년도에 기르고 먹인 가축으로부터 비롯되는 데서 그 예를 찾아볼 수 있다. 육류나 가죽에 가상으로 담긴 물의 일부분은 전년도에 곡식을 기를 때 사용된 물을 포함한다. 따라서 하향식 접근 방법에서 가정된 이 균형은 몇 년 동안은 유효하겠지만, 1년 동안에는 유효하지 않을 수 있다.

이 두 접근법 간의 이론적 차이점은 계산에서 입력 값으로 사용하는 여러 종류의 데이터에서도 발생할 수 있다. 상향식 접근법은 소비 데이터의 질에 의존하는 반면, 하향식 접근법은 무역 데이터의 질에 의존한다. 서로 다른 데이터베이스들이 서로 일관되지 않을 때, 두 개의 접근법으로부터 얻는 결과는 서로 다를 것이다. 어떤 경우에는 입력 데이터의 사소한 오류에 굉장히 취약할 수 있다. 네덜란드에 관한 사례 연구(Van Oel 등, 2009)에서 보듯, 이것은 한 국가의 수출입이 국내 생산보다 더 많을 때 일어나며, 무역을 전문적으로 하는 작은 국가들에서는 전형적인 일이다. 이 경우, 하향식 접근법을 사용해 계산한 국가소비내적물발자국은 계산에 적용한 수출입 데이터에 민감할 것이다. 가상수 수출입 측정값의 작은 오류들은 물발자국 측정값에 큰 오류를 일으킨다. 그런 경우에는 하향식보다 상향식 접근법이 더 안정적인 측정값을 만들어 낸다. 국내 생산보다 무역이 적은 국가들에서 두 가지 접근법으로 얻은 측정값의 신뢰도는 사용된 데이터베이스의 질에 따라 달라진다.

국가소비외적물발자국

하향식이나 상향식 집근법을 사용하면 국가소비물발자국($WF_{cons,nat}$)을 계산할 수 있다. 하향식 접근법을 사용하면 한 국가로 들어오는 가상수 수입(V_i)을 계산할 수 있다. 앞서 3.7.2절에서 특정 국가내물발자국($WF_{area,nat}$)을 어떻게 구할 수 있는지 다루었다. 이들 데이터를 토대로 국가소비외적물발자국($WF_{cons,nat,ext}$)은 다음처럼 계산할 수 있다.

$$WF_{cons,nat,ext} = \frac{WF_{cons,nat}}{WF_{area,nat} + V_i} \times V_i \quad \text{[volume/time]} \tag{38}$$

이 공식은 농산물(곡물과 축산물)과 산업 제품에 분별적으로 적용 가능하다. 이 공식은 가상수 총 수입의 일부분만이 국가소비외적물발자국이라고 정의하며, 이 양은 국가 소비에 기여하는 가상수 예산(국가내물발자국과 가상수 수입의 합)의 일부와 같다. 가상수 예산의 나머지 부분은 수출되며 이 수출량은 국가소비내적물발자국의 일부가 아니다.

국가소비외적물발자국은 수출국 n_e와 제품 p를 이용해 측정 가능하며, 이때 외부적 물발자국과 가상수 총 수입량 간 국가적 비율이 모든 교역 국가들과 수입 제품들에 적용된다고 가정한다.

$$WF_{cons,nat,ext}[n_e, p] = \frac{WF_{cons,nat,ext}}{V_i} \times V_i[n_e, p] \quad \text{[volume/time]} \tag{39}$$

특정 제품을 직접 생산하지 않은 국가들로부터 그 제품이 수입될 때도 있다. 이런 제품의 경우에는 최초 기원(생산) 국가를 파악하기 위해 무역과정을 거슬러 살펴야 한다. 어떤 제품군에는 전 지구적 생산이 특정한 지역에 집중되어 있다. 이 제품들의 경우는 지구적 생산 데이터를 토대로 최초 근원지를 대략 측정할 수 있다. 이것은 지구적 생산의 분포에 따라서 비생산국가의 물발자국이 생산국가에 분포한다는 것을 의미한다.

3.7.4 무역 관련 물절약

특정 국가가 제품 p를 무역한 결과로 얻는 국가 물절약 양 S_n은 다음과 같다.

$$S_n[p] = (T_i[p] - T_e[p]) \times WF_{prod}[p] \quad \text{[volume/time]} \tag{40}$$

$WF_{prod}[p]$는 고려되는 국가에서의 제품 p의 물발자국(부피/제품단위)이고, $T_i[p]$는 제품 p의 수입량(제품단위/시간)이며, $T_e[p]$는 그 제품의 수출량(제품단위/시간)이다. 조건에 따라 S_n은 음수 값이 될 수 있고, 이는 절약 대신 순 물손실을 뜻한다.

수출국 n_e로부터 수입국 n_i로의 제품 p의 무역을 통한 지구 물절약량 S_g는 다음과 같다.

$$S_g\left[n_e, n_i, p\right] = T\left[n_e, n_i, p\right] \times \left(WF_{prod}\left[n_i, p\right] - WF_{prod}\left[n_e, p\right]\right) \quad \text{[volume/time]} \tag{41}$$

T는 두 국가 사이의 제품 p의 무역량을 나타낸다(제품단위/시간). 그러므로 지구적 절약은 거래 파트너들의 물생산성 간의 차로 얻어진다. 수입국이 어떤 제품을 국내에서 생산할 수 없을 때는, 그 제품의 지구적 평균 물발자국과 수출국 내의 물발자국의 차를 계산하는 방법을 추천한다. 지구 총 물절약량은 모든 국제적 무역 흐름에서 나타나는 절약량을 더하는 것으로 구할 수 있다. 정의하자면, 지구 총 물절약량은 모든 국가의 국가 물절약량의 합과 동일하다.

3.7.5 국가 물의존도와 국가 물자족률의 비교

국가의 가상수 수입의존율(WD, %)은 국가소비물발자국 중 국가소비외적물발자국이 차지하는 비율이다.

$$WD = \frac{WF_{cons,nat,ext}}{WF_{cons,nat}} \times 100 \quad \text{[\%]} \tag{42}$$

국가 물자족률(WSS, %)은 국가소비물발자국이 국가소비물발자국에 기여하는 정도다.

$$WSS = \frac{WF_{cons,nat,int}}{WF_{cons,nat}} \times 100 \quad \text{[\%]} \tag{43}$$

물 의존율과 물자족률 모두 연도별로 산출하거나 몇 년 동안의 평균값을 사용해 잘 계산할 수 있다.

필요한 모든 물이 가용하고, 그 양이 국가의 영토 내에서 얻어진다면 자족률의 값은 100%이다. 국가의 제품과 서비스의 수요가 가상수 총 수입량과 일치할 때, 즉 내적물발자국에 비해 상대적으로 큰 외적물발자국을 갖고 있을 때, 물자족률은 0에 가까워진다.

3.8 집수역과 유역의 물발자국 산정

전체 집수역 또는 유역의 물발자국 산정은 앞선 단원에서 논의된 전체적인 국가물발자국 산정과 유사하다. 오직 차이점은 고려되는 지역의 분계선에 대한 정의뿐이다. 국가물발자국 계정은 국경선 내의 물발자국과 그 영역 안에 사는 소비자들의 물발자국을 고려한다. 집수역 물발자국 산정은 '집수역 내에 사는 소비자들의 물발자국(3.5절의 소비자물발자국)'과 '집수역 내의 물발자국(3.6절 특정지역 내 물발자국)' 계정을 합치는 것이다. 그림 3.10은 국가물발자국 산정제도와 실제로 비슷하게 보이는 집수역 물발자국 산정제도에 대한 모식도이다.

집수역이나 유역의 물발자국 산정을 위한 가이드라인으로서 국가물발자국 산정(3.7) 방법을 그대로 따라도 된다. 즉, 간단히 '국가'를 '집수역'이라고 바꾸면 된다. 국가물발자국 산정과의 유일한(실질적) 차이점은 국가의 경우처럼 무역 데이터가 이용 가능하지 않다는 점뿐이다. 따라서 무역 통계를 사용할 수 없으나 집수역 내의 생산과 소비에 관한 가용한 데이터나 측정값들로부터 교역량을 추론할 필요가 있다. 집수역 내에 다음 해로 이어지는 저장고가 없다는 전제 하에, 생산 과잉(집수역 내에서 생산 〉소비)이 유역 밖으로 수출되었다고 가정할 수 있다. 같은 방법으로 생산 과잉(생산 〈 소비)은 수입된 것이라고 가정할 수 있다.

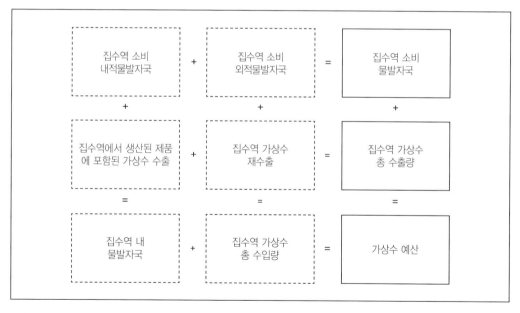

그림 3.10   집수역의 물발자국 산정 체계도. 이 산정 체계는 집수역 소비 물발자국, 집수역 내 물발자국, 집수역 가상수 총 수출량 및 집수역 가상수 총 수입량을 매개로 설명되는 다양한 성립관계를 보임

그림 3.10에서 보이는 전체적인 유역 물발자국 산정을 언제나 해야 할 필요는 없다는 것을 인지해야 하며, 그 여부는 산정의 목적에 달려 있다. 특히, 집수역 관리자는 기본적으로 그들의 집수역 내 물발자국에 관심이 있고, 집수역 안에 거주하는 사람들의 외적물발자국에는 그리 많은 관심을 기울이지 않는 경향이 있다. 집수역 내 물발자국이 집수역 안에 사는 사람들에 의해 소비될 제품을 만드는 데 쓰이는지, 집수역에서 외부로 수출되는 제품들을 만드는 데 쓰이는지 별 관심이 없을 수 있다. 그럴 경우 3.6절에 논의된 대로 특정지역 내 물발자국을 산정하는 것만으로 충분할 수 있다. 그러나 집수역 안의 물사용과 집수역에 사는 공동체의 자양물 간의 관계에 대한 보다 폭 넓은 이해를 얻기 위해서는 전체적인 집수역의 물발자국을 산정할 필요가 있다.

3.9 지방자치단체, 지방, 또는 다른 행정단위를 위한 물발자국 산정

지방자치단체, 지방 또는 다른 행정단위를 위한 물발자국 산정은 국가물발자국 산정(3.7)이나 집수역물발자국 산정(3.8)과 비슷해 동일한 물발자국 산정 방법의 적용이 가능하다(그림 3.9~3.10). 주 또는 지방 수준의 물발자국 산정은 중국(Ma 등, 2006), 인도(Verma 등, 2009), 인도네시아(Bulsink 등, 2010), 스페인(Garrido 등, 2010) 등에서 이루어졌다. 이 책이 집필되는 시점에서는 지방자치단체 물발자국 연구는 아직 알려진 바 없다. 대부분 특히 도시지역에서 행정단위가 더 작을수록, 그 지역 소비자들 물발자국의 외부적 부분이 더 클 것이라는 점을 예상할 수 있다.

3.10 비즈니스물발자국

3.10.1 정의

비즈니스물발자국은 기업을 운영하고 지원하는 데 있어 직간접적으로 사용된 담수 총량이

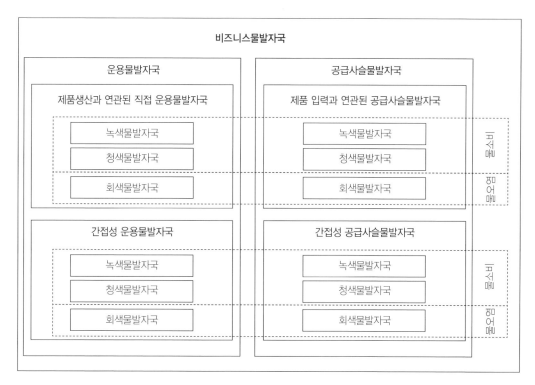

그림 3.11 비즈니스물발자국의 구성

다. 비즈니스 운용(혹은 직접적) 물발자국은 비즈니스 자체의 운용으로 인해 소비되거나 오염되는 담수의 양이다. 공급사슬(혹은 간접적)물발자국은 비즈니스 생산의 투입물을 구성하는 모든 제품과 서비스를 생산하는 과정에서 소비되거나 오염된 담수의 양이다. '비즈니스물발자국'이란 용어대신 '기업물발자국'이나 '단체물발자국'이라는 용어도 사용 가능하다.

표 3.1 비즈니스물발자국 요소들의 예

운용물발자국		공급사슬물발자국	
비즈니스의 제품(들) 생산에 직접 연관되는 물발자국	간접성 물발자국	비즈니스의 제품(들) 생산에 직접 연관되는 물발자국	간접성 물발자국
–제품에 융합된 물 –세척 과정에서 소비되거나 오염된 물 –냉각에 사용된 후 발생한 폐열수	–주방, 화장실, 청소, 정원, 의류의 빨래와 관련된 물 소비나 오염	–기업이 구매한 제품 원료의 물발자국 –제품을 처리하기 위해 구매한 다른 물품들의 물발자국	–기반시설(건축자재 등)의 물발자국 –일반적인 사용(사무실 재료, 차와 트럭, 연료, 전기 등)을 위한 재료나 에너지의 물발자국

비즈니스의 전체 물발자국은 그림 3.11에 보이는 것과 같은 요소들로 도식화가 가능하다. 비즈니스 운용 및 공급사슬물발자국 간의 구분 후에, 비즈니스에 의해 생산된 제품(들)과 즉시 연관 지을 수 있는 물발자국과 간접성 물발자국을 구별할 수 있다. 후자는 비즈니스를 운용하는 일반적인 활동들과 비즈니스에 의해 소비되는 일반적 제품과 서비스들에 관련된 물발자국이다. 간접성 물발자국이란 용어는 비즈니스의 지속적인 기능을 위해 필요하지만, 하나의 특정한 제품 생산에는 직접적으로 관여하지 않는 물소비를 규명하기 위해 사용된다. 모든 경우에서 녹색·청색·회색물발자국 요소를 구별할 수 있다. 비즈니스물발자국의 다양한 요소들은 표 3.1에 나와 있다.

기업체는 운용물발자국과 공급사슬물발자국 외에 생산물의 '최종 용도 물발자국'을 구분하고 싶어 할지도 모른다. 이 물발자국은 제품을 사용할 때 소비자들이 일으키는 물 소비와 오염을 가리키는데, 예로 가정에서 비누를 사용할 때 일어나는 물오염에 대해 생각해 볼 수 있다. 제품의 최종 사용 물발자국은 엄격히 말해서 비즈니스물발자국이나 제품물발자국의 일부라고 할 수는 없지만, 소비자물발자국의 일부가 될 수 있다. 소비자들은 다양한 방법으로 제품을 사용하기 때문에, 제품의 '최종 용도 물발자국'을 측정하는 것은 평균적 쓰임에 관한 가정을 요구한다.

정의하자면, '비즈니스물발자국'은 '비즈니스 출력제품의 물발자국의 합'과 같다. '비즈니스공급사슬물발자국'은 '비즈니스입력제품물발자국의 합'과 같다. 비즈니스물발자국이나 비즈니스가 생산한 주된 제품(들)의 물발자국을 계산하는 것은 동일한 사항에 관한 것이지만, 중점 사항이 다르다. 비즈니스물발자국 산정에는 운용(직접적)과 생산사슬(간접적) 물발자국을 구분 짓는 강력한 중점 사항이 존재한다. 이것은 정책적 관점과 크게 연관되어 있는데, 기업은 그들의 운용물발자국에는 직접적인 통제권을 행사하고 공급사슬물발자국에는 간접적 영향을 미치기 때문이다. 제품물발자국을 산정할 때는 직접적물발자국과 간접적물발자국 간의 구분이 없다. 즉, 생산시스템 안에 관련된 모든 공정들의 물발자국을 단순히 고려할 뿐, 타 기업에 의해 생산시스템이 어떻게 소유되고 운영되는지 무시한다는 것이다. 제품물발자국과 비즈니스물발자국 계정의 혼합은 특정한 제품의 물발자국 산정방식에 집중하면 가능해진다(예: 비즈니스가 생산하는 많은 제품들 중에 하나만 살펴보는 것). 그럼에도 제품물발자국의 어느 부분이 비즈니스 운용에서 발생하고, 공급사슬에서 발생하는 부분은 어느 부분인지 명확히 구분해야 한다.

비즈니스물발자국 산정은 기업의 물 전략을 개발하는 데 새로운 관점을 제공한다. 이것은 물사용 지표로서의 물발자국이 지금까지 대부분 기업에서 쓰인 '비즈니스 운용을 위한 취수량' 지표와 다르기 때문이다. Box 3.10은 자신들의 물발자국을 살피려는 기업들을 위한 몇 가지 가능한 함의를 제공한다.

Box 3.10 기업체가 비즈니스물발자국을 고려할 때 유용한 점은 무엇인가?

- 기업들은 전통적으로 그들의 공급사슬이 아닌, 운용에 관련된 물사용에 집중해 왔다. 물발자국은 통합된 접근법을 쓰지 않는다. 대부분의 기업들은 그들의 공급사슬물발자국이 운용물발자국보다 훨씬 크다는 것을 발견할 것이다. 결과적으로 그들의 운용 물사용을 줄이는 노력에서 공급사슬물발자국과 그와 관련된 위험요소들을 줄이는 노력으로 투자를 옮기는 것이 비용 면에서 더 효율적이라고 결론지을 수 있다.
- 기업들은 전통적으로 취수량의 감소를 살펴왔다. 물발자국은 회수보다는 물소비의 관점에서 물사용을 보여준다. 환원되는 유량은 재사용될 수 있으니, 특별히 소비적인 물사용을 살피는 것이 일리가 있다.
- 기업은 물사용 권리나 면허가 있는지 확인하지만, 이를 소유하는 것만으로는 물과 관련된 위험요소들을 관리하는 데 충분하지 않다. 기업이 지닌 물발자국의 시공간적 세부사항을 살피는 것은 이것을 보완하는 데 유용하다. 이는 어디서 언제 물이 사용되는지에 관한 세부사항이 더 자세한 물발자국 지속가능성평가에 입력 사항으로 쓰일 수 있고, 환경·사회·경제적 영향을 규명하고 관련된 비즈니스 위험요소들을 찾아내는 데 쓰일 수 있기 때문이다.
- 기업들은 전통적으로 배출기준(폐수기준)을 맞추는 것을 살펴왔다. 회색물발자국은 주변수질기준을 기반으로 폐기물을 정화하는 데 필요한 물의 양을 말한다. 배출기준을 맞추는 것도 그렇지만, 폐수가 어떻게 주변 담수역의 정화용량 감소를 일으키고, 관련된 비즈니스 위험요소들을 살피는 것은 또 다른 문제다. 폐수기준(농도 면에서 생성된)을 맞추는 것은 폐기 직전 폐수를 희석시키기 위해 더 많은 양의 물을 더하는 것으로 쉽게 가능하다. 폐수를 희석시키는 것은 폐수기준을 맞추는 데 유용할지 몰라도, 회색물발자국을 줄이는 데는 유용하지 않다. 그것은 후자가 환경에 더해지는 화학물질의 총 부하와 관련 있고, 폐수의 화학물질 농도와는 관련이 없기 때문이다(부록Ⅳ에 수록된 첫째 예시 참고).

3.10.2 비즈니스의 조직적 경계 선택

여기에서 언급하는 비즈니스는 소비자나 다른 비즈니스에 공급되는 제품과 서비스를 생산하는 일관성 있는 독립체로 여겨진다. 개인 회사나 기업일 수도 있지만, 정부나 비정부 단체일 수도 있어 다양한 규모의 수준으로 나타날 수 있다. 예를 들어 기업의 특정한 단위 혹은 부서, 기업 전체, 혹은 비즈니스 전체 분야 등이 그러하다. 공공분야에 있어서는 지방자치단체 내의 단위를 나타낼 수 있고 전체적인 국가 정부를 나타낼 수도 있다. 비즈니스란 용어는 특정한 제품이나 서비스 제공을 목표로 하는 기업이나 단체들의 협력체나 합작투자 형태로도 나타낼 수 있다. 사실, 비즈니스라는 용어는 기반시설의 건설 프로젝트나 대형 행사 준비를 위한 활동을 의미할 수도 있다. 이런 관점에서 '비즈니스'란 용어는 모든 종류의 기업, 단체, 프로젝트, 활동을 나타낼 수 있도록 광의적으로 정의된다. 또한 기술적인 조건에서의 비즈니스는 하나 이상의 출력물에 들어가는 하나의 입력 세트를 변형시키는 일관성 있는 모든 독립체 또는 활동을 의미한다.

비즈니스물발자국의 평가를 가능하게 하려면, 비즈니스를 정확히 세분화하고, 고려되는 비즈니스의 경계선이 무엇인지 명백하게 해야 한다. 비즈니스를 주변 환경과 명확히 구분되어 있는 시스템과 입출력이 잘 알려져 있는 시스템으로 도식화하는 것이 가능하다.

기업의 종류가 무엇이든 상관없이 기업은 여러 개의 단위들로 구성되어 있다. 예를 들어 기업은 다양한 위치에 작업장(공장과 같은)을 가질 수 있다. 또는 한 곳에 분리된 부서들이 있을 수도 있다. 물발자국 산정을 위해서, 다른 비즈니스 유닛 간의 구분이 종종 유용하다. 예를 들어, 제조 회사가 다른 장소에 다른 공장을 가졌을 때, 각각의 공장은 다른 상황 아래에서 운영되고 각기 다른 곳에서 입력 요소들을 파생시킬 가능성이 높다. 그럴 경우, 비즈니스 단위유닛 당 물발자국 산정을 먼저 한 후 나중에 이들을 비즈니스 전체의 계정으로 통합하는 것이 유용하다.

비즈니스는 구분될 수 있는 유닛을 기술하는 것과 비즈니스 유닛 당 연간 투입-산출을 명시해 정의할 필요가 있다. 투입물과 산출물은 물리적 단위로 설명된다. 비즈니스 유닛은 하나의 특정한 장소에서 하나의 특정한 제품을 생산하는 비즈니스 전체의 한 부분을 말한다. 따라서 여러 다른 장소에서 비즈니스가 관리될 경우, 한 장소에 각각의 비즈니스 유닛이 운영되도록 전체적인 비즈니스를 비즈니스 유닛으로 도식화하는 것이 선호된다. 또한 하나의 특정한 위치에서의 비즈니스 운용은 각자의 제품을 생산하는 각기 다른 비즈니스 유닛으로 도식화된다. 비즈니스가 제공하는 다양한 제품을 바탕으로 비즈니스를 도식화하는 것이 가장 유용하다. 그러나 오직 제품이나 서비스만 제공하는 서비스 단위와 주된 생산 단위를 구분할 수 있어야 한다.

예를 들어, 그림 3.12는 A, B, C라는 출력제품을 생산하는 비즈니스를 보여준다. 이 비즈니스는 3개의 비즈니스 유닛으로 구성되어 있다. 유닛1은 제품 A를 생산한다. 제품 A의 일부는 비즈니스 유닛2로 전달되지만, 대부분은 다른 비즈니스로 팔려 나간다. 유닛2는 제품 B를 생산하는데, 그것은 부분적으로 다른 비즈니스에 팔리고 부분적으로는 유닛3에 투입된다. 유닛3은 제품 C를 유닛2로의 전달과 외부로의 판매를 위해 생산한다. 각각의 유닛에는 생산사슬보다 앞선 연결고리에 있는 기업들로부터 파생된 입력제품이 투입되었고, 연관된 간접적 담수의 입력과 직접적 입력도 있다. 그림 3.12에 보이는 것과 같은 도식은 비즈니스

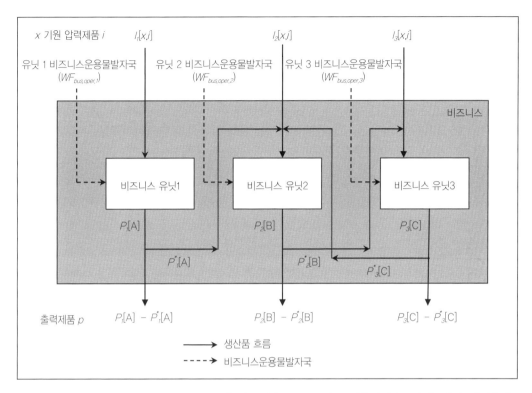

그림 3.12 3가지 제품 A, B, C를 생산하는 각 유닛(unit)을 지닌 비즈니스. 제품 유입을 나타내는 $I_u[x,i]$는 유닛 u에 이용되는 x 기원 입력제품 i의 연간 투입량을 의미함. 제품 유출을 의미하는 $P_u[p]$는 유닛 u에서 생산되는 제품 p의 연간 산출량을 나타내며, $P'_u[p]$는 동일 비즈니스 내 다른 유닛으로 유입되는 $P_u[p]$의 일부를 의미함

물발자국 산정의 기반이 될 수 있으며, 이것은 다음 부분에서 설명한다.

    비즈니스 규모가 크고 이질적일 때(다른 위치, 다른 제품), 비즈니스를 몇 개의 주된 비즈니스 유닛으로 도식화하고 각각의 주된 유닛을 다시 몇 개의 작은 유닛으로 도식화하는 것이 매력적일 수 있다. 이 방법으로 비즈니스는 몇 개 수준의 하위조직을 가진 시스템으로 도식화될 수 있다. 나중에는 가장 낮은 수준의 물발자국 산정이 둘째로 낮은 수준의 산정과 합해지고, 이 과정이 비즈니스 전체 수준까지 계속될 수 있다.

3.10.3 비즈니스물발자국 산정

이 절에서는 비즈니스 유닛의 물발자국 산정 방법을 먼저 살펴보고, 여러 개의 비즈니스 유닛으로 구성된 비즈니스물발자국을 어떻게 계산하는지를 마지막 부분에서 다룬다. 특정 비즈니스 유닛의 물발자국(WF_{bus}, 용량/시간)은 비즈니스 유닛의 운용물발자국과 공급사슬물발자국을 더해 계산할 수 있다.

$$WF_{bus} = WF_{bus,oper} + WF_{bus,sup} \quad [\text{volume/time}] \tag{44}$$

두 개의 요소 모두 각 비즈니스 유닛에서의 제품 생산에 직접적으로 연관되는 물발자국과 간접성 물발자국으로 구성되어 있다.

$$WF_{bus,oper} = WF_{bus,oper,inputs} + WF_{bus,oper,overhead} \quad [\text{volume/time}] \tag{45}$$

$$WF_{bus,sup} = WF_{bus,sup,inputs} + WF_{bus,sup,overhead} \quad [\text{volume/time}] \tag{46}$$

운용물발자국은 비즈니스 운용에 관련되는 소비적인 물사용 및 물오염과 동일하다. 3.3절에 설명된 가이드라인을 따라 운용으로부터의 증발량, 제품으로 융합되는 물의 양, 물이 추출된 집수역과 다른 곳으로 돌아가는 물의 흐름을 관찰할 수 있다. 또한, 폐수량과 그 안의 화학물질 농도도 고려해야 한다. 간접성 운용물발자국(비즈니스 유닛에서의 일반적인 물사용 활동에 관련된 물 소비나 오염)은 생산과정과 직접적으로 연관되는 운용물발자국과 똑같이 명시되고 수량화될 수 있다. 그러나 간접성 물발자국은 고려되는 비즈니스 유닛보다 더 많은 유닛에 제공될 것이다. 예를 들면, 두 개의 생산라인이 있는 공장의 간접성 물발자국은 두 개의 생산라인에 배분되어야 한다. 하나의 생산라인만 나타나도록 비즈니스 유닛을 정의했다면, 그 생산라인에 해당하는 간접성 물발자국의 몫도 계산할 필요가 있다. 이는 두 생산라인의 생산 가치에 따라 계산할 수 있다.

비즈니스 유닛 당(용량/시간) 공급사슬물발자국은 다양한 입력제품의 양(비즈니스 자체로부터 이용 가능한 데이터)을 그들의 제품물발자국에 곱해 구할 수 있다(공급자들로부터 얻어야만 하는 데이터). 서로 상이한 입력제품(i)들이 각기 다른 근원지(x)들로부터 유래한다고 가정할 때, 비즈니스 유닛의 공급사슬물발자국은 아래와 같이 계산한다.

$$WF_{bus,sup} = \sum_{x} \left(\sum_{i} \left(WF_{prod}[x,i] \times I[x,i] \right) \right) \quad [\text{volume/time}] \tag{47}$$

$WF_{bus,sup}$은 비즈니스 유닛의 공급사슬물발자국(용량/시간)을 나타내고, $WF_{prod}[x,i]$는 근원지 x로부터의 입력제품 i의 물발자국, $I[x,i]$는 근원지 x로부터 비즈니스 유닛으로 투입되는 입력제품 i의 양(제품단위/시간)을 나타낸다.

제품물발자국은 제품의 근원지에 의존한다. 제품이 같은 비즈니스 내의 다른 비즈니스 유닛으로부터 왔을 때, 그 제품물발자국의 가치는 비즈니스 자체의 산정 시스템으로부터 알 수 있다(이 절의 마지막 부분 참조). 제품이 비즈니스 외부 공급자로부터 유래되면, 그 제품물발자국의 가치는 공급자로부터 제공받거나 공급자의 생산 특징에 대해 알려진 간접적 데이터를 바탕으로 측정해야 한다. 다양한 제품물발자국도 3가지 색(녹색, 청색, 회색)으로 구성되어 있으며, 비즈니스 유닛의 최종 공급사슬물발자국도 3가지 색 요소들로 구성되도록 이들은 각각 따로 산정되어야 한다.

비즈니스 유닛 각각의 출력제품물발자국은 비즈니스 유닛 물발자국을 출력량으로 나누어 측정한다. 물발자국을 출력제품에 할당하는 것은 여러 방법으로 가능하다. 예를 들어 질량, 에너지 내용물, 또는 경제적 가치에 따라 할당 가능하다. 전과정평가 연구에서 흔하게 쓰이는 것처럼 여기서도 경제적인 가치에 따라 할당하는 것을 권한다. 이런 방법을 적용할 경우 비즈니스 유닛으로부터의 출력제품 p의 제품물발자국($WF_{prod}[p]$, 용량/제품단위)은 아래와 같이 계산할 수 있다.

$$WF_{prod}[p] = \frac{E[p]}{\sum_{p} E[p]} \times \frac{WF_{bus}}{P[p]} \quad \text{[volume/product unit]} \tag{48}$$

$P[p]$는 그 비즈니스 유닛으로부터의 출력제품 p의 양(제품단위/시간), $E[p]$는 출력제품 p의 전체적인 경제적 가치(화폐단위/시간), $\sum E[p]$는 모든 출력제품의 총 경제적 가치(화폐단위/시간)를 나타낸다. 비즈니스 유닛이 단 하나의 제품만 제공한다면, 공식은 이렇게 간소해진다.

$$WF_{prod}[p] = \frac{WF_{bus}}{P[p]} \quad \text{[volume/product unit]} \tag{49}$$

위의 모든 공식들은 비즈니스 유닛의 수준에서 적용되어야 한다. 한 비즈니스가 여러 개의 비즈니스 유닛 u로 도식화되었다고 가정하면, 비즈니스 총 물발자국($WF_{bus,tot}$)은 그 비즈니스 유닛의 물발자국을 합치는 것으로 계산된다. 중복 계산을 피하기 위해, 비즈니스 내 다양한 비즈니스 유닛들 사이의 가상수흐름은 빼야 한다.

$$WF_{bus,tot} = \sum_u WF_{bus}[u] - \sum_u \sum_p \left(WF_{prod}[u,p] \times P^*[u,p] \right) \quad [\text{volume/time}] \tag{50}$$

$P^*[u,p]$는 비즈니스 유닛 u로 부터 동일한 비즈니스 내 다른 비즈니스 유닛으로 보내지는 출력제품 p의 연간 양을 나타낸다(제품단위/시간).

관련 내용

1. 제품에 연결된 물사용은 생산단계에 국한되지 않는다고 알려졌다. 많은 제품의 경우(예: 세탁기), 제품의 사용 단계에 포함되는 물사용의 형태가 있다. 이 물사용 요소는 제품물발자국의 일부가 아니다. 제품 이용 중의 물사용은 제품 소비자의 물발자국에 포함된다. 재사용, 재활용, 폐기 단계 제품의 물사용은 그 서비스를 제공하는 비즈니스나 단체의 물발자국에 포함되고, 그 서비스로부터 이익을 받는 소비자들의 물발자국에 포함된다.

2. 이러한 가정은 다음 두 가지의 연관성을 암시한다.

$$\frac{WF_{cons,nat,ext}}{V_{e,r}} = \frac{WF_{cons,nat,int}}{V_{e,d}} = \frac{WF_{cons,nat}}{V_e}$$

$$\frac{WF_{cons,nat,ext}}{WF_{cons,nat,int}} = \frac{V_{e,r}}{V_{e,d}} = \frac{V_i}{WF_{area,nat}}$$

3. 재수출이 수입의 중요한 부분을 차지하는 제품 분류를 위해서 예외사항을 만들어야 한다. $WF_{cons,nat,ext}$와 V_i의 국가 수준 비율은 여기서는 좋은 가정이 아니다. 대신, 고려되는 제품 범주에 유효한 $WF_{cons,nat,ext}$와 V_i의 특정 비율을 적용해야 한다.

제4장

물발자국
지속가능성평가

4.1 개요

물발자국은 생물학적으로 생산공간에 미치는 인간활동 지표인 생태발자국(ha)과 유사 개념으로 개발된 담수전용량 지표(㎥/yr)이다. 생태발자국을 생물학적으로 생산적이며 이용 가능한 공간(ha)과 비교해야 하는 것처럼, 물발자국 크기의 의미는 사용가능한 담수자원량(㎥/yr로 표현)이라 할 수 있다(Hoekstra, 2009). 근본적으로, 물발자국 지속가능성평가는 인간이 유발하는 물발자국과 지구를 지속적으로 유지시키는 데 필요한 담수자원량과 비교하는 것을 주안점으로 삼는다. 그러나 이 문제를 더욱 자세하게 다루고자 하면 매우 다양한 종류의 질문과 복잡함에 직면할 것이다. 예를 들어, 지속가능성은 여러 관점을 가지고 있고(환경적, 사회적, 경제적), 그 영향은 각기 다른 수준에서 나타날 수 있으며(1차적, 2차적 영향), 물발자국의 종류도 여러가지다(녹색, 청색, 회색). 이 장에서는 이러한 주제와 관련해 최근 증가한 관심에서 비롯된 물발자국 지속가능성평가에 대한 지침을 제공하고자 한다.

물발자국 지속가능성 문제는 몇 개의 관점에서 고려될 수 있다. 지리적 관점에서는 특정 지리영역 안의 총 물발자국이 지속가능한지의 여부를 물을 수 있다. 그러나 집수역 내 환경유량요건이나 주변수질기준이 절충되었거나, 집수역 내의 물 분배가 불공정하거나 비효율적인 경우 지속가능하다고 말하기 어렵다. 특정한 물사용 공정을 고려할 때는 공정물발자국의 지속성에 대해 질문할 수 있다. 이에 대한 답은 2가지 평가 기준에 달려 있다. 첫째는 전체적인 물발자국이 지속불가능한 어느 특정한 집수역이나 유역에서 연중 특정한 기간에 특정 공정이 일어날 경우, 이에 해당하는 공정물발자국은 지속불가능하다는 것이다. 두 번째로는 어느 공정의 녹색·청색·회색물발자국 중 1개가 낮춰질 수 있거나, 수용 가능한 사회적 비용 안에서 모두 방지될 수 있을 때 (지리적 맥락과 별개로) 해당 공정물발자국 자체는 지속불가능하다는 것이다.

특정 제품의 관점에서 볼 때, 적절한 질문은 그 제품의 물발자국은 지속가능한가이다. 이에 대한 답은 그 제품을 만드는 생산시스템의 일부인 공정들의 물발자국 지속가능성에 달려 있다. 생산자 관점에서는 생산자의 물발자국은 지속가능한가라고 물을 수 있다. 생산자의 물발자국은 그 생산자가 생산한 제품들의 물발자국 합과 같으므로, 그 여부는 해당 생산자가 생산한 제품들의 지속가능성에 달려 있다. 마지막으로 소비자의 관점에서는 소비자물발자국은 지속가능하냐고 물을 수 있다. 소비자물발자국은 그 소비자가 사용한 제품의 물발자국 합과 같으므로, 답은 소비된 제품들의 물발자국에 의존한다. 그러나 여기에 또 다른 평가 기준이 하나 추가되는데, 이는 특정 소비자의 물발자국이 인류의 물발자국 한계점을 고려해 개인에게 부과되는 합당한 양보다 작은지 또는 큰지 여부에 소비자물발자국 지속가능성이 의존하기 때문이다.

제품, 생산자, 소비자의 물발자국 지속가능성은 부분적으로 한 제품, 생산자 또는 소비자의 다양한 물발자국 요소들이 위치한 지리적 맥락에 의존한다. 어느 특정한 공정, 제품, 생산자, 소비자의 물발자국이 우리가 경험하는 물 부족과 오염 문제들을 야기하는 일은 드물다. 그런 문제들은 고려되는 지리영역 내 모든 활동들의 축적된 영향으로 일어난다. 한 지역의 총 물발자국은 각각의 특정한 공정, 제품, 생산자, 소비자와 관련되는 작은 발자국들의 합이다. 한 공정, 제품, 생산자 또는 소비자의 물발자국이 어느 특정 지리적 맥락 안에서 나타나는 지속불가능성에 기여할 경우, 지역의 물발자국 또한 지속불가능하다고 할 수 있다.

이 단원에서는 특정 집수역이나 유역 내 물발자국의 지속가능성을 평가하는 방법을 먼저 기술한다. 그 다음 공정, 제품, 생산자, 소비자 물발자국의 지속가능성을 어떻게 평가하는지 설명한다. 이런 순서를 선택한 것은 후반부에 전반부의 설명을 참조할 것이기 때문이다. 특정 공정이 위치한 집수역 내 총 물발자국의 지속가능성을 알지 못한 채 그 공정의 물발자국 지속가능성을 평가할 수는 없으며, 관련된 공정들의 지속가능성을 알지 못한 채 특정 제품의 물발자국 지속가능성을 평가할 수도 없다. 또한 마지막으로 생산되고 소비된 제품들의 지속가능성을 알지 못한 채 생산자나 소비자물발자국의 지속가능성을 평가할 수 없다.

Box **4.1**   물발자국 지속가능성평가의 역사

물발자국 개념이 대두되기 시작한 초기(2002~2008)에는 물발자국 산정에 초점이 맞추어져 있었다. 물발자국은 주로 인간에 의한 담수전용을 측정하는 방법에 있어 혁신적이었다. 초기에는 물은 공급시설에 따라 측정되지 않았으며, 녹색물과 회색물은 물사용 통계에서 제외되었다. 게다가 측정값들은 청색물사용에만 집중되어, 소비적 사용이 집수역의 담수시스템에 영향을 미친다는 사실을 무시했다. 이 개념의 시작부터 물발자국 산정은 오직 담수전용에 관한 것이라고 인정되었다. 또한, 한 지역의 녹색물발자국과 청색물발자국은 가용한 녹색물 및 청색물과 비교되어야 하고, 회색물발자국은 집수역의 폐수 정화능력과 비교되어야 한다고 알려졌다. 그러나 이에 관해 연구가 거의 이루어지지 않았다. Hoekstra (2008a)는 처음으로 (당시 '영향평가'라고 불리긴 했지만) 산정단계 다음에 '지속가능성평가' 단계의 필요성을 직접적으로 언급했다. 물발자국을 실제적 물 가용성과 비교하는 것과 물이 결핍된 핫스팟을 규명하는 것은 Van Oel 등 (2008), Kampman 등 (2008), Chapagain과 Orr (2008)에 의해 처음으로 실행되었다.

초기 '물발자국 매뉴얼'에서 '영향평가'라는 용어는 '지속가능성평가'로 바뀌었는데, 이는 후자가 그 용어가 포함해야 하는 뜻을 더 잘 반영하기 때문이다(Hoekstra, 2009a). '영향'이라는 용어는 지역적 영향, 즉 땅에 즉시 보이는 영향에 초점이 맞추어져 있는데, 이는 너무나도 제한된 관점이다. 세상의 담수자원은 제한되어 있기 때문에, 더 넓은 맥락에서 물발자국의 지속가능성을 관찰할 필요가 있다. 물풍부 지역 내에서 물 사용이나 오염을 간과하는 것은 석유가 풍부한 국가들에서 에너지 사용을 무시하는 것과 비슷하다. 다시 말해 특정 물풍부 지역에서 물을 낭비하는 것이나 오염시키는 것은, 석유가 풍부한 국가에서 에너지를 낭비하는 것과 같은 양상이다. 물집약적 제품을 생산하기 위한 물풍부 지역에서의 효율적인 물사용은, 물부족 지역에서 그런 제품을 생산하는 데 물사용의 필요성을 줄여준다. 그러므로 물발자국의 지속가능성을 평가하는 것은 특정 물발자국이 즉각적으로 지역적 영향을 유발하는지 않는지를 보는 것보다 더 큰 의미를 지닌다.

'물발자국 지속가능성평가' 단계에 골격을 설정하기 위한 첫 번째 일로 물발자국 매뉴얼이 만들어졌다. 이어서 2009년 12월~2010년 7월에 물발자국네트워크 물발자국 지속가능성평가 작업반은 그 매뉴얼을 검토했고, 다수의 권고를 반영했다(Zarate, 2010b). 특히 '환경적 지속가능성 경계'의 발상과 1차, 2차 영향의 개념을 채택했다. 이 개정판 매뉴얼과 이전 버전과 비교하면 알 수 있듯이, 지속가능성에 대한 장은 완전히 새로 구성되었다. 한 지역 내 총 물발자국의 지속가능성을 측정하는 것이 특정한 공정, 제품, 생산자, 소비자의 지속가능성을 측정하는 것과는 다르다는 인식은 향상되었고, 존재하는 다른 종류의 문제들과 그것들을 짚어 보아야 할 각기 다른 방법들 간의 구분은 명확해졌다.

4.2 지리적 지속가능성: 특정 집수역이나 유역 내 물발자국 지속가능성

4.2.1 개요

어느 지리적 영역 내 총 물발자국의 지속가능성을 평가하는 것은 집수역이나 유역 수준

에서 가장 잘 실행될 수 있다. 수문학적 단위 수준에서 녹색물발자국이나 청색물발자국을 녹색물가용성이나 청색물가용성과 비교하거나, 회색물발자국을 유용한 폐수 정화능력과 합리적으로 비교할 수 있다. 또한 공정하고 효율적인 물 분배에 관한 문제들은 집수역이나 유역의 범위에서 가장 타당하다.

집수역이나 유역 내 물발자국의 지속가능성은 환경·사회·경제적인 관점에서 분석될 수 있다. 각각의 관점에는 '지속가능성평가 기준'이 존재한다(Box 4.2). 지속가능성평가 기준은 집수역이나 유역 내의 물발자국이 더 이상 지속가능하지 않은 상황을 설명한다.

지속가능성평가 기준을 규명하고 계량화하는 것은 집수역이나 유역 내 물발자국의 지속가능성평가 첫 단계이다(표 4.1). 두 번째 단계는 집수역이나 유역 안에서 물발자국이 지속불가능하다고 여겨지는 소집수역과 기간들을 의미하는 핫스팟을 규명하는 것이다. 셋째와 넷째 단계에서는 핫스팟 안에서의 1차 및 2차 영향들을 계량화한다.

핫스팟은 한 해 동안 특정 기간(예: 건기)에 물발자국이 지속불가능한 상태에 이르는 (소)집수역을 말하는데, 이는 환경적 물수요나 수질기준을 절충하거나, 그 집수역 내의 물 할당과 사용이 불공정하거나 경제적으로 비효율적이라고 여겨지기 때문이다. 핫스팟 안에서는 물부족, 물오염 문제나 갈등이 일어나고, 핫스팟들은 물발자국이 지속불가능하므로 물발자국을 줄여야만 하는 장소들이나 기간들을 말한다.

소집수역은 고려하지 않고 집수역이나 유역 전체를 고려할 때, 집수역이나 유역은 전체적인 수준에서 문제가 발생하는지에 따라 전체적인 핫스팟 구역이라고 분류할 수 있고 아닐 수도 있다. 상대적으로 작은 집수역(예: 100㎢까지)에서 핫스팟을 규명하는 것의 이점은 규모가 큰 집수역이나 유역 전체의 해상도 수준에서 놓칠 수 있는 핫스팟을 규명할 수 있기 때문이다. 유역 내 회색물발자국을 전체 유역 내 폐수 정화능력과 비교한다면 충분한 능력이 있다고 볼 수 있는 반면, 유역 내 대부분의 오염이 집중되어 있는 몇몇 특정한 상류 소집수역에서는 그렇지 않을 수도 있다. 조밀한 공간 해상도에서 핫스팟을 찾는 것의 단점은 많은 데이터(유역 내 총 녹색·청색·회색물발자국이 얼마나 되고, 그 유역 내의 녹색물가용성, 청색물가용성과 폐수 정화능력이 어떻게 공간적으로 분포되었는지에 대한 데이터)가 필요하다는 점이다. 또 다른 단점은 특정 문제점들이 더 큰 공간적 규모에서만 나타난다는 점인데, 오염원이 하류에만 축적되기 좋은 예이다. 따라서 가장 좋은 접근법은 강 유역 전체를 분석단위로 생각하고 유역 내 상대적으로 작은 소집수역을 구분하는 것이다. 그러면 평가는 소집수역의 미세한 수준 및 이보다 큰 집수역의 집합적 수준, 전체 유역 수준에서 모두 가능해진다.

핫스팟을 규명한 후에는 환경·사회·경제적 영향을 더 상세히 연구할 수 있다. 1차와 2

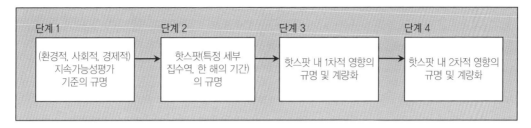

그림 4.1 4단계에 걸친 집수역이나 유역 내의 물발자국 지속가능성평가

차 영향을 구분해 설명한다면 다음과 같다. 1차 영향은 변화한 유량과 인간의 방해가 없는 자연 상태와 비교한 수질로 설명할 수 있다. 예를 들어, 한 집수역에서 얼마만큼의 지표수가 그 집수역의 사람들로 인해 청색물발자국으로 감소했는지, 그리고 이것이 어느 정도까지 환경유량요건과 충돌하는지 보는 것이다. 또는 수질이 자연적 조건에 비해 어떻게 바뀌었는지 상세히 묘사한다. 예를 들면 수질 한도에 따라 어떤 한도가 주변수질기준을 위반하는지 묘사한다. 2차 영향은 1차 영향의 결과로 집수역 내에서 손상된 생태적, 사회적, 경제적 제품과 서비스의 손실이다. 예를 들어 생물종 소멸, 생물다양성 감소, 식량안전보장성 감소, 인간 건강 위해성 증가, 물 의존 경제활동에 의한 수입 감소 등으로 측정 가능하다.

Box 4.2 집수역이나 유역 내 물 이용 및 분배에 관한 지속가능성평가 기준

집수역 내의 물발자국이 지속가능한 수준을 유지하려면 특정한 평가 기준에 부응해야 한다. 지속가능성은 환경적, 사회적, 경제적 측면을 모두 고려한다.

- **환경적 지속가능성**: 수질은 특정한 수준 이하로 관리되어야 한다. 여기에 있어 특정한 수준이 무엇인가에 대한 지표로서 합의된 '수질기준'을 고려하는 것이 최상이다. 또한 자연적 지표수와 비교하며, 강과 지하수 흐름도 특정 기준 내에 머물러야 한다. 이는 강과 지하수에 의존하는 생태계와 이 생태계에 의존하는 사람들의 삶을 유지하기 위해서다. 강의 경우, '환경유량요건'이라 불리는 것이 유량변경의 경계를 이루는데, 이는 수질기준이 오염에 대한 경계를 제시하는 것과 유사하다(Richter, 2010). 녹색물의 경우, '녹색물 환경요건'이 인간의 목적을 위한 녹색물전용의 경계를 제시한다.
- **사회적 지속가능성**: 지구 상 유용한 담수의 최소량은 '기본적인 인간의 수요'에 할당되어야 한다. 이 기본적 수요는 마시고, 씻고, 요리를 위해 쓰이는 최소한의 가정용 물공급과 모두에게 충분한 식량공급을 보장하기 위한 식량생산의 최소 물 할당량이다. 이 평가 기준은 환경적 물수요와 기본적 인간 수요를 유지하기 위한 물 요건을 제외하고, 남은 유용한 담수 비축량의 일부만이 '사치' 제품에 할당될 수 있다는 것을 암시한다. 마시고, 씻고, 요리할 때 쓰이는 최소한의 가정 물공급은 집수역이나 유역 수준에서 보장되어야 한다. 식량 생산을 위한

최소한의 물 할당은 지구적인 수준에서 보장되어야 하는데, 이는 유역 공동체들에게 식량안전보장이 수입으로 보조되고 있고 식량에 있어 필요한 만큼 자급자족하고 있지 못하기 때문이다.

- **경제적 지속가능성**: 물은 경제적으로 효율적인 방법으로 할당되고 이용되어야 한다. 특정한 목적의 물사용으로부터 야기되는 녹색·청색·회색물발자국의 혜택은 외부성, 기회비용, 결핍 임차료를 포함하는 특정한 물발자국과 관련된 전체 비용보다 커야만 한다. 만약 이렇지 않을 경우, 물발자국은 지속불가능하다.

유역 내 녹색·청색·회색물발자국이 환경·사회·경제적 지속가능성평가 기준 중 하나를 만족시키지 못할 경우, 물발자국은 '지역적으로 지속가능하다'고 볼 수 없다.

4.2.2 환경적 핫스팟 규명을 위한 환경적 지속가능성평가 기준

집수역 내의 물발자국이 환경적으로 지속불가능해 환경적 물수요에 위반되거나 오염량이 폐수 정화능력을 초과할 때 환경적 핫스팟이 생겨난다. 핫스팟의 심각성에 대한 지표를 얻으려면, 아래에 정의된 대로 녹색물부족, 청색물부족, 수질오염수준을 산출해야 한다. 녹색물부족, 청색물부족, 수질오염수준이 100%를 초과할 때 환경적 핫스팟에 대해 논의해야 하며, 청색물발자국의 경우, 그 물발자국이 환경적 임계점을 초과하는 지하수나 호수에서의 감소를 야기하는지 평가하는 것이 중요하다.

환경적 핫스팟은 어느 집수역의 녹색·청색·회색물발자국에 특별히 연관되며 향후 각각에 대해 논의할 것이다. 다음의 내용들은 강 유역 전체를 포함한 다양한 규모의 집수역에 적용될 수 있다.

녹색물발자국의 환경적 지속가능성

어느 집수역 내 총 녹색물발자국이 중요한지의 여부는 녹색물이 얼마만큼 유용한지의 매라에만 놓여 있을 경우에는 명확하지 않다. 특정 집수역 내 녹색물발자국은 그것이 유용한 녹색물을 초과했을 때 환경적 핫스팟을 생성한다. 특정 기간 t에서 집수역 x의 '녹색물가용성(WA_{green})'은 땅으로부터 증발산한 빗물의 총량(ET_{green})에서 자연식생 보호된 지역으로부터의 증발산량(ET_{env})과 생산적으로 쓰일 수 없는 땅(작물 비경작지)으로부터의 증발산량을 빼는 것으로 구할 수 있다.

$$WA_{green}[x,t] = ET_{green}[x,t] - ET_{env}[x,t] - ET_{unprod}[x,t] \quad \text{[volume/time]} \tag{51}$$

여기서 모든 변수의 단위는 용량/시간으로 표기된다. 변수 ET_{env}는 '녹색물 환경요구량'이라 볼 수 있는데, 이는 생물다양성을 보존하고 자연생태계에 의존하는 인간의 삶을 지탱하기 위해 보호된 집수역 내 자연식생에 의해 쓰인 녹색물의 증발산량을 뜻한다. 녹색물 환경요구량은 자연보전의 관점에서 보호되어야 하는 땅으로부터의 증발산을 확인해 계량화 할 수 있다(Box 4.3). 변수 ET_{unprod}는 작물생산에서 생산적으로 쓰일 수 없는 증발산량, 즉 작물성장에 적합하지 않은 지역이나 기간 동안의 증발산량을 말한다. 경사가 심해 작물을 재배할 수 없는 산지에서의 증발산, 기성 시가지로부터의 증발, 또는 작물재배를 하기에는 너무 추운 기간 내의 증발산을 생각할 수 있다(시가지 및 추운 기간의 경우 ET는 일반적으로 낮으며 따라서 이 비생산적인 흐름은 그리 크지 않다).

녹색물가용성의 개념을 잘 이해하기 위해서 다음의 예시를 고려해보자. 1,000㎢ 집수역의 평균 연간 증발산이 450㎜일 경우 총 증발산량은 1,000 × 450 = 4.5억㎥이다. 연구결과, 생물다양성 보전을 위해 그 집수역의 30%가 자연을 위해 보호되어야 한다고 나타났고, 이 30% 지역에서의 연간 증발산량이 평균적으로 500㎜라고 가정한다면, 이 경우 해당 집수역 내 증발산량(ET_{env})은 0.3 × 1,000㎢ × 500㎜ = 1.5억㎥이다. 또한 그 집수역의 다른 30%는 작물성장에 적합하지 않고(도로와 다른 인프라를 포함하는 기성 시가지), 지역의 평균 연간 증발산은 400㎜라고 가정할 경우, 비생산적인 지역으로부터의 증발산량은 0.3 × 1,000㎢ × 400㎜ = 1.2억㎥에 이르고, 그 집수역의 나머지 지역으로부터의 연간 증발산량은 0.4 × 1,000㎢ × 450㎜ = 1.8억㎥으로 산출된다. 겨울을 포함한 반년 동안의 기후는 농작물생산에 적합하지 않지만 이 반년 간의 총 증발산은 상대적으로 적은 100㎜라 가정한다면, 비생산적인 기간 내 농작 가능한 지역 안에서의 증발산량은 0.4 × 1,000㎢ × 100㎜ = 0.4억㎥에 이른다. 그러므로 농작물생산에 생산적으로 쓰일 수 없는 집수역 내의 총 증발산(ET_{unprod})은 1.2억 + 0.4억 = 1.6억㎥으로 계산된다. 이 예시로부터 알 수 있는 것은, 집수역의 총 증발산량이 4.5억㎥ 임에도 불구하고, 녹색물가용성은 오직 4.5억 − 1.5억 − 1.6억 = 1.4억㎥ 뿐이라는 사실이다.

사람들이 물부족에 대해 얘기할 때 이는 일반적으로 청색물부족에 대한 것이지만 녹색물가용성도 제한되어 있어 녹색물도 마찬가지로 희박하다. 기간 t 동안 집수역 x의 녹색물부족 수준은 해당 집수역 내 총 녹색물발자국과 녹색물가용성의 비율이다.

$$WS_{green}[x,t] = \frac{\sum WF_{green}[x,t]}{WA_{green}[x,t]} \quad [-] \tag{52}$$

Box 4.3 녹색물 환경요구량

대지로부터의 증발산량 상당 부분은 자연식생을 위해 보호되어야 한다. 인간 사용을 위해 얼마만큼의 녹색물이 남아 있는지, 얼마만큼의 녹색물가용성이 토지의 총 증발산으로부터 제외되어야 하는지를 알고 싶다면, 어느 정도의 어떠한 대지가 자연을 위해 보전되는 토지로 고려되어야 하는지를 알아야 한다. 생물다양성협약의 식물보전 지구전략(CBD, 2002)에서 2010년의 목표를 제시했는데, 그에 따르면 세계 각 생태지역의 최소 10%가 보전되어야 하며, 식물다양성을 위해 가장 중요한 지역에서는 50%가 보호되어야 한다

세계적으로 얼마만큼의 대지가 자연을 위해 보호되어야 하는지에 대한 추정 값에는 이견이 많다. 세계환경개발위원회(WCED, 1987)는 모든 생태계 종류의 최소 12%가 생물다양성 보호을 위해 보존되어야 할 것으로 보고했다. Noss와 Cooperrider (1994)는 대부분의 지역이 25~75%의 토지를 생물다양성 안전성 확보를 위해 보호해야 한다고 추정했다. Svancara 등 (2005)은 여러 보고서를 토대로 생물다양성 보호를 위해 보존해야 할 토지의 비율(%)과 관련한 200개 이상의 자료를 비교했으며, 그 근거에 입각해 보호되어야 할 토지의 평균 비율은 정책적으로 권고된 토지의 평균 비율보다 거의 3배 가까이 높다는 결론을 제시했다. 정책 추진 과정에서 제안되는 생물다양성 보호 토지 비율 10~15%를 보호(CBD, 2002; WCED, 1987)하는 것은 실질적인 생물학적 수요인 25~50%를 충족시키지 못한다. 이는 지역적 특성에 따라 차이가 있을 것이나, 특정 집수역의 데이터가 부족할 때는 기본값을 최소 12%로 취할 것을 권한다. 보다 현실적인 생태적 관점에서 볼 때는 아마도 기본값으로 30%를 적용하는 것이 바람직하다.

이러한 방법으로 정의되는 녹색물부족 지표는 사실 유용한 녹색물의 '전용 비율'을 나타낸다. 녹색물부족 측정은 일(하루) 주기로 가능하지만, 월 주기도 한 해 동안의 변화를 보기에 충분할 것이다. 100%의 녹색물부족은 유용한 녹색물이 완전히 소비되었다는 것을 뜻하기 때문에 100%를 넘는 물부족 값들은 지속불가능함을 의미한다.

현재까지 녹색물부족을 분석하는 데 있어서의 문제가 철저히 논의되지 않았다는 점은 인정하고 주지해야 한다. 특히, 녹색물 환경요구량(Box 4.3)과 농작물생산에서 생산적으로 이용 불가능한 대자연에서의 증발산량에 관한 데이터가 부족하다. 이러한 증발산 양은 녹색물 가용성을 심각하게 제한하기 때문에 이를 고려하는 것이 필수적이지만, 얼마만큼의 토지와 관련된 증발산이 자연을 위해 보호되어야 하며, 증발산이 언제, 어디서 생산적으로 쓰일 수 없는지를 어떻게 정확히 정의할 것인지에 대한 동의 없이는 계량적 분석을 진행하는 것이 불가능하다. 이것은 분명 추가 연구가 필요한 분야다. 현재로서는 실용적 정책 바탕에서 녹색물부족의 계량적 평가를 제외하는 것을 권고하지만, 그러한 분석의 가용성을 탐구하고 녹색물가용성의 불분명하지 않은 정의에 대해 연구하기 위해서는 녹색물부족의 계량적 평가를 포함할 것을 권한다.

여기에 언급된 상황(자연식생과 야외 경작지로부터의 증발산의 차이가 있는 경우)은 녹색물발자국이 청색물가용성에 영향을 미칠 수 있지만 강 유역 규모 수준의 영향은 일반적으로 작다는 것을 보여준다. 그러므로 대개의 경우 이러한 영향은 무시될 수 있다(Box 4.4).

Box 4.4 청색물가용성에 미치는 녹색물발자국의 영향

집수역 내 녹색물발자국은 하류역의 지표수 패턴 변화를 야기할 수 있다. 대개의 경우 농장 들판으로부터의 빗물 증발산량은 자연적 조건 야지로부터의 증발산량과 크게 다르지 않지만, 1년 중 특정 기간 동안 상당히 다를 수 있다. 때때로 증발산량이 더 낮을 수도 있고 높을 수도 있으며, 이는 각기 증가하거나 감소한 지표수를 유발한다. 이것은 녹색물발자국이 청색물가용성에 영향을 미칠 수 있다는 것을 뜻한다.

농작물로부터의 증발산량과 자연적 조건 아래에서의 증발산량 차이점을 알아보기 위해서 '순 녹색물발자국'이라는 개념이 제안되었다(SABMiller와 WWF–UK, 2009). 그러나 이 용어는 총량 고려가 필요한 담수 책정 지표로서의 물발자국 개념에 대한 기본적인 정의와 일치하지 않는다. 우리는 '순 녹색물발자국' 대신 '녹색물발자국 유발성 지표수 변화'에 대해 논의할 것을 권한다. 농업은 지표수가 되는 강수량의 일부에 영향을 끼치는(따라서 청색물가용성에 영향을 주는) 유일한 인위적 요소가 아니다. 도시화, 경관적 변화와 같은 요소들도 지표수에 영향을 미칠 것이고 이는 청색물가용성에도 영향을 줄 것이기 때문이다. 이러한 문제들은 청색물부족과 그것의 근본적인 원인들을 평가할 때 고려되어야 한다. 청색물부족은 한 지역 내 청색물발자국과 청색물가용성 간의 비율을 나타내므로, 청색물부족은 증가한 청색물발자국이나 감소한 청색물가용성으로 인해 증가할 수 있다. 모든 유역에서 청색물발자국의 규모적 증가는 청색물가용성의 변화보다 매우 컸다. 이는 청색물부족을 고려할 때 지리적 상수인 청색물가용성의 상태에 반응하는 청색물발자국 변화로 고려하는 것으로 볼 수 있다.

청색물발자국의 환경적 지속가능성

어느 집수역 내 총 청색물발자국은 그 집수역 내 모든 공정의 청색물발자국들 합과 일치한다. 특정 기간, 특정 집수역 내 청색물발자국은 청색물발자국이 청색물가용성을 초과할 때 핫스팟을 생성한다. 특정 기간 t 동안 특정 집수역 x의 청색물가용성(WA_{blue})은 집수역 내의 자연적 방출유량(R_{nat})에서 환경유량요건(환경유지용량: EFR) 값을 뺀 것으로 정의된다.

$$WA_{blue}[x,t] = R_{nat}[x,t] - EFR[x,t] \quad \text{[volume/time]} \tag{53}$$

특정 기간 동안 특정 집수역에서의 청색물발자국이 청색물가용성을 초과할 때, 이것은 그 기간과 집수역의 환경유량요건이 지켜지지 않았다는 것을 의미한다. 환경유량요건은 담수와 하구의 생태계 및 그 생태계에 의존하는 인간의 삶과 복리를 유지하기 위해 필요로 하는 유량과 시기로 이루어진다(부록 V는 환경유량요건의 개념에 대해 보다 상세히 논의함).
그림 4.2는 1년 동안의 청색물발자국이 1년 동안의 청색물가용성과 어떻게 비교될 수 있는
지 보여준다. 이 경우, 환경유량요건은 한 해 동안 어느 특정한 기간에는 위반되었지만 나머
지 기간에서는 유지되었다. 환경유량요건은 실제방출유량이 아닌 자연방출유량에서 감해
지는데, 이는 실제방출유량은 이미 상류의 물소비로 인해 영향을 받았기 때문이다. 자연방
출유량은 실제방출유량과 집수역 내 청색물발자국을 더하는 것으로 추정할 수 있다.

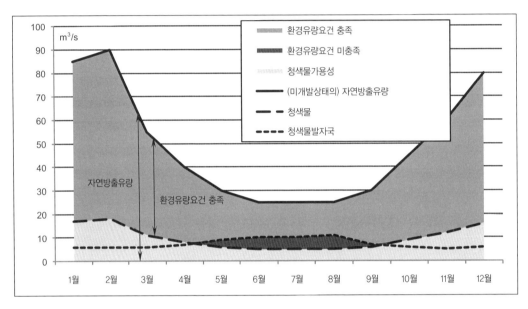

그림 4.2 미개발상태의 자연방출유량에서 환경유량요건(환경유지용량)을 빼고 산출한 청색물가용성과 청색물발자국의 연중
비교

　특정한 달에 어느 집수역 내 청색물발자국이 청색물가용성을 초과했을 때는 환경유량요
건이 위반되었기 때문에 청색물발자국은 환경적으로 지속불가능하다. 그러나 더 많은 평가
기준이 고려되어야 한다. 집수역 내 청색물발자국은 지표수 흐름에 영향을 끼칠 뿐만 아니
라, 유역의 청색물 비축량, 특히 지표수 비축량과 호수의 물 용량에도 영향을 끼칠 것이다.
따라서 지속불가능한 조건들을 규명하는 또 다른 방법은 청색물발자국이 집수역의 지표수
와 호수 수준에 끼치는 영향을 보는 것이다(Box 4.5).
　집수역 x의 청색물부족(WS_{blue})은 그 집수역의 총 청색물발자국($\sum WF_{blue}$)과 청색물가용성
(WA_{blue})의 비율로 정의된다.

Box 4.5 청색물발자국의 지속가능성은 청색물발자국이 청색물 유량과 비축량 모두에 어떠한 영향을 끼치는지에 달려 있다.

특정기간의 용량으로 나타나는 집수역 내 청색물발자국은 동일한 기간 동안의 집수역 내 청색물가용성과 비교되어야 한다. 단위시간 당 가용한 것보다 더 많은 양을 소비해서는 안 된다. 청색물발자국과 청색물가용성 둘 다 단위시간 당 용량으로 나타내고 그에 따라 '유량(흐름)'이라고 부른다. 본문에서 설명되었듯, 특정 기간에 집수역 내 청색물발자국의 환경적 지속가능성을 평가하기 위해, 소비된 유량(청색물발자국)을 유용한 유량(지표유량에서 환경유지용량을 뺀 값)과 비교해야 한다. 그러나 여기에 덧붙여 청색물발자국이 청색물 비축량(지하와 호수에 저장된 물의 양)에 미치는 영향을 살펴보아야 한다. 간단한 예시로 다음의 내용을 살펴볼 수 있다.

한쪽에서는 강으로부터 유입되고 다른 쪽에서는 같은 강으로 유출되는 호수가 있다고 상상해보자. 편이성을 위해 호수의 강수량과 호수로부터의 증발량이 강의 흐름과 비교해 상대적으로 작고 강의 유출과 유입이 동일하다고 가정한다. 강의 유입은 전체 상류 청색물발자국으로 인해 20%씩 줄어든다고 가정하자. 호수 수위는 강 유출이 유입과 다시 같아지는 수위까지 낮아질 것이다. 호수는 줄어든 물의 용량과 낮아진 수위로 새로운 평형에 도달한다. 호수 유출이 호수의 용량(유출 지점의 밑바닥 높이를 넘는 용량)에 일차적으로 종속될 때, 유출의 20% 감소는 실제 호수 용량의 20% 감소에 해당하고, 이것은 어느 정도 호수의 수위 감소를 야기할 것이다. 그러나 문제는 강 흐름의 20% 감소가 유지 가능한가 뿐만 아니라 호수 물 용량의 20% 감소와 그에 상응할 호수 수위 감소가 지속가능한가이다. 전자는 환경유량요건에 의존한다. 후자는 '최대허용 호수수위 감소'로, 이는 호수의 수중생태계와 하천생태계의 변화하는 물 수위에 대한 취약성에 의존한다.

재생 가능한 지하수 저장량에도 비슷한 예를 적용할 수 있다. 저수지로부터의 순 지하수 취수는 지하수 가용성보다 아래로 유지되어야 한다('지하수 재충전 속도'에서 강의 환경유량요건 유지를 위해 요구되는 '자연적 지하수 유출의 분율'을 뺀 값). 이와 함께 지하수 취수가 지하수 수위에 어떤 영향을 미치는지도 알아보아야 한다. 어떤 특정 지하수의 수위 감소가 지속가능한지의 여부는 '최대허용 지하수위 감소'에 의존하며, 이것은 변화하는 지하수 수위에 따른 지역생태계의 취약성에 의존한다. 여기서 주의해야 할 점은, 지하수와 호수 수위 감소를 측정할 때, 자연적인 원인과 인위적인 원인을 구분하는 것이다. 지하수의 연내 그리고 연간 변화와 호수 수위 변동은 자연적이며 기후변화와 연관되어 있다. 지하수나 호수 수위의 감소를 집수역 내 청색물발자국의 결과로 보기 전에 그 감소가 그 기간 내의 기후적 변수에 기인한 것이 아니라는 점을 확인해야 한다. 환경유량요건과 비슷하게 호수와 지하수 수위의 최대허용 감소는 상황 의존적이므로 집수역별로 따로 측정해야 한다.

집수역 내 청색물발자국의 지속가능성을 평가하기 위해 청색물가용성과 비교하는 것이 필수이며, 호수나 지하수 수위가 그들의 지속가능성 범위 내에 유지되는지도 평가할 필요가 있다(Richter, 2010). 화석지하수는 별개의 문제. 청색물발자국이 화석지하수를 바탕으로 할 때, 소비된 모든 물은 가용한 화석지하수 비축량에서 제외된다. 화석지하수 소비는 항상 고갈된 상태이며 따라서 모두 지속불가능하다.

$$WS_{blue}[x,t] = \frac{\sum WF_{blue}[x,t]}{WA_{blue}[x,t]} \quad [-] \tag{54}$$

100%의 청색물부족은 유용한 청색물이 완전히 소비되었다는 뜻으로, 100%를 넘는 청색물부족은 지속불가능하다. 청색물부족은 시간 의존적이므로 한 해 동안 변화하기도 하고 매

년 바뀌기도 한다. 하루 주기로 측정하는 것이 가능하지만, 한 해 동안의 변화를 보려면 월 주기의 변화 측정만으로도 충분하다. 그림 4.2는 청색물부족을 연 주기로 측정하는 것은 좋은 생각이 아니라는 것을 보여준다. 그림 4.2의 경우 5개월 동안(5~9월) 물부족이 100%를 넘었으며, 나머지 7달 동안의 물부족은 100% 아래였다. 주어진 예시에서 월별 부족 값을 평균하면 이 집수역의 월 평균 물부족 값이 100%를 조금 넘는다. 만약, 이 예시에서 연간 청색물발자국을 연간 청색물가용성으로 나누면 75%가 되는데, 이 값은 전체적인 건기의 5개월 동안 환경유량요건이 위반되었다는 사실을 불명료하게 만드는 결과로 작용한다.

청색물부족은 여기에서 물질적이고 환경적인 개념이라고 정의되었다는 점을 짚을 필요가 있다. 이것은 책정된 값을 가용한 용량에 비교한다는 점에서 물질적이며, 환경유량요건을 설명한다는 측면에서 환경적이기 때문이다. 이것이 경제적 부족 지표는 아니다. 경제적 부족 지표는 모자라는 정도를 나타내기 위해서 금전적 가치를 사용한다. 또한 위에서 정의된 청색물부족 지표는 통념적인 물부족 지표들과 여러 면에서 다르고, 오히려 그것의 단점들을 극복하려고 노력한다(Box 4.6).

Box 4.6　물발자국 연구에서 정의된 청색물부족은 통념적인 물부족 지표와 어떻게 다른가?

물부족 지표는 언제나 물사용 수치와 물가용성 수치, 두 가지 기본적 요소로 구성된다. 청색물부족의 가장 일반적인 지표는 특정지역 내 연간 취수량과 그 지역 연간 총 지표수의 비율이며, 이것은 물가용수준((Falkenmark, 1989), 취수량/가용량 비율, 또는 사용량/자원량 비율이라 불린다. 이러한 기존의 통념적 접근법들은 4가지 관점에서 문제가 있다. 첫째, 집수역이나 전체적 단위에서 취수의 영향에 관심이 있을 때, 취수량이 최고의 지표는 아니다. 이는 일부 취수량이 집수역으로 다시 돌아오기 때문이다. 그러므로 청색물사용을 소비적 물사용 관점에서 표현하는 게 더 이치에 맞다. 둘째, 총 지표수는 지표수의 일부가 환경을 위해 유지되어야 한다는 사실을 무시하기 때문에 물가용성의 최고 지표가 아니다. 그러므로 환경유량요건을 총 지표수에서 빼는 것이 설득력이 더 높다. 셋째, 물사용을 집수역 내 실제방출유량과 비교하는 것은 유량이 집수역 내 물사용으로 인해 상당히 낮아졌을 때 문제가 되므로 물사용을 집수역 내 자연방출유량과 비교하는 것이 더 이치에 맞다. 이 자연방출유량은 집수역 내의 소비적 물사용 없이 일어나는 방출이다. 마지막으로, 물사용과 가용성의 연간 값을 비교해 물부족을 고려하는 것은 옳지 않다. 현실적으로 물부족은 연간 단위보다 월별 단위로 나타나며, 이는 물사용과 가용성의 연내 변화 때문이다. 물발자국 연구에 있어 집수역 내 청색물부족은 이러한 4가지 문제점을 개선한 것이다.

회색물발자국의 환경적 지속가능성

집수역 내 총 회색물발자국의 영향은 그 집수역의 오염을 정화하는 데 가용한 지표수량에 의존한다. 특정 기간 내 특정 집수역의 회색물발자국은 동일한 시공간적 조건의 주변수질기준을 위반했을 때 핫스팟을 생성하는데, 이는 오염정화능력이 완전히 소모되었을 때이다.

관련된 지역적 영향지수로 집수역 내 수질오염수준(WPL)을 계산할 수 있으며, 이는 오염의 정도를 나타낸다. WPL은 소비된 오염정화능력의 일부이며, 집수역 내 총 회색물발자국($\sum WF_{grey}$)과 그 집수역으로부터의 실제방출유량(R_{act})의 비율로 계산된다. 100%의 수질오염수준은 오염정화능력이 완전히 소모되었다는 것을 뜻한다. 수질오염수준이 100%를 초과할 때, 주변수질기준을 충족하지 못한다. 수질오염수준은 집수역 x와 주어진 시간 t에 있어 다음과 같이 계산된다.

$$WPL[x,t] = \frac{\sum WF_{grey}[x,t]}{R_{act}[x,t]} \quad [-] \tag{55}$$

회색물발자국과 지표수량이 한 해 동안 변화함에 따라 수질오염수준도 한 해 동안 변화할 것이다. 대부분의 경우 월별 계산이 변화를 나타내기에 충분하다. 필요하다면 작은 시간단위를 사용해 크고 작은 집수역의 수질오염수준을 계산할 수 있다. 상대적으로 큰 집수역의 수질오염수준을 한 번에 측정하는 것의 단점은 집수역의 전체적인 평균을 계산한다는 점인데, 이는 결과가 집수역 내 오염수준의 차이를 보여줄 수 없다는 것을 뜻한다(부록Ⅳ. 두번째 예 참조).

요약하자면, 녹색물부족과 청색물부족의 지표와 수질오염수준 간의 값이 100%를 넘을 경우 지속불가능한 상황을 반영하며, 환경적 핫스팟을 나타난다. 환경적 핫스팟은 환경적 녹색물 또는 청색물 수요나 수질기준이 충족되지 않은 집수역 내 특정 기간이다.

4.2.3 사회적 핫스팟 규명을 위한 사회적 지속가능성평가 기준

어느 집수역의 물발자국이 부분적으로 연관되어 집수역 내 모든 사람의 기본권이 충족되지 않거나 기본적인 공정성 원칙이 지켜지지 않았을 때, 집수역 내 총 물발자국은 사회적으로 지속불가능하며 이로 인해 사회적 핫스팟이 생성된다. 인류에 있어 물과 관련된 기본요구량은 음용, 세척, 요리에 사용되는 안전하고 깨끗한 담수 공급의 최소량(UN, 2010b)과, 모두에게 충분한 수준의 식량공급을 보장할 수 있는 식량생산을 위한 최소량을 포함한다. '식량을 위한 물 권리'는 공식적으로 수립되지는 않았지만, 식량 그 자체는 세계인권선언(UN, 1948)을 통해 인권의 일부로 정립되었다. 물과 관련한 또 다른 기본권은 고용권으로, 이는 상류의 오염으로 인해 하류의 어부가 영향을 받아 생존권이 위태로울 수 있는 경우를 들 수 있다. 공정성의 기본적 원칙은 사용자 부담 원칙과 오염자 부담 원칙이다. 만약 몇몇 상류에 거주하는 사람들이 하류에 거주하는 사람들에게 문제를 일으키는 청색물발자국이나 회색물발자국을 갖게 될 때, 그리고 하류에 거주하는 사람들이 상류의 물 사용자와 오염 유발자들로부터 제대로 보상받지 않을 때 공정성이 훼손되고 지속불가능성을 유발한다. 또 다른 공정성의 기본적 원칙은 공공재에 있어서의 공평한 사용이다. 담수는 기본적으로 공공재이므로, 몇몇 사용자들만이 대수층이나 호수로부터 더 많은 양을 소비한다면 그것은 부당하다. 한 예로 기업적 농부들이 작물 관개를 위해 깊은 우물들을 파면, 주변의 소규모 자작농가가 물을 확보하는 것은 더 어려워진다.

기본권과 공정성의 원칙은 경계를 분명하게 계량화하기 어려운 평가 기준이다. 특정 집수역 내 물 관련 기본권이나 공정성 원칙이 위배되는지의 여부는 전문가의 판단에 달려 있다. 물과 관련한 충돌의 존재는 실질적인 사회적 지표가 될 수 있다. 실제로 물에 관한 사회적 충돌은 환경적 충돌이 일어남과 동시에 자주 일어난다. 따라서 환경적 핫스팟 규명을 통해 사회적 핫스팟의 목록 또한 만들어 낼 수 있다.

4.2.4 경제적 핫스팟 규명을 위한 경제적 지속가능성평가 기준

경제적 측면에서 물이 효율적인 방법으로 할당되거나 사용되지 않았을 때, 집수역 내 총 물발자국은 경제적으로 지속불가능해 경제적 핫스팟이 생성된다. 특정한 목적의 물사용으로 인해 조래된 물발자국의 혜택은 이 물발자국과 연관된 외부성, 기회비용, 물결핍, 임차료를 포함한 모든 비용보다 더 커야만 한다. 집수역 내 물은 각각의 사용자에게 효율적인 방법으로 할당되어야 하며(할당 효율성), 마찬가지로 각각의 사용자는 할당된 물을 효율적으로 써야만 한다(생산적 효율성). 사용자가 내는 물가격이 실제 경제적 비용보다 낮을 때, 이것은 비효율적인 사용이므로, 물사용자에게 전체적인 경제적 비용을 청구할 수 있다.

4.2.5 규명된 핫스팟의 1차 및 2차적 영향평가

핫스팟 규명을 통해 우리는 어느 집수역이 어느 기간 동안 물부족과 물오염이 환경·사회·경제적 지속가능성평가 기준과 충돌하는지 이해한다. 녹색물부족 또는 청색물부족이 더 클수록, 또는 수질오염수준이 더 클수록 문제 역시 심화되는 핫스팟의 심각성을 알고 있다. 핫스팟의 경계를 규명하고 각 핫스팟의 심각성을 확인한 후, 만약 이것이 평가 범위에 속한다면 각 핫스팟의 1, 2차적 영향을 더 상세히 평가할 수 있다.

핫스팟 내 1차적 영향은 다양한 수준의 세밀함으로 나타날 수 있다. 간단한 물수지 모델이나 고도화된 물리수문학 모델, 또는 그 중간적 성격의 모델을 적용해서 특정 집수역의 수문학에 미치는 녹색물발자국과 청색물발자국의 영향을 측정할 수 있다. 수질 모델들도 모든 형태로 사용가능해 소수의 입력값을 필요로 하는 간단한 모델부터 많은 데이터 요건이 필요한 고급 모델까지 적용할 수 있다. 가장 중요한 1차적 영향 변수들은 지표수, 관련된 물 수위, 사례연구에 적합한 몇몇의 수질변수이다. 모든 변수들은 유의성을 지니기 위해서 수문학적으로 수질기준치와 비교되어야 할 필요가 있다. 기준치로는 그 집수역 내 자연적 상태, 즉 미개발된 상태를 사용하는 것이 전체적인 인간의 영향을 예상할 수 있어 가장 좋다.

녹색·청색·회색물발자국의 2차적 영향을 평가하는 것에 대해 말할 때, 환경·사회·경제적 영향평가를 구성하는 것은 아직도 주요한 도전과제다. 폭넓은 평가를 위해서 환경·사회·경제적 영향을 분명히 구별해야 한다. 이 부분에 있어 첫째 고민은 일반적으로 어떤 영향 변수들이 고려되어야 하는가이다. 영향평가에 대한 교과서들은 일반적으로 포함되어야 하는 영향 변수들의 긴 목록을 제공한다. 환경적 변수는 일반적으로 특정한 종의 개체수, 생물다양성, 서식지 상실과 같은 특성을 포함한다. 사회적 변수는 주로 인류 건강, 취업, 부의 분배, 식량 보장과 같은 것들을 포함한다. 경제적 변수는 물과 관련한 여러 경제분야(예: 줄어든 유량이나 악화된 수질의 경우, 어업, 관광, 수력발전, 항해와 같은 특정 분야)의 수입을 포함한다. 2차적 변수를 측정 가능하게 하는 것은 항상 도전과제다. 어떠한 목록의 2차적 영향 변수들이 사용될 것인지가 명확할 때, 다음 고민은 1차적 영향(변화한 유량과 수질)들이 어떻게 신뢰할 만한 2차적 영향의 측정값으로 바뀔 수 있는지에 관한 사항이다. 이 단계에서는 모델, 전문가 판단, 이해당사자의 참여적 접근방법을 사용할 수도 있다. 이와 관련해서는 영향평가 분야에는 방대하고 다양한 참고도서가 있다는 것을 언급하는 것으로 갈음하고자 한다.

4.3 공정물발자국의 지속가능성

특정한 공정의 물발자국 지속가능성 여부는 다음의 2가지 평가 기준에 달려 있다.

1. 지리적 맥락: 어느 공정의 총 물발자국이 환경·사회·경제적 관점에서 지속불가능한 특정 기간의 특정 집수역, 즉 핫스팟에 위치할 때 그 공정의 물발자국은 지속불가능하다.
2. 공정 자체의 특성: 공정물발자국이 감소하거나 전체적으로 방지할 수 있을 때(용인되는 사회적 비용에서), 지리적 상황과는 별개로 그 공정물발자국 자체는 지속불가능하다.

이 두 가지 평가 기준은 녹색·청색·회색물발자국에 모두 별개로 평가되어야 한다. 전체 물발자국이 지속불가능한 곳의 핫스팟에 특정한 공정물발자국이 기여할 경우, 첫 번째 평가 기준은 특정한 공정의 물발자국 또한 지속불가능하다는 것을 간단히 암시한다. 특정 기간 동안의 특정 집수역 내 총 물발자국이 지속가능하지 않는 한, 각각 기여하는 모든 물발자국은 그것이 상대적으로 작을지라도 모두 지속불가능하다고 여겨야 한다. 이 개념은 공유되는 위험과 책임이 있다는 인식을 바탕으로 한다. 집수역 내 총 물발자국이 지속불가능하다면(예: 청색물발자국이 청색물가용성을 초과), 그 문제를 형성하는 전체가 문제를 만들기 때문에 하나의 구성요소만을 찾아낼 수 없다. 위와 같이 어느 공정물발자국이 핫스팟에 기여한다면, 그것은 지속불가능한 상황의 일부이기 때문에 지속가능하지 않은 것이다. 환경·사회·경제적 관점에서 어떻게 핫스팟을 정의할 것인지에 대해서는 앞 절에서 광범위하게 다루었으므로 이번 절에서는 두 번째 평가 기준에 대해 더 설명하고자 한다.

용인되는 사회적 비용에서 더 나은 기술이 유용하기 때문에 그 물발자국이 방지되거나 감소될 수 있다면, 이때 특정 공정의 녹색·청색·회색물발자국은 지속가능하시 않다. 이것은 물부족 집수역에 적용될 수 있지만, 물풍부 집수역에서도 일어날 수 있다. 많은 공정들은 적절한 사회적 비용을 지불해 이득을 얻으면서 동시에 물발자국이 훨씬 낮거나 아에 없는 다른 공정들에 의해 발전되거나 대체될 수 있다. 우리는 일반적으로 물발자국을 줄이는 것(폐수처리, 고효율 관개기술, 고효율적 빗물사용)에 비용이 든다고 생각하는 경향이 있지만, 이것은 처음에 필수적인 요소들에 투자할 때 얻는 미시적 관점으로부터의 결론이다. 거시적 관점에서는 과잉개발과 수자원 오염이 야기하는 경제적, 환경적 외부성을 내재화할 때, 일반적으로 물발자국 감소는 사회적 이득이나 적당한 사회적 비용을 유도할 것이다.

물오염의 대부분 형태는 불필요하게 유발되거나 방지될 수 있다. 그러므로 회색물발자국을 야기하는 거의 모든 공정은 지속불가능하다고 할 수 있다. 청색물발자국을 가진 많은 공정들 또한 지속불가능하다. 산업에서는 담수가 어느 제품에 포함되어야 할 때 관련된 청색물발자국은 방지할 수 없지만, 산업 공정에서의 물 증발에 관련된 청색물발자국은 일반적으로 물을 환수하는 것으로 방지할 수 있다. 예를 들자면, 지속불가능한 공정은 증발된 물을 재사용하기 위해 모으지 않은 채 물을 식히는 것이고, 농업에서는 청색물발자국이 불필요한 추가 증발을 일으키는 비효율적 관개기술이 사용되었을 때 지속불가능하다.

따라서 지속불가능이라고 묘사되는 공정들은 그것들이 일어나는 집수역이나 유역 내에서 즉각적인 물부족이나 오염 문제들을 야기하지 않지만(예: 몇몇 다른 물사용자가 있으나 환경유량요건이 여전히 충족되고 폐수 정화능력이 아직 완전히 소비되지 않았을 때), 불필요하게 물을 소비하고 오염정화능력을 빼앗기 때문에 지속가능하지 않다. 물풍부 지역의 녹색 및 청색 물발자국들이 불필요하게 클 경우, 보편적으로 낮은 물생산성을 반영하며, 이는 곧 물소비의 단위 당 제품 생산성이 낮다는 것을 나타낸다. 이것은 물부족 지역에서 물집약적 제품들을 생산하는 필요성을 줄이기 위해, 물풍부 지역에서 물생산성이 증가되어야만 하는 사실을 두고 볼 때 지속불가능하다.

불행히도, 한 공정 자체가 지속불가능한가를 확정하는 명확한 평가 기준은 아직 없어 현재로서는 전문가들의 판단에 의존해야 한다. 지구적 기준이 개발되어야 하며, 그로 인해 한 특정 공정물발자국을 그 공정의 지구적 기준과 비교할 수 있어야 한다. 그 기준은 한 공정으로부터 유래한 단위제품 당 '합당한' 최대 물발자국을 나타내야 하고, 녹색 · 청색 · 회색물발자국을 별개로 기술해야 한다.

4.4 제품물발자국의 지속가능성

4.4.1 제품물발자국의 지속불가능 요소 규명

제품물발자국은 그 제품을 생산하는 데 필수적이었던 공정과정 물발자국들의 합이다(3.2절과 3.4절 참조). 따라서 특정 제품물발자국의 지속가능성은 다양한 공정과정의 물발자국들이 지닌 지속가능성에 의존한다. 각각의 공정과정은 하나 또는 그 이상의 특정 집수역에서 일어나며, 한 해 중 특정 기간 동안 일어난다. 그러므로 한 제품의 전체적인 물발자국은 많은 독립적 요소들로 구성되어 있고, 각자 하나의 특정한 공정을 나타내며 특정 집수역의 특정 기간에 일어난다고 정리할 수 있다. 제품물발자국의 독립적 요소들은 두 가지 기준을 바탕으로 지속가능성을 평가할 수 있다.

1. 물발자국 구성요소는 핫스팟이라고 확인된 연중 기간과 집수역에 위치하는가?
2. 그 공정 자체의 물발자국이 지속불가능한가? 즉, 그 물발자국이 전체적으로 방지되거나 용인되는 사회적 비용에서 감소 가능한가?

이 평가과정은 그 제품물발자국의 녹색, 청색, 회색 요소들에 각기 따로 행해져야 한다. 가상 제품에 대한 이 과정은 표 4.1에 설명되어 있으며, 여기서 생산시스템은 6개의 공정과정으로 구성되어 있다. 몇 개의 공정들은 하나 이상의 집수역에 위치한다. 위에서 언급한 두 가지 평가 기준은 각 물발자국 요소에 따로 적용되었다. 몇몇 요소들은 한 평가 기준에서 마이너스 점수를 얻었고 몇몇 요소들은 나머지 평가 기준에서 마이너스 점수를 받았으며, 몇몇 요소들은 마이너스 점수 2개나 플러스 점수 2개를 받았다. 그 공정 자체의 지속가능성과 지리적 지속가능성 2개의 평가 기준은 상호 보완한다. 이것은 특정 제품물발지국 각각의 구성요소들이 지리적으로 지속불가능한 상황(핫스팟)에 기여하거나 또는 그 자체가 지속불가능한 공정을 의미하기 때문에 지속불가능할 수 있다.

제품물발자국의 지속가능성을 평가한 후 최종 결론은 '그 제품물발자국의 x %가 지속불가능하다.'와 같이 나타날 수 있다. 전체 물발자국에서 어느 요소들이 지속불가능한지 보여줄 수 있고 그 요소들이 왜 지속불가능한지 설명할 수도 있다. 이는 그것들이 다 함께 방지되거나 용인되는 사회적 비용에서 감소될 수 있거나 혹은 하나의 핫스팟에 기여하기 때문이다(혹은 두 가지 이유 모두). 그 상황을 개선시키기 위해서는 제품물발자국의 지속불가능한 요소들에 대한 어떠한 조치가 필요하다. 그 제품의 총 물발자국에서 특정한 물발자국 요소가 차지하는 부분을 바탕으로 어디서 시작해야 될지 순서대로 우선순위를 정할 수 있다. 또한 지속불가능하지만 특정 한도 아래에서(예로, 1%) 전체적인 제품물발자국에 기여하는 요소들을 다 같이 무시하기로 결정할 수도 있다. 우선순위는 서로 다른 지속불가능한 물발자국 요소들이 기여하는 다양한 핫스팟의 상대적 심각성을 바탕으로, 혹은 개선책이 가장 빠르고 쉽게 성취될 수 있는 것을 바탕으로 만들 수도 있다.

개별적 공정에서도 제품을 위한 기준이 개발되어야 한다. 이 방법으로, 특정 제품의 물발자국을 '단위제품 당 합리적 최대 물발자국'을 나타내어 그 제품의 지구적 기준과 비교할 수 있다. '단위제품 당 합리적 최대 물발자국'은 그 제품의 생산시스템 내 각 공정단계에 설정된 합리적 최대 물발자국들의 합으로 볼 수 있다.

표 4.1 두 가지 기준(제품 공정단계가 진행되는 집수역 물발자국의 지리적 지속가능성과 공정단계에 내재된 지속가능성)에 기초해 제품물발자국의 지속가능한 정도를 평가하는 예. 제품물발자국의 가장 우선적인 구성요소는 지속가능하지 않은 구성요소 및 공유되는 구성요소에 기초해 규명될 수 있음. 표는 제품의 녹색·청색·회색물발자국에 대해 별개로 사용되어야 함

제품물발자국 계정으로부터 얻어진 데이터			공정이 일어나는 집수역의 총 물발자국 지속가능성 점검	공정물발자국의 지속가능성 점검	결론		제품 관점 상의 적절성 점검	반응 요구 여부에 대한 점검
공정단계[a]	공정이 위치한 집수역[b]	물발자국 (최종제품 당 ㎥)	집수역은 핫스팟 인가?	물발자국은 감축될 수 있거나 모두 방지될 수 있는가?	제품의 물발자국에 있어 이 요소는 지속가능한가?	지속가능 하지 않은 제품물발자국의 분율	1%를 초과하는 임계값의 공유[c]	이 요소는 최우선 요소인가?
1	A	45	X[d]	X	O		O	X
	B	35	O	O	X	35%	O	O
2	A	10	X	X	O		O	X
3	C	6	X	X	O		O	X
	D	2	O	X	X	2%	O	O
	E	1.1	X	O	X	1.1%	O	O
4	F	0.5	O	X	X	0.5%	X	X
5	A	0.3	X	X	O		X	X
6	A	0.1	X	O	X	1.1%	X	X
합계		100				38.7%		

a. 제품의 생산체계는 전후 또는 동시에 시행되는 다수의 공정 단계를 포함함(3.4.2절 참조)
b. 동일한 공정단계(예: 제품의 구성요소로 고려되는 특정 작물의 재배)가 다른 집수역에 위치할 수 있음
c. 임계값의 선정은 논란을 유발할 수 있음
d. X: 해당 없음, O: 해당됨

4.4.2 지역적 환경영향을 반영한 물발자국영향지수

표 4.1에서 정리된 것처럼 제품물발자국 지속가능성의 상세한 평가는 어디가 가장 많은 피해를 입었는지를 이해하는 데 유용하고, 따라서 전용 방법들이 만들어질 수 있다. 몇 개의 목적을 위해, 특히 전과정평가(LCA)를 위해 단일 또는 몇 개의 지표로 제품물발자국의 지속가능성에 대한 정보를 요약하는 것이 필요하다. LCA 연구는 제품들의 전체적인 환경적 영향을 평가하는 것을 목적으로 한다. 수자원 사용과 수질에 미치는 영향은 제품의 다른 많은 환경적 영향들 중 두 가지다. LCA 연구에서는 모든 영향들이 보다 세부적인 정보의 집합을 요구하는 하나의 지표로 표현되어야 한다.

세계의 담수자원은 한정되어 있고 많은 곳의 수자원은 이미 심하게 남용되었다. 따라서 용량 면에서 물 소비와 오염을 통해 수자원 사용을 측정하는 것은 LCA 연구에서 중요 요소가 되어야 한다. 한 제품의 녹색·청색·회색물발자국은 총 수자원 소비와 그 제품과 관련된 폐수 정화능력 사용의 좋은 지표들이다. 따라서 제품의 녹색·청색·회색물발자국은 LCA에서 직접적 지표로 쓰일 수 있다. 하지만 담수 책정의 용량을 보는 것이 적절하다는 사실을 제외하고는, 담수 책정과 관련된 지역의 환경적 영향을 살피는 것 또한 흥미롭다. 한 지역의 환경적 영향은 그 제품의 물발자국이 위치한 집수역의 물부족과 수질오염수준에 의존한다. 제품물발자국의 지역 내 환경적 영향의 척도로 물발자국영향지수를 사용할 수도 있다. 최근 LCA 연구단은 지구적 물부족이라는 더 큰 이슈를 무시한 채 물사용의 지역적 환경영향에 초점을 맞추어 왔다. 여기에서 강조된 것은 지역적 영향은 단지 물 문제의 일부일 뿐이라는 것이다. 한 제품을 위해 책정된 물의 총량이 얼마인가의 문제도 많은 관련성이 있다. 2개의 제품이 똑같은 물발자국을 가질 때, 그것들은 2개의 다른 지역에서 만들어져 지역적 환경영향이 다름에도 불구하고, 지구의 제한된 수자원에 비슷한 영향을 미친다.

특정 제품이 집수역 내 총 청색물발자국에 기여할 때, 그 특정한 물발자국의 영향은 두 가지 요소, (i) 그 특정 청색물발자국이 얼마나 큰가, (ii) 그 집수역의 청색물부족이 무엇인시에 의존한다. 녹색물발자국에도 똑같은 원리가 적용될 수 있다. 비슷하게 특정 제품이 한 집수역 내의 총 회색물발자국에 기여할 때, 그것의 영향은 (i) 그 특정 회색물발자국이 얼마나 큰가, (ii) 그 집수역 내의 수질오염수준이 무엇인가에 의존한다.

물발자국은 용적 측정이고, 이는 시공간적 담수소비와 오염을 보여준다. 물발자국은 각기 다른 목적에 수자원이 어떻게 할당되었는지에 관련된 정보를 제공한다. 한 제품의 물발자국은 그 제품에 '할당된 물'을 보여준다. 한 제품에 할당된 물은 또 다른 제품에 할당될 수 없다. 담수전용의 측면에서는 1㎥의 청색물발자국은 항상 1㎥의 또 다른 청색물발자국과 동등하며, 이는 전자가 물부족 집수역에 있고 후자가 물풍부 집수역에 있다 하더라도 마찬가지다. 담수전용의 전체적인 그림에서는 둘 중 어느 발자국이 물부족 집수역에 위치했는지는 별로 문제가 되지 않는데, 이는 정반대의 상황이 일어날 수도 있었기 때문이다. 두 개의 물발자국은 전체적인 담수전용에 같은 영향을 미친다. 한 공정이나 제품을 위해 책정된 물의 용량은 할당 논의에 중요 정보를 제공하지만, 그것이 일어나는 집수역 안에서 당장의 물부족이나 오염유발에 기여했는지 여부에 대한 정보는 제공하지 않는다. 지역적 영향 측면에서는 1㎥의 청색물발자국은 또 다른 1㎥의 청색물발자국과 동등하지 않다. 왜냐하면 하나는 환경유량요건이 위반된 집수역에서 일어나고 나머지 하나는 그렇지 않은 집수역에서 일어날 수 있기 때문이다.

지역적 영향을 시각화하는 목적으로, 특정 제품의 물발자국을 그 물발자국이 일어나는 집수역의 청색물부족 맥락에서 짚어 보아야 한다. 이와 유사하게 녹색물발자국도 녹색물부족 상황에서 고려해야 한다. 집수역 내 특정 제품의 회색물발자국은 그 집수역의 수질오염 수준과 연계해 고려해야 한다.

녹색물발자국영향지수($WFII_{green}$)는 녹색물발자국의 환경적 영향이 종합적으로 계량된 측정값으로 두 개 입력값 (i) 집수역 x와 월 t로 명시된 한 제품의 녹색물발자국, (ii) 집수역과 월로 명시된 녹색물부족을 바탕으로 한다. 이 지표는 두 개의 행렬을 곱한 후 그 결과로 생긴 행렬의 숫자를 더해 구할 수 있다. 결과는 다양한 녹색물발자국 요소들이 일어나는 장소와 기간들의 녹색물부족에 따라 계량된 녹색물발자국으로 해석 가능하다.

$$WFII_{green} = \sum_x \sum_t \left(WF_{green}[x,t] \times WS_{green}[x,t] \right) \tag{56}$$

청색물발자국영향지수($WFII_{blue}$)는 청색물발자국의 환경적 영향이 종합적으로 계량된 측정값이다. 이것은 (i) 집수역 x와 월 t로 명시된 한 제품의 청색물발자국, (ii) 집수역과 달로 명시된 청색물부족, 두 가지 입력값을 기본으로 한다. 이 지표도 역시 두 개의 행렬을 곱한 후 그 결과로 생긴 행렬의 숫자를 더해 구할 수 있다. 결과는 다양한 청색물발자국 요소들이 일어나는 장소와 기간들의 청색물부족에 따라 계량된 청색물발자국으로 해석 가능하다.

$$WFII_{blue} = \sum_x \sum_t \left(WF_{blue}[x,t] \times WS_{blue}[x,t] \right) \tag{57}$$

회색물발자국영향지수($WFII_{grey}$)는 회색물발자국의 환경적 영향의 종합되고 계량된 측정값이다. 이것은 (i) 집수역 x와 월 t로 명시된 한 제품의 회색물발자국, (ii) 집수역과 달로 명시된 수질오염수준, 이 두 가지에 기초한다. 이 지표는 두 개의 행렬을 곱한 후 그 결과로 생긴 행렬의 숫자를 더해 구할 수 있다. 결과는 다양한 회색물발자국 요소들이 일어나는 장소와 기간들의 수질오염수준에 따라 계량된 회색물발자국으로 해석 가능하다.

$$WFII_{grey} = \sum_x \sum_t \left(WF_{grey}[x,t] \times WPL[x,t] \right) \tag{58}$$

위 3개의 물발자국영향지수들은 비슷하지 않은 다른 종류의 물사용을 나타낸다. 하나의 전체적 물발자국영향지수를 얻기 위해서는 간단히 3개의 지수를 더하면 된다. 녹색물부족이 일반적으로 청색물부족보다 낮기 때문에 녹색물발자국은 청색물발자국보다 더 작을 것이다.

여기에 논의된 영향지수들이 제한된 가치를 지니고 있다는 점을 강조하고 싶다. 그 이유는 대응방안을 위한 유용한 정보가 근본적인 변수에 포함되어 있기 때문이다. 물발자국의 크기와 색을 알고, 언제 어디에서 일어나며, 어떤 상황(물부족 정도, 수질오염수준)에서 일어나는지 아는 것은 적절하다. 이 정보를 각 3개의 지수로 종합하거나 3개를 전체적인 하나의 지수로 통합하는 것은 모든 정보가 포함되었다는 뜻이다. 남은 것은 물발자국의 전체적인 지역적 환경영향의 개괄적인 느낌인데, 이것은 다른 물발자국의 지역 영향과 개략적으로 비교할 때는 유용할 수 있어도 명확한 대응방안을 구축하는 기반으로는 유용하지 않다. 또한 위의 물발자국영향지수들이 사회적이나 경제적 영향이 아닌, 환경적 영향만 설명한다는 점도 주목해야 한다. 게다가 이것들은 집수역 수준에서의 영향을 보여준다. 지속가능한 물사용을 감안할 때, 물발자국지수가 제공하는 용적 측정의 설명들이 더 유용하다. 그러나 이 책에서 논의된 지수들은 매우 종합된 영향지수를 필요로 하는 LCA 연구에서 유용한 것이다.

물발자국영향지수는 집수역 수준에서의 개략적인 환경적 영향지수로서만 유용하다. 종합된 지수들은 더 이상 시공간적 정보를 포함하지 않는다. 적당한 대응방안을 구축하는 기반으로 종합된 물발자국 영향지수를 계산하는 것보다 앞에 설명했듯 핫스팟을 규명하는 것이 더 유용하다. 또 주목해야 할 것은, 여기에 논의된 영향지수들은 집수역 수준의 환경적 영향을 측정하는 것이 목표라는 점이다. 지속가능한 물분배를 평가하는 데 지역 영향을 반영하는 지표들은 도움이 되지 않는다. 이런 목적의 경우, 용적으로 표현되는 물발자국 설명을 사용하는 것이 더 좋다. 이는 할당된 지역적 영향에 관한 것이 아니라 부족한 자원을 책정하는 것에 대한 것이기 때문이다.

4.5 비즈니스물발자국의 지속가능성

비즈니스물발자국은 특정 비즈니스가 생산하는 최종 제품들의 물발자국 합과 같다(3.2절과 3.10절 참조). 따라서 생산자에 의해 만들어진 제품물발자국의 지속가능성을 평가한 후 비즈니스물발자국의 지속가능성을 평가해야 한다. 이것은 각 비즈니스 제품물발자국의 지속가능성은 바로 그 비즈니스물발자국의 지속가능성에 대한 결론으로 바뀔 수 있기 때문에 다소 소소한 과정일 수 있다. 한 비즈니스가 2개의 최종 제품을 생산하고 그 비즈니스의 3/4이 한 제품에 연관되며, 1/4이 다른 한 제품에 연관된다고 가정해보자. 첫 제품물발자국의 1/3이 지속불가능하다고 밝혀졌으며, 두 번째 제품물발자국은 전체적으로 지속불가능하다고 가정할 때, 공식에 따라 그 비즈니스물발자국의 (3/4 × 1/3 × 1/4 × 1 =) 50%가 지속불가능하다는 결론을 얻는다. 두 제품에 대한 물발자국 지속가능성평가는 비즈니스물발자국의 지속불가능한 요소들을 책임지는 공정들을 알아보고, 그 공정들이 위치한 집수역들을 규명하는 데 쓰일 수 있다.

4.6 소비자물발자국의 지속가능성

소비자물발자국은 특정 소비자에 의해 사용된 제품들의 물발자국 총합과 같다. 그러므로 소비자물발자국의 지속가능성은 사용된 제품들의 물발자국 지속가능성에 달려 있다. 사용된 모든 제품에 4.4절에 설명되어 있는 방법을 간단히 적용해 소비자물발자국 각각의 요소에 대한 지속가능성을 알 수 있다. 그러나 소비자물발자국 지속가능성을 평가하기 위해 각 물발자국 요소들의 지속가능성을 살피는 것은 충분하지 않기에, 물발자국을 전체적으로도 보아야 한다. 그러므로 두 번째 평가 기준이 필요하다. 소비자물발자국 지속가능성은 소비자 물발자국이 인류의 총 물발자국에 주어진 한계를 개인에게 합당하게 분할한 양보다 큰지 작은지에 따라 달라질 수 있다.

많은 소비자들의 물발자국은 몇몇 요소들로 지배될 것이다. 육류 섭취자에게 이것은 육류소비 요소의 물발자국일 것이다. 상대적으로 큰 물발자국을 가진 소비자들을 위해서는, 가장 중요한 제품들을 식별하는 게 좋을 수도 있다. 중요한 제품들은 상대적으로 큰 물발자국과 연관된 고가의 제품들이다. 고가의 제품들에게 큰 규모의 물할당은 환경적 물공급 또는 기본적 식료품 생산의 물공급을 감소시키는 비용이 될 수 있다. 육류를 제외한 상대적으로 큰 물발자국을 갖는 고가제품의 예는 농업기반의 화장품과 1세대 바이오디젤 또는 바이오에탄올이다. 이런 제품들은 제한된 규모에서 생산되자마자 지속불가능해지는 것은 아니다. 하지만 생산이 핫스팟이 아닌 집수역에서 일어난다는 가정 아래, 기본적 수요 유지를 위해 지구적 규모의 수자원 할당이 부족한 지구의 수자원 할당을 비용으로 삼게 되는 순간 지속불가능해진다. 예를 들면, 옥수수와 같은 곡물이 몇몇의 이익을 위해서 바이오에탄올을 생산하는 데 점점 더 사용되는 반면, 다른 사람들은 늘어나는 옥수수 가격 때문에 식량안전 보장이 감소하는 것을 경험한다. 중요한 제품들은 인류 물발자국의 정점을 형성하는 큰 물발자국들과 연관되어 있다. 이 최정점의 물발자국을 줄이거나 방치하는 것은 환경과 기초 생필품에 할당되어야 할 충분한 물을 보존하는 데 필수적이다.

소비자그룹의 물발자국 지속가능성은(예를 들어, 국가 내 소비자) 개인 소비자의 물발자국 지속가능성에 의존한다. 개인 소비자가 그들에게 합당한 만큼의 양보다 적거나 많은 물발자국을 갖고 있는지 살펴볼 수 있으며, 국가에 합당한 만큼의 양을 초과하거나 못 미치는 전체적인 국가적 소비가 지구의 제한된 담수자원에 어떠한 영향을 미치는지도 살펴볼 수 있다.

제5장

물발자국
대응옵션

5.1 공유된 책임

소비자들은 자신이 소비하는 것에 책임이 있으며, 그들의 소비패턴과 연관된 간접적인 자원 사용에도 책임이 있다고 주장하는 사람들이 있다. 이런 측면에서 소비자들은 각자의 물발 자국에 책임이 있고, 자신의 물발자국이 지속가능한지 확인해야 한다. 그렇다면 생산자들은 지속가능한 제품을 전달하도록 강요받을 것이다. 또한 이 주장을 뒤집어서 생산자들도 지속 가능한 제품을 전달하는 데 책임이 있다고 주장할 수도 있다. 이것은 생산자가 제품물발자 국을 지속가능하게 만들기 위해 행동한다는 것을 암시한다. 그리고 투자자들도 물론 그들의 투자 판단에 있어 지속가능한 물사용을 고려해야 한다. 마지막으로, 물은 공공재이기 때문 에 정부는 지속가능한 생산과 소비를 보장하기 위해서 올바른 규정과 장려 방안을 세울 책 임이 있다. 이 매뉴얼은 소비자, 생산자, 투자자, 정부가 모두 공유된 책임을 갖는다고 강조 하며, 이 장에서는 소비자, 생산자, 투자자, 정부가 물발자국을 줄이고 영향을 완화할 수 있 는 전략들을 검토할 것이다.

이 장에서 언급하는 목적은 규범적인 것이 아니다. 따라서 이 매뉴얼은 무엇을 하라고 말 하지 않고 전략 목록을 제한적으로 제시할 뿐이며, 그런 목록의 첫째 버전이므로 완벽할 것 이라 생각하지 않는다. 그렇지만, 어떤 식으로 대안적 대응옵션이 구성되는지 이해하는 데 유용한 가이드가 될 수 있다. 대응옵션은 여기에서 규명되는 하나 또는 그 이상의 전략들의 조합으로 이루어질 수 있다.

5.2 인류의 물발자국 줄이기: 어떤 것이 가능한가?

엄밀히 따지면 산업과 가정에서의 청색물발자국과 회색물발자국 둘 다 완전한 물 재활용을 통해 그 값을 0으로 줄일 수 있다. 폐쇄된 사이클에서는 증발 손실도 오염 폐수도 없을 것이다. 공장이나 냉각장치에서는 증발된 물이 모여서 재사용되거나 취수된 수역으로 돌아갈 수 있다. 예외가 몇 가지 있는데, 특정 공정의 청색물발자국을 0으로 완전히 줄일 수 없을 때, 특히 물이 한 제품에 포함되었을 때가 한 가지 예외적 상황이다. 청색물발자국의 이 부분은 회피할 수 없지만, 이것은 인류가 만드는 청색물발자국의 사소한 일부일 뿐이다. 또 다른 예외는 필요에 의해 물이 열린 공간에서 사용되어 어느 정도의 증발을 피할 수 없을 때다. 0으로 줄일 수 없는 회색물발자국의 단 한 가지 종류는 폐열 오염과 관련된 것이지만, 여기에서조차 열은 냉각장치의 가열된 폐수로부터 부분적으로 다시 모여서 그 폐수가 환경 속으로 버려지기 전에 다른 목적으로 쓰일 수 있다.

농업분야에서는 화학물질 사용을 완전히 금지하는 것으로 회색물발자국을 0으로 줄일 수 있다. 더 적은 화학물질, 더 나은 기술과 사용 시기를 적용하면 화학물질이 지표수나 침출에 의해 수계에 도달하는 양을 상당 수준 줄이면 회색물발자국을 더욱 낮출 수 있다. 농업에서의 녹색물발자국과 청색물발자국(m^3/ton)은 일반적으로 녹색물 및 청색물생산성(ton/m^3)을 증가시키는 것으로 상당히 줄일 수 있다. 농업은 주로 토지생산성을 최대화하는 것에 중점을 두는데, 이것은 토지가 희박하고 담수가 풍부할 경우 논리적이지만, 물이 토지보다 희박할 때는 물생산성을 최대화하는 것이 더 중요하다. 청색물의 경우, 증발된 물의 m^3당 더 많은 생산량을 만들어 내기 위해 효율적인 방법으로 관개용수의 사용량을 절약하는 것을 암시한다.

표 5.1은 분야별 물발자국 요소들의 적용 가능한 물발자국 감축 목표를 보여준다. 산업분야의 공정상 청색물발자국과 회색물발자국은 거의 제거될 수 있다. 농업 분야에서는 타당한 범위의 물발자국 감축 목표를 정하기 위한 더 많은 연구가 필요하다. 이론적으로, 회색물발자국은 유기농업을 통해 0으로 줄일 수 있다. 하지만 이것을 실현하는 것은 상당히 어려우며 모든 관습적인 농업이 유기농업으로 대체되기까지는 상당한 시간이 필요하다. 또한 몇 십 년 동안 부분적으로 관개농업의 청색물생산성을 높이는 것과 부분적으로 청색물 대신 녹색물을 바탕으로 생산 비율을 늘리는 것으로 지구의 총 청색물발자국이 반으로 줄 수도 있다.

물발자국 감축은 두 가지 방법으로 이룰 수 있다. 특정 생산사슬에서 한 개의 기술을 발

표 5.1 영역별 가능한 물발자국 감축 목표와 물발자국 구성요소

	농업분야	산업분야
녹색물발자국	천수답과 관개농경지 모두에서 녹색물생산성(ton/㎥) 증가를 통한 녹색물발자국(㎥/ton) 감축. 천수답에서의 총생산량 증대.	관련 없음.
청색물발자국	관개농경지에서 청색물생산성(ton/㎥) 증가를 통한 청색물발자국(㎥/ton) 감축. 청색물발자국/녹색물발자국 비율의 감축. 전 지구적 청색물발자국의 감축(예: 50%).	청색물발자국의 무방출: 완전한 재활용을 통한 수증기의 무손실 —제품 내 결합된 물과 연계된 청색물발자국은 피할 수 없음.
제품의 회색물발자국	보다 효율적인 사용을 통한 인공비료 및 살충제 사용의 절감. 유기농업을 통한 회색물발국 무방출.	회색물발자국의 무방출: 오염 무발생—완전 재활용. 발산열 재흡수 및 잔존 환원수 처리.

전된 새로운 기술로 대체해 물발자국을 더 낮추거나 아예 0에 이르도록 하는 것, 아니면 특정한 요소나 최종 제품의 사용을 회피하는 것이다. 발전된 생산기술로는 스프링클러 관개를 점적 관수로 대체하는 것, 관습적 농업을 유기농업으로 대체하는 것, 개방식 수냉방식을 폐쇄계 수냉방식으로 대체하는 것 등을 들 수 있다. 회피하는 것의 예로는, 육류 섭취를 채식 또는 가벼운 육식으로 대체하는 것(물집약적인 제품의 다른 단백질 사용), 하수관을 통해 지표면이나 지하수로 유입되는 유해 화학물질의 사용을 피하는 것, 물집약적 바이오연료의 사용을 피하는 것(예: 태양이나 풍력으로부터 얻은 전기 사용) 등을 들 수 있다. '피하는 것으로 줄인다'는 '개선된 생산으로 줄인다'보다 더욱 본질적이다. 이는 '피하다'가 주로 생산과 소비패턴 자체의 재검토를 요구하는 반면에 '개선된 생산'은 똑같은 소비행태를 조금 더 '환경 효율적으로' 변화시킬 뿐이기 때문이다. 물발자국을 줄이는 전략을 고민할 때 이 두 가지 방안을 필수적으로 탐구해야 한다.

물발자국 감축은 물 부족과 오염 문제가 존재하는 지역에만 관련된다고 생각하는 경우가 많다. 이 관념은 청색물이 충분한 지역의 청색물발자국을 줄이는 것은 불필요하고, 오염농도가 최대 허용농도 아래로 유지되도록 오염원을 희석시키기 위한 충분한 물이 있을 때 회색물발자국을 줄일 필요도 없다는 것이다. 이와 유사하게 농업에서는 녹색물발자국을 줄이는 것이 불필요하다고 여기는데, 이는 비는 여하간 내리고 농업에 사용되지 않으면 비생산적이라 생각하는 것이다. 이런 생각의 배경은 특정 집수역의 특정 기간 내 물발자국이 상당한 물 고갈이나 오염으로 이어지지 않을 때 물발자국은 틀림없이 지속가능하다는 해석이 깔려 있다. 이러한 사고는 물사용의 지속가능성이 권역의 지리적 상황에만 의존한다는 오해에서 비롯된다. 4.3절에서 설명했듯이, 특정 공정의 물발자국은 (i) 한 공정의 물발자국이 핫스팟에 기여하거나, (ii) 지리적 상황에 관계없이 물발자국이 감축되거나 모두 회피할 수 있을 때 지속불가능하기 때문에 감축될 필요가 있다. 두 번째 기준은 물발자국이 물풍부 지역에서도 그 지역만의 물 문제를 해결하기 위해서가 아니라 전 지구적으로 더욱 지속가능하고 공정하며 효율적인 물사용에 기여하기 위해 가능할 때마다 물발자국을 감축해야 한다는 것을 암시한다. 물생산성(ton/㎥)을 늘려 물풍부 지역에서 물발자국(㎥/ton)을 줄이는 것은 물부족 지역에서 수자원에 대한 부담과 압박을 줄이는 데 중요하며, 이는 물부족 지역에서 생산의 한계를 이미 초과했을 때, 물을 충분하게 사용할 수 있는 지역에서의 물집약적 제품 생산 증가가 필수적이기 때문이다.

문제의 초점은 인류의 총 물발자국이어야 한다. 이것이 너무 크다는 것은 핫스팟 지역을 살펴보면 알 수 있으며, 이를 통해 연간 특정 기간 동안 특정 지역의 물 고갈과 오염에 관한 문제들을 알 수 있다. 그러므로 이러한 핫스팟의 물발자국을 반드시 줄여야 한다. 그러나 이것은 오직 우리가 해야 할 일 중 절반일 뿐이다. 물부족 지역의 문제 해결책은 대부분 물풍부 지역에 있다. 물풍부 지역에서는 빗물을 사용하는 농업(큰 녹색물발자국)에서 물생산성이 낮은 것을 자주 볼 수 있다. 물풍부 지역에서 빗물을 사용하는 농업의 물생산성을 늘리는 것(즉, 녹색물발자국을 줄이는 것)은 지구적인 생산을 늘리고, 이에 따라 물부족 지역에서의 물집약적 제품 수요를 줄여 해당 물부족 지역의 청색물에 대한 압력을 해소하도록 돕는다. 그래서 지구적인 관점에서 제품의 톤 당 물발자국은 물풍부 지역을 포함해 어디에서나 줄여야 하는 것이다.

전 지구적 관점에서 볼 때 한 집수역에서 물발자국을 1㎥만큼 줄이는 것은 다른 집수역에서 똑같은 양의 물발자국을 줄이는 것과 같다. 이는 하나의 집수역이 나머지 집수역보다 더 높은 물부족 또는 수질오염수준을 나타내는 상황에서도 마찬가지다. 그 이유는 지구적으로 담수자원이 제한되었기 때문에 어떠한 물발자국의 감축이더라도 전체 자원 수요를 줄이는 데 기여하기 때문이다. 물풍부 집수역에서 같은 용량의 물을 사용해 더 많은 물집약적 제품을 생산할 수 있을 때, 물부족 지역에서의 물집약적 제품 생산은 줄 수 있고 그로 인해 물부족 지역의 총 물발자국은 감축될 수 있다. 이것은 물부족 지역에서 수자원에 대한 부담을 해결하는 간접적 방안이지만 중요한 해결책이다. 지역적으로 당면한 과제라는 관점에서 보면,

표 5.2　물발자국 감축의 우선순위

	핫스팟 이외	핫스팟[*]
소량 감축 가능성	0	+
대량 감축 가능성[**]	+	++

* 수질기준이나 환경적 요구로 인해 물수요가 있거나, 집수역 내 물사용이나 배정이 불평등 또는 비효율적인 이유로 물발자국이
　지속가능하지 않은 특정 집수역의 특정 시기를 의미
** 물발자국이 합리적인 사회적 비용으로 감축되거나 회피될 수 있을 때 대량 감축 가능성이 존재함

물부족 혹은 물풍부 지역에서 $1m^3$의 물발자국을 줄였는지의 여부가 당연히 중요하다. 물부족 지역의 물발자국을 줄이는 것은 생산증가가 단위생산 당 물발자국 감축으로 이어져야 한다는 부담을 즉각적으로 줄이는 데 기여한다. 따라서 모든 물발자국 감축이 지구적으로 제한된 담수자원의 문제를 해결하는 데 기여함에도 불구하고, 핫스팟에 위치한 물발자국을 줄이는 것이 더 우선순위라고 주장할 수 있다. 이는 핫스팟에서의 활동은 지구적 그리고 지역적 차원에서 모두 근거가 있지만, 핫스팟이 없는 곳에서의 활동은 오직 지구적 차원의 근거만을 갖기 때문이다. 표 5.2는 어떻게 물발자국 감축의 우선순위가 정해질 수 있는지에 대한

Box 5.1　물중립

'물중립'은 '탄소중립'과 비슷한 개념이나, 탄소중립의 경우와 마찬가지로 물중립이란 용어도 논쟁의 여지가 있다. 이 용어의 정의가 이루어진 초기에는 혼란스러운 문제가 있었다. 2002년 요하네스버그 지속가능발전 세계정상회의에서 물중립이란 용어가 처음 쓰였을 때, 이 새로운 개념은 회의가 열리는 10일 동안 각국에서 참가한 대표들에 의해 소비된 물의 양을 수량화하고 이를 돈으로 환산하는 것이었다. 각국 대표와 기업들, 사회단체들은 물소비를 상쇄하기 위해 남아프리카의 물부족 공동체에 펌프를 설치해주고, 물 보전 이니셔티브(Water Neutral, 2002)을 위해 배정하는 상쇄투자를 통해 물중립 증명서를 구매하는 것에 고무되었다. 2007년에는 코카콜라는 운영에 있어 물중립을 이룰 것이라 선언했다. 여기서의 물중립은 (i) 그들의 가동방식에서 물사용을 줄이고, (ii) 그 가동에서 사용된 물을 깨끗하게 만들어 환경으로 돌려놓으며, (iii) 보전과 재활용 프로그램을 통해 최종 음료에 담겨 있는 물을 보상한다는 계획이다. 또한 2007년에 영국 정부 주택부(Housing Ministry)는 물중립을 표방한 대형 재개발 프로젝트 '템즈 게이트웨이'의 세부사항을 공식 발표했다. 발표 요지는 그 지역에 과잉상태의 많은 집들이 지어지고 사람들이 유입되어도 추가적인 물사용이 필요하지 않도록 하겠다는 것인데, 그것은 기존 건물의 물사용을 줄여 새 건물의 추가적 물수요를 상쇄하는 것으로 가능하다는 내용이다(Environment Agency, 2007).

　위에 거론한 세 가지 경우에서의 모든 물사용은 (물 소요가 아닌) 물 취수의 측면에서 측정되고, 일종의 '상쇄' 방안을 포함한다. 게다가 세 경우 모두 직접적인 물사용만 고려하고, 간접적인 물사용은 고려하지 않는다. 하지만

위의 세 가지 물중립 개념 적용사례들은 물사용 감축과 상쇄에 각기 다른 무게를 둔다. 요하네스버그와 템즈 게이트웨이의 경우는 실질적으로 상쇄에 관한 것인 반면, 코카콜라의 경우는 실제로 감축될 수 없는 물소비 부분(음료에 들어가는 물)에만 상쇄를 적용한다. 또한 요하네스버그와 템즈 게이트웨이의 경우는 명확히 정의된 지역 안에서 상쇄를 찾지만, 코카콜라는 그런 면에서 명확하지 않다.

Hoekstra (2008a)는 물중립 개념을 물발자국 개념과 관련짓는 방안을 제안했고, 그것을 "어느 활동이나 제품의 물발자국을 합리적으로 가능한 만큼 줄이고, 남는 물발자국의 부정적 외부성을 상쇄한다."고 정의했다. 물중립의 개념을 물발자국과 연관 짓는 것으로, 물중립은 간접적인 물사용까지 다루게 되었다. 몇몇 특정 경우에 있어 물순환에 대한 간섭이 완전히 방지될 수 있을 경우(예: 완전한 물 재활용과 폐기물 무방출)에 이 정의에 의한 '물중립'은 물발자국이 무효화되었다는 것을 뜻한다. 다른 많은 경우, 특히 농작물재배 같은 경우, 물소비는 무효화될 수 없다. 따라서 이 정의의 '물중립'은 항상 물소비가 0으로 준다는 뜻이 아니라, 가능한 만큼 물발자국이 축소되고 남아 있는 물발자국의 잠재적 영향들이 완전히 보상된다는 뜻이다. 보상은 남아 있는 물발자국의 영향이 위치한 수문학적 단위에서 더 지속가능하고 공평한 물사용에 기여(투자)하는 방법으로 행해질 수 있다.

물중립 개념의 최근 정의와 관련해서는 중요한 질문들이 몇 가지 더 있다. 예를 들면, 얼마만큼의 물발자국 감축이 합리적인가? 물상쇄의 적당한 가격은 얼마인가? 어떠한 노력들을 상쇄라 여길 수 있나? 등이다. 이런 질문들에 명확히 답하지 못하는 한, 물중립 개념의 위험성은 사용자의 몫으로 남는다.

물중립 개념의 위험요소는 초점이 물 감축에서 상쇄로 옮겨진다는 점이다. 물발자국은 경험적으로 측정될 수 있으며 축소도 마찬가지다. 상쇄를 정의하는 것과 상쇄의 효과를 측정하는 것은 훨씬 더 어렵고 오용의 위험도 증가시킨다. 무엇보다도 보상방법은 가장 마지막 전략으로 고려되어야 하고 기업의 물발자국을 축소한 다음에 살펴야 한다.

Box 5.2   물발자국상쇄

물발자국상쇄 개념은 여전히 잘못 정의되어 있다. 일반적인 용어로는 축소방법이 실행되고 나서 남아 있는 물발자국의 부정적 영향을 보상하기 위한 방법을 취하는 것을 뜻한다. 하지만 이 정의에 두 가지 약점이 있다. (i) 어떤 종류의 보상방법과 어떤 수준의 보상이 특정 물발자국 영향을 상쇄하는 데 적합한지 명시하지 않았으며, (ii) 정확히 어떠한 영향이 보상되어야 하고 이떻게 그 효과를 측정할 것인지 명시하지 않는다.

이 책 제4장에서 '영향'이라는 용어가 매우 넓은 범위로 해석 가능하다는 것을 살펴보았다. 상쇄의 개념이 잘못 정의되었다는 사실은 그것이 쉽게 오용될 수 있다는 것을 뜻한다. 명확한 정의 없이 상쇄라는 이름 아래 행해진 방안들은 완전한 보상을 목표로 하는 실질적 노력이 아닌 잠재적 '녹색세탁'의 형태가 될 수 있다. 이러한 이유로, 우리는 물발자국을 축소하는 대안에 초점을 맞출 것과 상쇄를 마지막 단계로 고려할 것을 강력히 권한다. 또 다른 이유는 물발자국과 그에 연관된 영향들이 항상 지역적이라는 점이며, 이런 면에서 물발자국은 탄소발자국과 현저히 다르다. 탄소발자국상쇄와 관련해 최근 몇 년 동안 개발되어 온 세계적 상쇄시장의 개념은 물에 적용되지 않는다. 물발자국상쇄는 항상 그 물발자국이 위치한 집수역 안에서 일어나야만 한다. 이것은 한 기업의 물발자국에 다시 한 번 주목하게 하며, 간단히 상쇄를 구매할 수 있는 일반적 보상제도 측면에서 고려하는 것을 허락하지 않는다.

방법을 도식적으로 보여준다.

물발자국을 0으로 감축할 '물중립'이라는 용어를 쓸 수 있는데, 이것은 0의 탄소발자국을 갖는 활동에 적용되는 용어인 '탄소중립'이라는 용어와 흡사한 의미다. 그러나 물중립이라는 용어는 여러 방법으로 해석이 가능하기 때문에 혼란의 문제점이 있다(Box 5.1). 물발자국이 기술적으로 0이 될 수 있는 산업 공정의 경우에는 '물발자국 0'을 지칭하는 것이 가장 명확하다. 물중립의 개념은 '상쇄'라는 의미가 포함될 때 명확성이 떨어진다. '물발자국상쇄'라는 개념 또한 분명히 '탄소상쇄'의 개념과 유사하게 개발된 발상이다. '탄소상쇄'는 이미 그것이 정확히 어떤 것을 수반하는지에 대해 논쟁을 유발했지만, '물발자국상쇄'는 아마도 더 많은 논쟁거리를 유발할 것이다(Box 5.2). 우리는 상쇄보다는 물발자국 및 연관된 영향의 감축에 대한 계량적 목표 설정에 우선순위를 둘 것을 권고한다.

5.3 소비자

소비자물발자국은 (i) 총량이 전 세계 소비자에게 합당한 만큼의 양보다 적을 때, (ii) 총 물발자국의 요소가 핫스팟 안에 위치하지 않을 때, (iii) 총 물발자국의 요소가 용인되는 사회적 비용으로 감축되거나 모두 방지될 수 있을 때 지속가능하다.

소비자들은 물절약형 변기 및 샤워기를 사용하거나, 이를 닦는 동안 수도꼭지를 잠그거나, 정원수를 덜 사용하거나, 약품, 페인트 같은 오염원을 싱크대에 버리지 않는 것으로 그들의 직접적 물발자국(가정의 물사용)을 줄일 수 있다.

소비자간접물발자국은 일반적으로 직접물발자국보다 훨씬 크다. 소비자가 자신의 물발자국을 줄이는 데는 두 가지 전략이 있다. 첫째 전략은 물발자국이 큰 소비품을 물발자국이 더 작은 제품으로 대체하는 것이다. 예를 들면, 육류 섭취를 줄이거나 채식을 하거나, 커피 대신 물을 마시거나, 면보다 인조 섬유 의류를 입는 것이다. 이 접근법은 제한이 있는데, 이는 많은 사람들이 육류를 먹다가 채식주의자로 바꾸기 쉽지 않고 커피와 면을 좋아하기 때문이다. 두 번째 옵션은 상대적으로 물발자국이 작거나 물부족이 심하지 않은 지역에 물발자국이 있는 면, 육류, 커피를 선택하는 것이다. 그러나 이런 선택을 하기 위해서는 소비자들이 제품에 대한 정확한 정보를 알아야만 하는데, 보통은 쉽게 접할 수 없는 정보라서 문제다. 따라서 소비자들이 지금 할 수 있는 일은 비즈니스나 정부의 규정이 보다 높은 투명성을 지니도록 요구하는 것이다. 특정 제품이 수계에 미치는 영향에 관한 정보가 보편적으로 사용가능할 때, 소비자들은 인식을 갖고 구매를 결정할 수 있다.

5.4 기업

기업의 물발자국 감축 전략은 다양한 목표와 활동을 포함할 수 있다(표 5.3). 기업은 그들의 공정 자체에서 발생하는 물소비를 줄이거나 물오염을 일으키지 않는 것으로 공정물발자국을 줄일 수 있으며, 그 핵심어는 방지, 감축, 재활용, 방류 전 처리이다. 모든 증발을 방지해 청색물발자국을 0으로 감축할 수 있으며, 최대한 폐수의 발생을 줄이고 아직 발생되고 있는 폐수를 처리하는 것으로 회색물발자국 또한 0으로 줄일 수 있다. 이것이 가능한 이유는 기업은 자체 시설 또는 공공 폐수처리 시설을 통해 폐수를 처리할 수 있고, 처리 시설에서 방출되는 처리수의 수질이 회색물발자국을 결정하는 최종 수질이기 때문이다.

대부분의 비즈니스에 있어서 공급사슬물발자국은 운영물발자국보다 훨씬 크다. 따라서 비즈니스는 반드시 공급사슬물발자국에도 관심을 가져야 한다. 공급사슬물발자국을 줄이는 것은 직접적인 통제 하에 있지 않아 어려운 면도 있지만 보다 효과적일 수 있다. 비즈니스는 그들의 공급자들과 공급기준을 포함한 협정을 맺거나 공급자를 교체해 공급사슬물발자국을 줄일 수 있다. 대부분의 경우 새로운 공급사슬이나 더 나은 공급사슬을 구축하고 소비자에게 공급사슬을 투명하게 공개하기 위해서는 전체적인 비즈니스 모델을 바꿀 필요가 있을 수도 있기 때문에 이런 노력이 긴요하다.

기업은 또한 그들의 제품을 사용하는 데 내재된 소비자물발자국을 줄이는 것도 전략적 목표로 삼을 수 있다. 소비자들은 비누, 샴푸, 세제, 페인트를 사용한 후 이를 정화과정 없이 배수구로 방류시킬 가능성이 있다. 이처럼 오폐수나 화학물질이 정화되지 않고 부분적으로 배출수에 남거나 아예 없어지지 않을 경우를 대비해 기업이 저독성, 저위해성, 고분해성 성분을 쓴다면 상당한 규모의 회색물발자국을 예방할 수 있다.

제품의 투명성을 높일 수 있는 다양한 대체 혹은 부수적 방법은 이 매뉴얼에서 언급한 것처럼 공통된 정의와 방법에 따르거나, 물발자국에 대한 보고서와 관련된 데이터를 공개하는 것이다. 기업이 물발자국을 줄이기 위해 실행한 활동의 투명성은 시기를 놓치지 않고 제때에 물발자국 축소 목표를 계량화해 설정하는 것으로 향상될 수 있다. 큰 기업이나 특정 분야 비즈니스에서 활용 가능한 잠재적 도구는 벤치마킹인데, 이는 한 기업(의 공급사슬)에서 실현되고 성공한 전략은 다른 기업(의 공급사슬)에서도 적용가능하기 때문이다.

표. 5.3 기업물발자국 대응옵션

물발자국 감축 목표−공정
- 제품이나 현장을 벤치마킹. 최상의 방법을 정의하고 비즈니스 전체에 걸쳐 최고의 경영을 성취하기 위한 목표를 구축. 기업 자체나 분야 전체 내에서 가능함.
- 일반적인 청색물발자국의 감축. 재활용. 물절약 기기 사용. 물집약적 공정을 물분산 공정들로 대체해 공정상의 소비적 물사용 감축.
- 핫스팟 안의 청색물발자국 감축. 물부족 지역이나 강의 환경유량요건이 위반되거나 지하수 또는 호수 수위가 낮아지고 있는 지역의 방안에 집중.
- 일반적인 회색물발자국의 감축. 폐수 용량을 줄이고 화학물질을 재활용. 폐수 전 처리과정 도입. 폐열 재탈환.
- 핫스팟 안의 회색물발자국 감축. 주변수질기준에 위반되는 지역에서 위의 수단 적용에 집중.

물발자국 감축 목표−공급사슬
- 공급자와 감축 목표에 동의.
- 다른 공급자로 전환.
- 공급사슬의 추가적인 혹은 전체적인 통제 확보. 새로운 공급사슬이나 더 나은 공급사슬을 위한 비즈니스 모델로 변경.

물발자국 감축 목표−최종 사용
- 사용 단계의 내재된 물 요건을 축소. 제품이 사용되었을 때 예상되는 물사용을 축소(예: 2단 배수 변기, 건조 위생기기, 물절약형 샤워기, 물절약형 세탁기, 물절약형 관개기기).
- 사용 단계에서 물오염 위험요소를 축소. 배출 시 유해한 성분이 제품 내 포함되지 않거나 최소화(예를 들면, 비누, 샴푸).

물발자국상쇄 수단
- 환경적 보상. 개선된 집수역 관리 투자와 기업의 잔여 물발자국이 위치한 집수역의 지속가능한 물사용.
- 사회적 보상. 기업의 잔여 물발자국이 위치한 집수역의 공평한 물사용에 투자. 예를 들면, 빈곤 완화. 깨끗한 물공급과 위생.
- 경제적 보상. 기업의 잔여 물발자국이 위치한 집수역에서 상류 집중 사용에 의해 영향 받는 하류역 물사용자들에 대한 보상.

제품과 비즈니스 투명성
- 공통된 정의와 방안에 순응. 이 매뉴얼의 물발자국 산정과 평가의 지구적 기준을 발전시키고 수용.
- 전체적 공급사슬에서의 물 산정 노력 배가. 공급사슬의 다른 이들과 합동해 최종 제품의 전체적 산정을 제공.
- 기업 물발자국 보고. 물 관련 노력, 목표, 진행을 연간 지속가능성 보고서로 작성하고, 여기에 공급사슬도 포함.
- 제품물발자국 공개. 보고서나 인터넷을 통해 관련된 데이터를 공개.
- 제품 물 라벨 표시. 공개의 한 방법으로 정보라벨을 붙임. 관련 정보를 보다 포괄적인 라벨에 포함하거나 별도로 제품에 표시.
- 비즈니스 물 증명서. 물 증명서 제도를 확립하도록 지지하며 참여.

참여
- 소비자 소통을 위한 사회단체 참여.
- 적절한 규정과 법률 제정에 정부와 함께 주도적 역할.

5.5 농부

농업도 위에서 논의한 것과 같은 내용들이 적용되는 비즈니스다. 축산 농부들에게 가장 큰 걱정은 그들이 구매하거나 생산하는 사료의 물발자국이다. 작물 농부들은 표 5.4에 제시된 많은 특정 물발자국 감축 전략을 사용할 수 있다. 천수답에서 작물 단위당 녹색물발자국을 줄이는 것의 장점은 전체적 생산량이 증가하는 것이다. 천수답 생산의 증가로 인해 다른 곳에서는 더 적게 생산해도 되며, 이는 다른 곳의 (녹색 혹은 청색) 수자원과 토지의 사용을 줄일 수 있다. 즉, 한 곳에서 작물 1톤 당의 녹색물발자국을 줄이는 것은 전체적인 작물생산에서의 청색물발자국 감축을 유도한다.

관개농업에서는 관개기술과 적용 철학을 바꾸는 것이 청색물발자국을 줄이는 데 크게 기여한다. 스프링클러 혹은 고랑 관개 대신 점적 관개방식을 사용하는 것으로 증발을 상당히 줄일 수 있다. 또한 수확량(ton/ha)을 최적화하는 통상적인 농업 전략은 대개 불필요한 관개수 이용을 발생시키므로, 완전한 관개를 적용하는 대신 소위 '부족 관개'라고 불리는 관개 철학을 선택해 최대 수확량(ton/ha) 대신 최대 작물 물생산성(ton/㎥)을 얻는 것을 목표로 하는 것이 더 현명하다. 부족 관개에서는 가뭄에 민감한 작물의 성장시기에 한 해 물을 공급한

표 5.4 물발자국을 감축하기 위한 작물재배 농부의 옵션

작물 성장에서 녹색물발자국의 감축
- 농업 관습을 개선해 천수 농업의 토지생산성(수확량, ton/ha)을 증가시킨다. 경작지에 비가 그대로 남아 있게 해 물생산성(ton/㎥)을 늘이고 녹색물발자국(㎥/ton)은 절감.
- 토지에 덮개를 덮어 표토로부터의 증발을 감소시킴.

작물 성장에서 청색물발자국의 감축
- 증발 손실이 낮은 관개기술로 변경.
- 지역 기후에 보다 적합한 다른 작물을 선택, 관개수를 절약.
- 토지생산성(수확량, ton/ha)을 최대화하는 대신 청색물생산성(ton/㎥)을 증가.
- 시간과 적용량 최적화를 통한 관개 스케줄 개선.
- 관개를 줄이거나(부족 관개 혹은 보충 관개 적용) 미시행.
- 저수지와 물 분배 시스템으로부터의 증발 손실을 절감.

작물 성장에서 회색물발자국의 감축
- 더 적은 화학물질을 사용 또는 미사용(예: 유기농법).
- 침출과 유출 감소를 위해 흡수 용이한 형태의 비료나 퇴비를 사용.
- 화학물질을 추가하는 시간과 기술을 최적화해 더 적은 양이 필요하고, 더 적은 침출과 유출이 일어나도록 유도.

다. 이 기간 외의 관개는 제한하거나 빗물이 최소 물공급량을 제공할 경우에 물공급을 전혀 하지 않는 것이다. 물을 더 많이 절약하는 또 다른 대체방법은 '보충 관개'로, 이는 수확량을 늘리고 안정화시키기 위해 빗물이 작물 성장에 필요한 수분을 충분히 공급하지 못할 때, 천수답 작물에 반드시 물이 요구될 때 등에 한해 필수적인 소량의 물을 추가한다. 농부의 공정에서 인조비료, 농약과 다른 화학물질을 배제하거나 엄격히 제한하는 유기농법을 사용하는 것으로 회색물발자국을 크게 줄일 수 있다.

5.6 투자자

비즈니스의 물발자국을 명백히 다루지 않거나 적절한 대응을 구축하지 않으면 다양한 비즈니스 위험을 초래할 수 있다(앞 절 참고). 첫째, 기업들이 그들의 공급사슬 또는 운영상에 영향을 미칠 물부족에 직면할 위험이 있다. 둘째, 공공과 방송매체에서 그 기업이 지속가능하고 공평한 물사용 문제를 제대로 다루고 있는지에 대해 이의를 제기할 때, 기업의 이미지가 손상될 수 있다. 공급사슬이나 기업 운영에서 물 고갈이나 오염의 문제, 그를 완화하는 전략의 부족은 한 기업의 평판에 악영향을 미친다. 셋째, 부족한 담수자원을 더욱 지속가능하고 공평하게 사용하고자 하는 분위기로 인해 물사용 분야의 정부 개입과 단속이 틀림없이 증가할 것이란 점이다. 이와 같은 세 가지 위험요소가 비용 증가와 수익 감소란 위험을 초래할 수도 있다. 따라서 투자자들은 그들이 투자하는 비즈니스의 물 관련 위험요인들에 대한 정보 공개에 더욱 많은 관심을 가져야 한다.

지구적 물부족 문제에 주도적으로 대응하는 기업들에게는 위험이 기회가 될 수 있다. 다른 기업들보다 먼저 제품 투명성을 이루는 선두 기업, 물 부족과 오염 문제가 가장 심각한 지역에 특별히 관심가지며, 물발자국 감축에 보다 구체적이고 측정 가능한 목표를 구축하는 선도 기업과 실질적 개선방안을 증명하는 선두주자들은 이러한 노력을 통해 경쟁적 우위를 점할 수 있다.

마지막으로, 물 부족과 오염 문제에 대해 언급하는 것은 기업의 사회적 책임이라고 여겨야 한다. 현재, 기업이 관심 갖는 환경적 문제들은 대부분 에너지 관련 문제다. 지구온난화 다음으로 큰 환경적 문제가 물부족이라고 일컫는 현 시점에서 담수 분야로 시야를 넓히는 것은 논리적인 사안이다.

5.7 정부

좋은 물정책을 개발하고 실행하는 것은 현명한 물관리의 일부분이다. 현명한 물관리는 지속 가능한 수자원 이용의 목표가 다른 정책 분야에 어떤 의미를 갖는지 정부가 해석할 것을 요구한다. 정부의 담수자원 이용 목표는 물을 환경적으로 지속가능하고, 사회적으로 평등하며, 경제적으로 효율적인 것으로 만드는 것이어야 하며, 동시에 정부의 물정책뿐만 아니라 환경적, 농업적, 상업적, 에너지, 무역, 외교정책에도 반영되어야 한다. 여러 다른 분야와의 정책 일관성은 매우 중요하다. 예를 들어, 물부족 지역의 물수요를 악화시키는 농업정책에 의해 물관리가 악화된다면 아무 효과가 없기 때문이다. 또한 일관성은 특정 지역부터 전국 수준까지, 그리고 국제적 협력에 의해서까지 유지되는 것이 중요하다. 이는 특정 분야(예: 농업)에서 제대로 된 물가격 책정 구조를 실행하는 국가의 정책과 연관해 타 국가들이 유사 정책 개발에 동의하지 않는다면 불공평한 경쟁위험으로 정책이 실패할 수 있기 때문이다. 많은 물 집약적 제품의 공급사슬이 국제적이기 때문에 제품의 투명성을 얻는 것도 국제적 협력이 필요하다.

전통적으로 국가는 어떻게 물사용자들을 만족시킬지 살피는 것을 중심으로 국가 물관리 방안을 구축한다. 요즘은 국가가 물공급을 늘리는 옵션에 물수요를 줄이는 옵션도 고려하고 있지만, 일반적으로 물관리의 지구적 범위를 포함하지는 않는다. 오히려 물절약 옵션을 직접적으로 고려하지 않고 물집약적 제품을 수입해 해결하려 한다. 게다가 국가 내 물사용만 살피다보니, 국가적 물소비의 지속가능성 문제에 대한 사각지대가 생겼다. 실제로 많은 국가들은 수입품들이 생산국의 물 고갈이나 오염에 관련되어 있는지 살피지 않은 채 그들 물발자국의 상당량을 외부화시켰다. 정부는 지속가능한 제품 확보를 위해 소비자, 기업과 함께해야 하며 국가적 물발자국 산정은 국제적 통계의 기본 요소가 되도록 노력해야 한다. 즉, 환경, 농업, 산업, 에너지, 무역, 외교, 국제 협력에 대한 국가 정책과 같은 맥락에서의 물과 유역 관리방안을 구축해야 한다.

물발자국과 가상수 무역 산정은 다양한 종류의 정부 정책, 즉 국가적 혹은 지방 정부적 물 정책, 유역정책, 지역정책, 환경정책, 농업정책, 산업경제성책, 에너지정책, 무역정책, 외교 정책, 개발협력정책 구축에 적절한 압력으로 작용할 수 있다(표 5.5). 정부 주체들은 그 자체 가 비즈니스일 수 있으므로 자신의 물발자국 감축 가능성을 살피는 것이 중요하다.

정부가 물발자국 감축을 목표로 전략을 세울 때 중요한 요소들은 다음과 같다. 소비자와 생산자의 물에 대한 의식 고취, 모든 경제 분야에 물절약 기술 촉진, 물투입의 총 비용이 최종 제품 비용의 일부가 되도록 하는 물 가격 책정 방법 재구성, 공급사슬 전체에 제품 투명성 증진, 지속불가능한 물공급을 해소하기 위한 경제 구조로 전환하는 것이다. 이 요소들은 모두 분야 간, 그리고 많은 경우 국제적 협력이 필요한 문제다. 정치적 권한은 많은 다른 정책 분야와 수준에 따라 분산되어 있으므로, 필요에 따른 합의된 행동을 도출하기 위해서 각 정책 분야와 수준에 있어 어떤 방안들이 실행되어야 하는지를 알아내는 것이 진정한 과제다.

표 5.5 물발자국 감축 및 연관된 영향 완화를 위한 정부 옵션

국가, 유역, 지역 수준의 물정책

- 현황에 정통한 의사결정을 보장하는 지식 기반의 확장을 위해 국가물발자국 산정(계정) 체계를 채택. 국가적 물 및 유역 계획 구축을 지원하기 위한 물발자국 및 가상수 무역 정보를 활용.
- 물생산성을 확대하는 기술을 증진시켜 단위 생산 당 물발자국을 감축해 모든 분야와 사용자 수준에서 물사용 효율성을 제고.
- 사회적 이익이 가장 높은 수준에 수자원을 할당. 유역 수준에서 물이용 효율성을 제고.
- 국가가 다른 국가에 비해 비교우위를 지닌 제품들을 생산하도록 국내 가용한 수자원을 할당.
- 국가적 물절약을 위한 가상수 수출축소 및 수입증대를 통한 국가내물발자국을 감축(Allan, 2003; Chapagain 등, 2006a).
- 국가적 물의존율을 줄이기 위해 외부적 물발자국을 경감.

국가 환경정책

- 지속가능한 생산을 위해, 국가내물발자국에 대한 감축 목표를 집수역 단위로 설정. 영향이 가장 큰 핫스팟에 집중. 집수역 내 목표를 전체 관련 분야 계획에 적용.
- 지속가능한 소비를 위해, 국가 소비 내부적, 외부적 물발자국 감축을 위한 목표 설정. 핫스팟에 집중. 명시된 제품 범주와 경제 분야에 목표를 적용.
- 자연보호와 생물다양성 보전 목표를 환경적 청색물 및 녹색물 수요로 전환. 환경적 물수요를 유역 계획으로 통합(Dyson 등, 2003; Acreman과 Dunbar, 2004; Poff 등, 2010).
- 소비자, 시민사회단체와 협력해 소비자, 농부, 기업주들의 물에 대한 인식을 고취.
- 전체적인 식료품 사슬에서 낭비 축소에 대한 목표 설정 및 적정 수단 구축(참고: 식료품의 손실은 물의 손실과 동등).

국가 농업정책

- 국내 수자원의 지속가능한 사용 목표를 국가적 식량안전보장정책 구축에 포함.
- 물부족 지역 내의 물집약적 농업 보조 금지.
- 관개 수요를 줄이기 위해 지역의 기후와 잘 맞고 적응된 작물을 홍보.
- 물 절약 관개 시스템과 기술에 대한 투자 권고 및 지원.
- 비료, 농약, 살충제 사용 자제나 절감 및 효과적 이용으로 적은 양의 화학물질을 수계로 배출토록 농부들을 장려.
- 농업의 물발자국 감축을 촉진(표 5.4를 참고). 다양한 대체나 보충적 방법(예: 관개적용 시기, 용량, 기술 및 화학물질 적용에 관한 규정 및 법률 제정). 물사용 면허제, 할당량제, 물 가격 책정, 시장성이 높은 물사용 허가, 특정 관개기술의 보조, 필수적 물 계량, 의식 고취 등을 시행.

국가 산업/경제정책

- 제품 투명성 제고. 분야별 자발적 동의 혹은 법률적 방법으로 실행.
- 물발자국 감축의 국가 목표를 특정한 제품, 생산자, 분야별 감축 목표로 전환. 법률적 또는 경제적 인센티브 실행(특정 물발자국 감축 수단에 대한 물발자국 세금 및 지원).

국가 에너지정책
- 특히 바이오에너지 물발자국에 중점을 두고 물수요를 위한 에너지 시나리오의 영향을 연구.
- 에너지정책이 에너지 분야의 물발자국을 늘리지 않고, 물정책이 물 분야의 에너지 사용과 탄소발자국을 늘리지 않도록 물과 에너지 정책을 조율.

국가적 무역정책
- 무역과 물 정책 간의 일관성을 확인. 물부족 지역에서의 저가 물집약 제품 수출을 경감(수입은 증진). 지역적 물풍부성을 수출을 위한 물집약 제품의 생산 촉진 요소로 사용.
- 안보 차원에서 필요 시, 가상수 수입 의존율을 경감(즉, 외부적 물발자국을 감축).
- 무역 제품의 투명성 제고를 위해 제품들의 물발자국을 역추적 할 수 있는 장치 마련.

국가 외교정책과 국제 협력
- 지구적 물발자국 감축에 대한 국제적 협약 촉진(예: 각 국가가 목표한 최대 물발자국을 설정하는 국제적 물발자국 허용 의정서) (Hoekstra, 2006, 2010a; Hoekstra와 Chapagain, 2008; Verkerk 등, 2008).
- 제품 투명성에 대한 국제적 협약 촉진(Hoekstra, 2010a, 2010b).
- 국제적 물가격 규약 촉진(Hoekstra, 2006, 2010a; Hoekstra와 Chapagain, 2008; Verkerk 등, 2008).
- 여러 정부주체 및 기관과 협력해 개발도상국의 물발자국을 감축. 물 부족과 오염 문제가 가장 심각하며 국가가 자신의 외부적 물발자국에 기여하는 세계의 핫스팟에 집중.

정부 기관과 서비스
- 정부도 비즈니스의 한 형태임을 자각, 비즈니스를 위한 옵션(표 5.3)을 참고해 물발자국을 감축.
- 제품물발자국을 정부의 지속가능한 조달정책의 평가 기준에 포함.

제6장

한계성

물발자국은 상대적으로 새로운 개념이며 물발자국평가는 신생 도구이다. 새로운 개념과 도구들이 자주 그렇듯, 예상이 항상 현실적이지는 않다. 세계의 담수자원이 제한적이라는 사실 아래, 물발자국은 언제, 어디서, 어떻게 소비자, 생산자, 개별 공정들과 제품들이 이 제한된 자원을 사용하는지 보여주는 매우 유용한 지표다. 물발자국평가는 물발자국을 계량화해 지위를 부여하며, 물전용 지속가능 여부를 평가하고, 필요한 곳에서 물발자국을 줄이는 옵션을 규명하는 유용한 도구다. 그럼에도 불구하고, 물발자국은 천연자원의 지속가능하고 공정하며 효율적인 할당과 사용에 관한 광범위한 주제들 중 한 가지일 뿐이다. 따라서 통합된 이해가 형성될 때까지 물발자국평가는 다른 관련된 많은 지표들과의 자리매김에 있어 반드시 보완되어야 한다. 또한 동일한 맥락에서 물발자국평가는 사회와 환경 사이의 복잡한 관계를 이해하는 하나의 도구일 뿐이다. 이것은 공급이 제한된 담수자원 사용에 집중하므로 물부족과 관련된 주제, 예를 들어 홍수 또는 가난한 공동체에 제대로 된 물을 공급하기 위한 인프라 부족과 같은 주제를 다루지는 않는다. 또한 물부족을 제외한 다른 환경적 이슈도 다루지 않는다.

따라서 물발자국평가는 부분적인 도구로 쓰여야 하며, 관련 이슈들을 포괄적으로 이해할 수 있는 정보를 제공하기 위해서는 다른 분석 방법들과 함께 쓰여야 한다. 인류에 의한 담수 전용의 포괄적인 지표로 물발자국을 서둘러 채택하는 것은 물부족을 정부나 기업의 주된 관심사항으로 설정하는 데 유용하지만, 지나치게 단순화시키는 위험에 빠질 수 있다. 이는 정부와 기업은 복잡한 현실을 극히 제한된 몇 개의 지표들로 축소하려는 경향이 있기 때문이다. 정부는 '국민총생산'에, 기업은 '이익'이라는 지표에 주의가 쏠려 있다. 보다 일반적으로 말해 정부는 사회, 환경, 경제 지표 중 경제 지표인 국민총생산에 집중하고, 기업은 '인류, 지구, 이익'의 3가지 용어에 국한해 제한적 '핵심성과지표'를 사용한다(Elkington, 1997). 물발자국이 이 같은 또 다른 지표로 쓰일 수 있다. 이 지표를 정책연구자와 최고경영자의 계기판에 더하는 것은 유용하지만, 널리 사용되는 다른 환경·사회·경제적 지표들과 같이 단순화된 문제를 겪을 수 있다. 전체적인 그림을 그리지 않고 이것을 하나의 간단한 방법으로 축소시키는 것이 문제다. 지표들은 그것들이 현명히 사용되는 한 유용하다.

물발자국 분석으로부터 얻은 통찰력은 정통한 의사결정과 대립요소 간의 타협이 이루어지기 전에 항상 연관된 통찰력(환경적, 사회적, 제도적, 문화적, 정치적, 경제적)과 통합되어야 한다. 인류의 물발자국을 감축하고 재분배하는 것이 지속가능한 발전의 핵심요소지만, 다른 요소들도 중요하다. 따라서 물발자국을 줄이기 위해 어떻게 다른 방법(기술적, 제도적, 정치적, 소통적, 경제적, 법적)을 적용할 것인지에 대한 전략을 구축할 때, 모든 요소들을 고려하는 것이 중요하다.

물발자국평가가 어떠한 것인지 더 잘 이해하려면 다음의 한계들을 고려하기 바란다.

- 물발자국평가는 담수자원이 제한적이라는 관점에서 담수사용 분석에 초점을 둔다. 즉 기후변화, 광물고갈, 서식지의 분열, 제한된 토지가용성, 토양악화 같은 다른 환경적 주제들을 다루지 않으며, 가난, 취업, 복지와 같은 사회적, 경제적 주제도 다루지 않는다. 따라서 물발자국평가는 담수자원의 사용이 생물다양성, 건강, 복지, 공정 분배에 영향을 끼치는 한에서 환경·사회·경제적 주제를 다룬다. 이런 분야에서의 더욱 폭넓은 주제에 관심이 있을 경우에는 분명히 더욱 많은 요소들을 고려해야 한다.
- 물발자국평가는 담수부족과 오염 문제를 다룬다. 홍수 문제나 깨끗한 물을 공급받지 못하는 사람들의 문제도 다루지 않는다. 그것은 물부족 문제가 아니라 가난 문제이기 때문이다. 또한, 물발자국은 해수 사용과 해양오염에 관한 것을 포함하지 않는다. 물발자국평가는 집수역이나 유역 내의 담수의 양이나 질에 대한 인간 활동의 영향을 고려하는 것에 국한된다.
- 물발자국은 소비적인 물 사용과 오염을 고려하는 담수이용 지표다. 집수역의 관점에서 이것이 관심을 끄는 이유는 집수역 내 담수 가용성이 제한적이기 때문이다. 녹색·청색·회색물발자국은 인간의 활동과 제품들이 어떻게 이 제한된 담수자원을 사용하는지 보여준다. 물사용에 있어서 유용한 또 하나의 지표는 '청색취수량(취수)'이라는 고전적 지표다. 청색취수량에 대해 이해하는 것도 관심을 둘 만한데, 이는 집수역의 관점이 아니라 물사용자의 관점에서 물균형의 모든 요소를 이해하는 것은 가치 있는 일이기

때문이다.

- 기업은 그들의 '물위험'에 점점 더 많은 관심을 보이고 있다(Levinson 등, 2008; Pegram 등, 2009; Morrison 등, 2009, 2010; Barton, 2010). 기업의 물발자국평가는 어느 요소가 지속불가능한지를 분석해 위험의 일부를 이해하도록 돕는다. 그러나 하나의 물발자국평가는 전체적인 위험평가와 같지 않다. 기업물발자국의 지속불가능한 요소들은 기업의 물질적, 평판적, 규제적 위험을 암시하고, 이는 기업 운영의 사회적 여건에 영향을 끼치지만, 물위험이 관심의 핵심이라면 물발자국평가를 실행하는 것만으로는 부족하다.

- 정부는 공공자원을 관리하는 막대한 책임이 있다. 공공자원관리정책에 있어 서로 다른 정책 분야와의 일관성과 지속가능성이 필수라는 통합된 접근법의 중요성이 지난 수십 년간 인식되어 왔다. 물관리 분야에서는 통합된 접근법이 통합수자원관리(IWRM)란 용어로 알려져 있고, 이것이 특정한 집수역에 초점이 맞추어질 경우 통합유역관리(IRBM)라고 알려져 있다(GWP, 2000; GWP와 INBO, 2009; UNESCO, 2009). IWRM과 IRBM은 아주 광범위한 발상이며, '통합된 좋은 방안은 어떤 것인가?'와 같은 실체적 질문과 함께 '그런 방안을 어떻게 개발하고 실행할 것인가?'와 같은 조직적 질문과 '어떻게 적정한 가능조건을 만들 것인가?'와 같은 제도적 질문도 다룬다. 물발자국평가 도구는 IWRM이나 IRBM을 대체하는 것이 아니라, IWRM과 IRBM의 지식 기반을 넓히도록 돕는 분석적인 도구로 사용되어야 한다. 물발자국평가는 공급사슬을 소개하고 국제적 물 부족과 오염의 무역 관련 범위를 포함해, 물부족 분석의 전통적인 범위를 넓힌다. 이런 방법으로 물관리의 맥락에서 더 정통한 결론을 내리는 데 기여할 수 있다.

마지막으로, 2002년 이후 학문적 영역에 머물러 있었던 물발자국 개념이 2007년 하반기 이후에서야 비즈니스, 정부, 시민사회의 영역으로 전파되기 시작했음을 언급할 필요가 있다. 이것은 이 개념이 실제에 적용된 사례가 적다는 것을 의미한다. 그러므로 전체적인 물발자국평가가 시행된 실질적 모사를 담고 있는 자료가 많지 않다. 물발자국 연구들의 대부분은 산정 단계를 강조해 왔다. 지구적 수준의 몇몇 물발자국 연구(Hoekstra와 Chapagain, 2007a, 2008)를 제외하고는 다양한 지리적 상황에서 물발자국 연구가 많이 실행되었다(Kuiper 등, 2010 참조). 스페인 정부는 공식적으로 물발자국 개념을 첫 번째로 받아들인 국가로, 유역 관리방안을 준비할 때 유역 수준의 물발자국 분석을 요구했다(Official State Gazette, 2008; Garrido 등, 2010). 많은 기업들은 이미 그들 제품의 물발자국을 분석했지만,

오직 몇 개의 기업들만 그 결과를 공개할 수 있는 단계에 도달해 있다(SABMiller와 WWF-UK, 2009; SABMiller 등, 2010; TCCC와 TNC, 2010; IFC 등, 2010; Chapagain과 Orr, 2010). 이 매뉴얼에 기술한 대로 완전한 수준의 물발자국을 평가한 연구는 거의 없다. 더 실용적으로 응용할 수 있다면 그것은 여기에 기술된 절차와 방법을 개선하는 데 소중한 자료가 될 것으로 기대한다.

제7장

향후 과제

7.1 물발자국평가 방법론과 데이터

물발자국평가를 수행할 때 접하게 되는 꽤 많은 실질적 문제들이 있다. 많은 경우 이 매뉴얼이 충분히 안내하겠지만, 몇몇 경우 추가적 개발이 필요하다. 주된 의문은 '필요하지만 부족한 데이터를 어떻게 다룰 것인가'이다. 이러한 경우 어떠한 기본값을 사용하고, 어떤 간소화가 합리적으로 이루어져야 하는가가 핵심사항이다. 따라서 정확한 지역별 추정이 없을 때 어떤 기본 데이터가 사용되어야 하는지에 대한 보다 세분화된 안내서를 개발해야 한다. 이 경우 국가와 같은 생산 지역별 간에 구분을 지어 다양한 공정들과 제품들의 기본적인 물발자국 추정값의 데이터베이스를 개발하는 것이 적절하다. 이것은 자신들이 무엇을 구매하는지 알고 있지만 그것의 공급사슬과 생산에 관련한 세부사항들을 알지 못하는 소비자들이나 생산자들의 물발자국을 평가하는 데 아주 유용하다.

물발자국 산정의 실질적 이슈는 2.2절에서 논의되었던 절삭(생략)의 문제다. 즉 분석에 있어 어떤 요소가 포함되고, 어떤 것이 제외되어야 하는가이다. 특정 제품의 물발자국을 추정할 때 아주 넓은 범위의 분석을 적용하면 몇몇 구성요소들이 그 제품의 전체적인 물발자국에 크게 기여하지 않는다는 것을 발견할 것이며, 계속되는 공급사슬의 역추적은 어느 부분에서 추가적 데이터를 제공하지 않을 것이다. 어떤 것이 규정적으로 제품물발자국 분석에서 제외될 수 있는지에 대한 가이드라인을 개발하는 것이 가능하려면 다양한 제품을 위한 물발자국 산정의 실제 경험이 반드시 필요하다. 또한, 어떤 제품이나 투입값이 소비자 또는 비즈니스물발자국 분석에서 제외될 수 있는지에 대해서도 마찬가지다.

아직 충분히 주목받지 못한 문제는 어떻게 시간의 변수와 변화를 다룰 것인지에 대한 것이다. 전부는 아니지만 많은 종류의 물사용이 수년간 변화하며, 이는 특정한 해의 강우 패턴에 의존하는 농업 관개수를 생각해보면 이해가 된다(Garrido 등, 2010). 또한 온갖 종류의 요소들(물과 전혀 상관이 없는 요소들을 포함)로 인해 매년 물생산성이 바뀔 수 있으며, 이것은 수년간 물발자국의 변동성을 야기한다. 따라서 1년 사이 물발자국 변화는 물사용 구조상의 개선 또는 악화로 간단히 해석될 수 없다. 이러한 이유로, 물발자국 데이터는 수년간의 평균값이어야 유의미하다. 얼마만큼의 기간이 분석기간으로 쓰일 것인가도 의문이다. '5년, 10년 혹은 더 많은 기간이 필요한가? 트렌드를 분석하는 데 어느 정도면 가능할까?'라는 의문이 발생할 수 있다. 더욱이 몇몇 종류의 입력 데이터는 아주 오랜 기간에 걸쳐 얻을수록 개선될 가능성이 있는 반면(예: 기후 데이터의 경우 30년이 보통), 어떤 데이터는 연간 혹은 5년에 걸친 평균값으로도 충분할 수 있다. 최종적으로는 분석 목적에 따라 선택사항들이 달라질 것이라는 점이 인정되므로, 이런 측면에서의 가이드라인을 개발하는 것은 유용할 것이다.

데이터의 불확실성도 문제다. 물발자국 산정에 쓰인 데이터의 불확실성은 결과물을 조심스럽게 해석해야 한다는 것을 의미하기 때문에 매우 중요한 주제다. 불확실성 분석을 실행하는 것은 분명히 권할 만하지만 주로 시간적 제약으로 인해 불확실성과 민감성 분석을 아주 정교한 수준으로 시행하지 못할 가능성이 많다. 다양한 불확실성의 규모를 제시하는 개략적인 지표가 있어서 그것을 참고할 수 있다면 유용할 텐데, 현재까지 이와 관련한 연구는 없다.

물발자국 산정의 세부적 사항에 있어 녹색·청색·회색물발자국의 구분이 너무 개략적이라고 느낄 수 있다. 따라서 만약 원한다면, 청색물발자국 산정을 지표수발자국, 재생가능 지하수발자국, 화석지하수발자국으로 나눠 산정할 수 있다(3.3.1절 참조). 회색물발자국은 오염원과 특정 회색물발자국 산정으로 나뉠 수 있다(3.3.3절 참조).

회색물발자국의 경우, 어떻게 자연적 배경농도와 최대 허용농도를 정의할 것이냐에 대한 가이드라인을 개발하는 것이 과제다. 두 농도 모두 이상적으로 특정 집수역의 것이어야 하지만 많은 경우 그런 데이터가 없다. 가이드라인은 특정화된 화학물질의 목록을 위해서 0의 자연적 기본값을 사용할 것을 조언할 수 있고, 특정 집수역의 값이 없을 때 특정 화학물질의 경우 어느 정도의 가정을 세워야 하는지 권고할 수 있다. 또한, 명료해야 할 필요가 있는 이슈는 일별 혹은 월별 평균농도 중 어느 것을 사용할지에 대한 것이다. 모든 물질의 주변 수계 최대 허용농도는 알려져 있지 않다. 그런 경우, 어떤 기준 값이 사용되어야 하는지 조언할 가이드라인이 있어야 한다.

청색물발자국을 측정할 때의 의문은 어떤 해상도와 어느 정도의 규모가 적용되어야 하는

가다. 물이 한 곳에서 취수되어 하류의 다른 곳으로 돌아갈 때 어떻게 이를 산정에 고려해야 하는 것일까? 정의에 의하면 청색물발자국은 '소비적 물사용'을 말하며, 이것은 증발산되거나, 제품으로 결합(융합)된, 또는 취수된 집수역으로 돌아가지 않는 물을 말한다. 명백히 이 것은 환원수의 하류 유입이 소비적인지 아닌지에 대한 분석의 규모에 의존한다. 지역적으로 그 물이 소비적이라고 여겨지지만 더 큰 규모의 공간역에서 볼 때 그 물은 회수된 것이므로 소비적이 아닌 것이 되어 논란을 일으킬 수 있다. 어디에 한계를 정해야 하는지는 더 많은 연구들이 실행되고 최적의 규모에 대한 양질의 논의가 있은 후에 앞선 질문에 답할 수 있을 것이다. 또 다른 의문은 지하수가 취수되고 사용된 후에 깨끗한 지표수로 유입되었을 때 무 엇을 어떻게 해야 하는가에 대한 사항이다. 청색물이 지하수와 지표수 모두를 가리키는 하 나의 범주로 고려될 때, 이런 유형의 개입은 청색물발자국에 반영되지 않는다. 이것은 많은 목적에서는 문제되지 않지만, 더 세부적인 연구에서는 청색지하수발자국과 청색지표수발자 국을 구별하는 것이 바람직할 수 있다. 또한 지하수의 경우, 재생 가능한 지하수와 화석지하 수 간에 결정적인 차이가 있다.

관심을 끄는 기술적 발전은 농업분야에서 녹색 및 청색 물발자국을 높은 시공간적 해상 도로 측정하는 원격탐사의 활용이지만(Zwart 등, 2010; Romaguera 등, 2010), 이 접근법을 입증하고 가동성을 확인하기 위한 더 많은 연구가 필요하다.

또한 특정 집수역의 환경유량요건(부록Ⅴ)과 녹색물 환경요구량(Box 4.3)의 계량화에 더 많은 연구가 필요하다. 이러한 데이터가 특정 집수역의 청색 및 녹색 물발자국의 지속가능 성을 평가할 때 필수적인 요소이기 때문이다. 또한, 특정 상황의 지하수와 호수의 최대 허용 수위 감소를 수량화하는 데도 더 많은 연구가 요구된다(Box 4.5).

물발자국 지속가능성평가를 다룬 장에서는 지속가능성평가 기준(특히 사회적, 경제적 지 속가능성평가 기준)의 정의가 더 많은 관심을 받을 만하다는 것을 보여주었다(4.2.3~4.2.4 절). 1, 2차적 영향 조사는 평가에서 어떤 영향을 포함시키고 제외시킬 것인지에 대한 선택 에 크게 의존한다. 현재의 이 매뉴얼은 최소한 어떤 영향들이 고려되어야 하는지, 어떤 영향 들이 덜 중요한지에 대해 약간의 정보를 제공한다. 분석의 목적에 따라 어떤 종류의 영향을 포함시켜야 하는지에 대해 더 많이 안내할 수 있도록 자료를 개발하는 것이 바람직하다.

마지막으로, 어떻게 다른 종류의 정책적 대응이 녹색·청색·회색물발자국 감축을 위한 다양한 활동에 기여할 수 있는지에 대한 이해와 다른 형태의 대응 효과에 대한 통찰력을 발 전시키는 노력이 반드시 필요하다.

7.2 여러 관점에서의 물발자국 적용

물발자국 개념의 응용 빈도는 빠르게 증가하고 있다. 표 7.1에서 나타난 개요에서 볼 수 있듯이, 대부분의 연구는 2007년부터 출발했다. 다양한 물발자국 연구들이 그 후로 계속 실행되어 왔으며, 지구적, 국가적, 지역 및 유역적, 일반적 제품 관련, 기업 관련 등의 연구로 구분할 수 있다. 이 중 얼마 안 되는 연구가 물발자국평가의 모든 단계를 다루었고, 대부분은 물발자국 산정에만 초점을 맞추었다. 향후에는 지속가능성평가와 대응방안 구축 단계도 중요하게 다뤄질 것이다.

표 7.1 물발자국 연구의 개관

지구적, 초국가적 물발자국 및 가상수 무역 관련 연구	• 지구적 차원(Hoekstra와 Hung, 2002, 2005; Hoekstra, 2003, 2006, 2008b; Chapagain과 Hoekstra, 2004, 2008; Hoekstra와 Chapagain, 2007a, 2008; Liu 등, 2009; Siebert와 Döoll, 2010) • 중앙아시아(Aldaya 등, 2010c)
국가물발자국 및 가상수 무역 관련 연구	• 중국(Ma 등, 2006; Liu와 Savenije, 2008; Hubacek 등, 2009; Zhao 등, 2009) • 독일(Sonnenberg 등, 2009) • 인도(Kumar와 Jain, 2007; Kampman 등, 2008; Verma 등, 2009) • 인도네시아(Bulsink 등, 2010) • 모로코(Hoekstra와 Chapagain, 2007b) • 네덜란드(Hoekstra와 Chapagain, 2007b; Van Oel 등, 2008, 2009) • 루마니아(Ene과 Teodosiu, 2009) • 스페인(Novo 등, 2009; Aldaya 등, 2010b; Garrido 등, 2010) • 튀니지(Chahed 등, 2008) • 영국(Chapagain과 Orr, 2008; Yu 등, 2010)
국가 내 지역적 물발자국 및 가상수 무역 관련 연구	• 중국 지방(Ma 등, 2006) • 북경(Wang and Wang, 2009) • 인도 주(Kampman 등, 2008) • 스페인 Mancha Occidental 지역(Aldaya 능, 2010d) • 스페인 Andalusia 지역(Dietzenbacher와 Velazquez, 2007) • 팔에스타인 West Bank 지역(Nazer 등, 2008) • 스페인 Guadiana 유역(Aldaya와 Llamas, 2008) • 캐나다 Lower Fraser Valley 및 Okanagan 유역(Brown 등, 2009) • 아프리카 Nile 유역(Zeitoun 등, 2010)

제품물발자국 관련 연구	• 바이오에너지(Gerbens-Leenes 등, 2009a, 2009b; Gerbens-Leenes와 Hoekstra, 2009, 2010; Dominguez-Faus 등, 2009; Yang 등, 2009; Galan-del-Castillo와 Velazquez, 2010; Van Lienden 등, 2010) • 커피(Chapagain과 Hoekstra, 2007, Hmbert 등, 2009) • 목화(Chapagain 등, 2006b) • 화훼(Mekonnen과 Hoekstra, 2010b) • 자트로파(Jatropha) (Jongschaap 등, 2009; Maes 등, 2009; Gerbens-Leenes 등, 2009c; Hoekstra 등, 2009c) • 망고(Ridoutt 등, 2010) • 옥수수(Aldaya 등, 2010a) • 육류(Chapagain과 Hoekstra, 2003; Galloway 등, 2007; Hoekstra, 2010b) • 양파(IFC 등, 2010) • 종이(Van Oel과 Hoekstra, 2010) • 파스타(Aldaya와 Hoekstra, 2010) • 피자(Aldaya와 Hoekstra, 2010) • 쌀(Chapagain과 Hoekstra, 2010) • 청량음료(Ercin 등, 2009) • 콩(Aldaya 등, 2010a) • 설탕(Gerbens-Leenes와 Hoekstra, 2009) • 녹차(Chapagain과 Hoekstra, 2007) • 토마토(Chapagain과 Orr, 2009) • 밀(Liu 등, 2007; Aldaya 등, 2010a; Zwart 등, 2010; Mekonnen과 Hoekstra, 2010a) • 일반 식품(Chapagain과 Hoekstra, 2004; Hoekstra와 Chapagain, 2008; Hoekstra, 2008c)
비즈니스물발자국 관련 연구	• SABMiller 맥주(SABMiller와 WWF-UK, 2009; SABMiller 등, 2010) • Coca-Cola Company의 콜라와 주스 (TCCC와 TNC, 2010) • Nestlée 조식용 시리얼(Chapagain과 Orr, 2010) • Mars 사탕 및 파스타소스(Ridoutt 등, 2009)

7.3 기존 물계정 및 보고서 내 물발자국 반영

물사용에 대한 전통적인 통계(국가적이거나 기업적 수준의 산정)는 대부분 취수량에 국한되어 있다. 이 경우 녹색과 회색 물사용을 무시하고 간접적인 사용도 고려하지 않기 때문에 정보의 기반이 매우 취약해진다. 기업 산정의 전통적 접근법은 공급사슬의 물 소비와 오염에 유의하지 않는 것처럼 국가적 산정에서의 통상적 접근법은 가상수 수출입과 국가적 소비의 물발자국 일부가 자국 밖에 위치한다는 사실을 간과한다. 물발자국 통계를 정부의 통계에 천천히 부가하고, UNEP, UNDP, UNCTAD, UNSD 등의 UN산하기관과 유럽연합통계청 및 세계은행과 같은 곳의 사용가능한 국제적 통계에 물발자국 계정을 포함하는 것이 반드시 필요하다. 국가적 물발자국 통계는 이미 다수의 국제적 지구환경보고서 출판물에 포함되어 있다. 기업의 경우, 물발자국 산정을 기업의 환경보고서와 지속가능성 보고서에 포함시켜야 한다.

7.4 생태 · 에너지 · 탄소발자국과의 연계

물발자국은 발자국 개념을 적용한 접근방법의 일부다. 가장 오래된 발자국 개념은 생태발자국으로 1990년대에 William Rees와 Mathis Wackernagel에 의해 소개되었다(Rees, 1992; 1996; Rees와 Wackernagel, 1994; Wackernagel과 Rees, 1996). 생태발자국은 이용가능한 생물 생성 공간의 전용량을 측정하고 이를 헥타르로 나타낸다. 탄소발자국 개념은 생태발자국 논의로부터 비롯되어 2005년부터 보다 광범위하게 알려져 왔다(Safire, 2008). 탄소발자국은 기업, 이벤트, 제품으로 인한 온실가스(GHG)의 배출량 합을 말하고, CO_2 등가물로 표현된다. 탄소발자국 개념이 상대적으로 신생이지만 GHG 배출량 개념은 오래 전에 시작되어 기후변화에 관한 정부 간 패널(IPCC)에 의한 첫 평가는 1990년으로 거슬러 올라간다. 생태 및 탄소 발자국 개념보다 더 오래된 것은 에너지 연구에 적용된 '체화에너지'와 '에머지' 개념이다(Odum, 1996; Herendeen, 2004). 이 개념들은 제품을 생산하는 데 쓰인 에너지의 총량을 뜻하며, 줄(joule) 단위로 나타낸다.

물발자국은 물 연구 분야에서 2002년에 처음 소개되었다(Hoekstra, 2003). 이 용어는 생태발자국과 유사하게 선택되었으며, 환경적 연구가 아닌 물 연구에서 비롯되었다. 그러므로 생태발자국, 물발자국, 탄소발자국, 체화에너지는 관련성이 높은 개념들이며, 각자 특정한 근원이 있어 지표들을 수량화하는 방법에는 뚜렷한 유사점 및 차이점을 지니고 있다. 생태발자국와 물발자국 간의 차이점 두 개를 예로 들자면, 하나는 생태발지국이 지구적 평균 생산성을 바탕으로 계산되는 반면 물발자국은 지역별 생산성을 바탕으로 계산된다는 점이고, 다른 하나는 생태발자국은 공간적으로 분명하게 만들어지지 않지만, 물발자국은 공간적으로 명확하다는 점이다(Hoekstra, 2009).

다양한 발자국 개념들은 인간 소비와 관련된 자연자산 이용에 관한 상호보완적 지표로 여겨져야 한다. 어떤 지표도 다른 것을 대체할 수 없으며, 이는 각각의 지표가 다른 정보를 제공하기 때문이다. 지역, 물, 에너지 요건만을 각각 살피는 것은 불충분한데, 이는 지역 개발에 있어서 이용가능한 토지가 중요하지만 담수와 에너지도 중요한 요소이기 때문이다. 향후 연구의 과제는 다양한 발자국 개념과 연관된 방법을 하나의 일관성 있는 개념적 분석 체제로 모으는 것이다.

7.5 물질흐름분석, 투입−산출 모형, 전과정평가와의 연계

물질흐름분석(MFA)은 잘 정의된 시스템에서 물질의 흐름을 분석하는 방법이다. 국가적 혹은 지역적 규모에서 MFA는 경제 영역 안에서 그리고 경제와 자연환경 영역 사이의 물질 교환을 연구하는 데 쓰일 수 있다. 산업에 있어서 MFA는 기업 내에서나 혹은 여러 개의 기업들을 포함하는 산업공급사슬에 따른 물질흐름을 분석하는 데 쓰일 수 있다. 특정 제품에 적용되었을 때에는 제품 생산시스템의 단계별 입력(자원)과 출력(배출)에 관련한 연구를 나타낸다. 후자 쪽의 물질흐름분석은 전과정평가(LCA)의 '목록분석 단계'라고 불리는 것과 비슷하다. LCA는 주어진 특정 제품이나 서비스의 환경적 영향에 대한 조사와 평가를 위한 접근법으로 목표와 범위, 전과정 목록, 전과정영향평가, 해석 등의 4단계로 이루어진다(Rebitzer 등, 2004).

MFA, LCA 그리고 투입−산출(입력−출력) 모델링과 같은 체제는 여러 종류의 환경적 자원 사용을 고려하고 환경에 미치는 다양한 종류의 영향을 살핀다. 반대로, 생태발자국, 물발자국, 탄소발자국, 체화에너지 분석은 하나의 특정한 자원이나 영향의 관점을 취한다. 발자국들이 MFA, LCA, 투입−산출 연구에 전형적으로 사용되는 지표인 것이 타당해 보이기는 하지만, 발자국 연구에 적용된 방법들과 MFA, LCA 및 투입−산출 연구에 적용된 방법들은 일관된 체제를 구성하지 않는다. 물 관점에서 보면 지금까지의 MFA, LCA, 투입−산출 연구는 담수를 충분히 포함하지 않는다.

투입−산출 연구관련 전문가들 사이에서 물을 포함시키려는 의지가 증가하고 있다(Dietzenbacher와 Velazquez, 2007; Zhao 등, 2009; Wang과 Wang, 2009; Yu 등, 2010). 물발자국 연구결과 도출된 경제 분야별 공정물발자국에 관한 데이터는 물을 포함해 환경적 측면을 보강한 투입−산출 연구에 요구되는 입력자료를 제공할 수 있다.

또한 물에 대한 관심은 LCA 관련 연구자들 사이에서도 증가하고 있다(Koehler, 2008; Milà i Canals 등, 2009). LCA 관련 연구는 제품의 전반적인 환경영향의 평가에 목적을 두고 있었기에, 최근까지 담수의 사용은 LCA 연구에서 충분히 주목받지 못했다. 물과 관련해서 두 가지 주제가 고려되어야 한다. 첫째, 지구의 담수자원은 제한적이기에 용량적 측면에서 물 소비와 오염을 살펴 담수전용을 측정하는 것이 LCA 분야에 있어 핵심 요소가 되어야 한다는 점이다. 제품의 녹색 · 청색 · 회색물발자국은 이러한 총 담수 책정의 좋은 지표다. 둘째, 물 요소를 포함해 담수 책정과 연관된 지역적 환경영향을 살필 수 있다는 것이다. 이 목적을 이루기 위해서는 표 7.2에 요약된 대로 물발자국 산정과 지속가능성평가가 LCA 연구에 쓰일 수 있다. 제품물발자국 산정은 제품의 생활주기 조사에 기여하며, 물발자국 지속가능성평가는 전과정영향평가에 기여한다.

표 7.2 물발자국평가의 전과정평가(LCA) 지원방식

물발자국평가 단계	결과	물리적 의미	명확성	LCA 단계
제품물발자국 산정(3.4절)	녹색 · 청색 · 회색 물발자국(체적)	단위제품 당 소비된 물의 양 또는 발생한 오염수의 양	시공간적으로 명확	전과정 목록
제품물발자국 지속가능성평가(4.4.1절)	환경 · 사회 · 경제적 관점을 고려한 제품의 녹색 · 청색 · 회색물발자국 지속가능성 평가	다양한 측정가능 영향변수	시공간적으로 명확	전과정영향평가
물발자국 지속가능성평가 로부터 선택된 일부 정보의 종합(4.4.2절)	물발자국 영향 종합지표	없음	시공간적으로 불명확	

자료: Hoekstra 등 (2009b)에 기초

몇몇 LCA 전문가들은 이 매뉴얼에서 청색물발자국영향지수(4.4.2절)라고 불리는 것을 '물발자국'이란 용어로 사용할 것을 제시했다. 그러나 이렇게 되면, '물발자국'이란 용어는 더 이상 담수 책정의 용량적 측정이 아니고, 지역적 환경영향지표가 될 것이다(Pfister 등, 2009; Ridoutt 등, 2009; Ridoutt과 Pfister, 2010; Berger와 Finkbeiner, 2010). 또한, 영향이 거의 없다는 이유로 녹색물발자국을 무시하는 것이 제안되기도 했다(Pfister과 Hellweg, 2009). 그러나 실질적인 용량과 영향을 시공간적으로 명확히 설명하는 물발자국의 개념이 필요한 수자원관리 관점에서 물발자국을 재정의하는 것은 이치에 맞지 않는다. 물발자국 연구는 수자원관리에서 두 가지 담론에 기여한다. 첫째, 제품, 소비자, 생산자의 물발자국에 대한 데이터는 지속가능하고, 공평하며, 효율적인 담수사용 및 할당에 관한 담론을 제공한다. 담수는 희박하고 연간 가용성이 제한되어 있기에 누가 얼마만큼의 양을 받고, 다양한 목적을 위해 어떻게 할당되는지 이해하는 것은 유의미하다(예: 바이오에너지를 위해 사용된 빗물은 식량을 위해 사용될 수 없음). 둘째, 물발자국 산정은 집수역 수준에서의 환경·사회·경제적 영향을 추정하는 데 도움을 준다. 환경영향평가는 각각의 물발자국 요소와 적절한 시공간에 있어 가용한 물 간의 비교를 포함해야 한다(환경적 물 요건의 산정). 이 매뉴얼에서 '청색물발자국영향지수'라 불리는 용어를 물발자국으로 사용하라는 제안은 굉장히 혼란스럽다. 탄소발자국이 여러 가지 온실가스를 계량화하고 이를 CO_2의 환산단위로 나타내는 것은 환경적 영향을 포함하기 때문인데, 이와 마찬가지로 물발자국도 환경적 영향을 포함시켜야 한다고 제안되어 왔다. 그러나 온실가스가 CO_2 단위로 측정된다고 해서 탄소발자국이 온실가스의 환경적 영향을 반영한다는 뜻이 아니다. 탄소발자국은 얼마만큼의 온실가스가 인간 활동으로 인해 환경으로 배출되었는지를 측정하는 것이다. 이것은 우리가 합리적으로 '영향'이라고 부를 수 있는 것을 아무것도 반영하지 않으며, 단지 하나의 공통된 분모를 갖는 배출량들을 측정할 뿐이다. 탄소발자국은 기온증가, 증발과 강수 양상변화 등과 같은 온실가스의 환경영향을 묘사하지 않는다. 이런 측면에서 물발자국, 탄소발자국, 생태발자국은 비슷한 개념이다. 탄소발자국은 온실가스의 총 배출량을 측정하고, 생태발자국은 생물생성 공간의 총 사용량을 계정하며, 물발자국은 전용된 담수의 총량을 산정한다. 온실가스의 총 배출량이 영향을 반영하지 않는 것처럼, 공간이나 물의 총 사용량도 영향을 반영하지 않는다. 발자국은 단지 사람들이 환경에 미치는 영향이 아닌 압력을 보여준다.

제8장

결론

이 책은 물발자국 관련 용어의 정의와 물발자국평가 방법에 대한 글로벌 표준을 담고 있다. 물발자국네트워크(WFN) 주도로 개방적이고 투명한 과정을 통해 2년에 걸쳐 개발되었으며, 세계 다양한 기관의 참여로 기준들을 완성해 이제 세계화된 표준 매뉴얼이 마련되었다. 다양한 이해당사자들이 물발자국을 정의하고 계산하는 데 서로 다른 방법을 적용한다면 의사소통 및 희망하는 물발자국 감축 합의에 심각한 장애가 발생할 것이 자명하기에 유일무이한 공통 기준을 갖는 것이 중요하다.

물발자국 산정 방법(제3장)은 첫 제안 이후 8년간 지속된 보완과정을 거쳐 지금은 학계와 현장에서 확고히 자리 잡고 널리 활용되고 있다. 지난 몇 년 동안 실제 상황에서 물발자국 적용 사례가 증가한 것도 그 개념을 성숙시키는 데 기여했다. 그럼에도 불구하고 여러 가지 과제가 남아 있다. 우선 제품의 범주와 비즈니스 분야별 실질적인 가이드라인을 개발하는 것과, 어떻게 불확실성에 대처할 것인가(공급사슬을 따라 역추적하는 것을 어디서 멈추어야 하나)와, 트렌드를 분석할 때 시간 가변성에 어떻게 대응할 것인지 등에 대한 문제다. 이밖에도 전형적인 공정물발자국(모든 분석의 기본 요소)의 데이터베이스와 물발자국 계정을 설정하는 전문가들의 편이성을 높이기 위한 프로그램 개발, 근본적인 데이터베이스와 함께 컴퓨터 기반 분석 도구를 개발하는 과제가 남아 있다. 분명 이 매뉴얼에 기술된 방식으로 물발자국을 산정하는 것은 컴퓨터를 활용해 분석하는 것보다 훨씬 노동집약적이다. 앞으로 이 책에서 제시한 표준방법이 더욱 개선되고 특히 실용적인 가이드라인이 개발되어 계속 발전하기를 기대한다.

물발자국 산정 관련 내용을 담은 3장보다 물발자국 지속가능성평가와 대응방안 옵션을 담은 4, 5장은 완성도가 낮다. 물발자국평가의 이 두 단계가 학계와 실질적 이행에 있어 관심을 덜 받았기 때문이다. 물발자국 지속가능성평가를 담고 있는 4장은 지속가능성평가 절차에 대한 설명과 고려되어야 하는 주요 지속가능성평가 기준 논의에 국한되어 있다. 대응방안 옵션을 다룬 5장은 주로 고려될 수 있는 대응수단의 목록이다. 이러한 관점에서, 이 매뉴얼이 전체적인 영향평가를 어떻게 수행하는가와 특정한 대응옵션을 실행해 장점 및 단점을 어떻게 연구할 수 있는지를 심도 있게 다루고 제시했다기보다는 지속가능성과 대응옵션을 분석하는 데 필요한 기본적인 기준틀을 제공했다고 보아야 한다. 따라서 지속가능성평가와 대응옵션에 대한 내용들이 무얼 해야 하는지에 대한 최종 답안으로 인도하는 비결로 읽히면 안 된다. 특히 기업의 일상 업무와 같은 영역에서는 명확한 규정을 확보하는 것이 유용하고 매력적이겠지만, 지속가능성을 평가하고 일련의 대응방안을 수립하는 현실은 주관적이며 가치판단적인 수많은 요소들이 포함된 활동이라는 점을 인식해야 한다. 4, 5장이 지닌 의도는 상세한 비결이 아닌 개략적인 가이드라인 제공이라 여기길 바란다.

물발자국 개념과 방법론에 대한 광범위한 관심은 2007년 9월 시민사회단체, 비즈니스, 학회, UN의 대표들이 모인 소규모 회의로부터 시작되었다. 그로부터 물발자국을 정부 정책과 기업 전략에 적용하는 것에 대한 관심이 지속적으로 성장해 왔다. 그 결과 2008년 10월 16일 WFN이 설립되었으며, 12개월이 지난 뒤에는 모든 대륙의 다양한 영역을 아우르는 76개의 파트너(정부, 비즈니스, 투자가, 시민사회단체, 정부 간 연구소, 컨설턴트, 대학 및 연구기관)를 형성했다. 이 매뉴얼의 원고를 마무리하던 시점인 2010년 10월 16일, 정확히 WFN 설립 2년 후에는 파트너가 130개로 늘었다. 향후 중요 과제는 물발자국평가 분야에서 공통된 언어를 유지하는 것이다. 이는 지속가능한 수자원 사용을 위한 구체적인 목표들이 공통된 용어와 산정방법을 바탕으로 수립되어야만 투명하고 유의미하며, 효과적이기 때문이다. 이 물발자국평가 매뉴얼이 그러한 공통된 토대가 될 것이며, 향후 새로운 연구와 개발 그리고 이 방법을 사용하는 연구자들의 경험을 토대로 개선되리라 기대한다.

CROPWAT 모델을 이용한 녹색 · 청색 증발산량 계산

CROPWAT 모델의 'CWR 옵션'

UN식량농업기구의 CROPWAT 모델은 작물의 성장 기간 동안에 녹색 · 청색물의 증발산량을 예측할 수 있다(FAO, 2010b). 이 모델은 두 가지 대체 옵션을 제공한다. 그 중 가장 간단하면서 정확한 옵션은 CWR(작물 물요구량: Crop Water Requirements) 옵션이다. 이 옵션은 작물 성장에 물 제한은 없다고 가정한다. 모델 계산법은 (i) 특정한 기후 조건에서 성장 전 기간 동안의 CWR, (ii) 유효강수량, (iii) 관개요구량이 사용된다.

작물 물요구량은 수확을 위해 이상적인 성장 조건에서 증발산에 필요한 물의 양을 의미한다. '이상적인 조건'이란 적절한 토양 물이 강수량과 관개에 의해 식물의 성장과 농작물 수확량이 제한받지 않고 유지되는 것을 의미한다.

기본적으로, 작물의 물요구량은 작물계수(K_C)와 대조작물 증발산량(ET_O)을 곱해 계산한다: $CWR = K_C \times ET_O$. 작물의 물요구량이 완전히 충족된다고 가정한다면, 실제 작물 증발산량(ET_C)은 작물 물요구량과 같다: $ET_C = CWR$

대조작물의 증발산량(ET_O)은 물부족분이 아닌 기준면(reference surface)으로부터의 증발산율이다. 대조작물은 표준 특성을 띠는 대규모 녹색 잔디(grass)로 덮힌 가상표면(hypothetical surface)이다. 따라서 대조작물의 증발산량(ET_O)에 미치는 유일한 요인은 기후 매개변수다. ET_O는 특정한 위치와 시간의 대기 증발 능력을 표현하지만 작물 특성과 토양 요인을 고려하지 않는다. 이상적인 조건에서 실제 작물 증발산량은 대조작물 증발산량과 분명한 차이가 있다.

지표식물 수관(canopy) 특성과 작물의 공기저항은 참고 자료로 사용되는 잔디와 다르다. 잔디와 야외 농작물을 구분 짓는 특성의 효과는 작물계수(K_c)로 통합된다. 작물계수는 성장 기간에 따라 다양하다. 성장 기간이 다른 작물의 K_c 값은 Allen 등 (1998)의 논문에서 확인할 수 있다. 다른 방법으로는 K_{cb}와 K_e의 합으로 K_c를 계산하는 것이다(K_{cb}: 기초 작물계수, K_e: 토양 증발계수). 작물 증발산량을 대조 증발산량으로 나눈 비율을 기초 작물계수(ET_c/ ET_o)로 정의한다. 단, 토양 표면이 건조하고, 물 증발은 제한이 없다. 따라서 $K_{cb} \times ET_o$는 주로 ET_c의 증산 구성을 말하고 건조 수면과 무성한 초목 바닥 아래에서 공급 받는 잔류확산 증발(residual diffusive evaporation) 또한 포함된다.

토양 증발계수(K_e)는 ET_c의 증발 구성요소를 말한다. 표토 층이 비 또는 관개에 의해 젖었을 때 K_e는 최대값을 보이며, 토양 표면이 건조할 때 K_e가 작아지고, 지표면의 증발로 물이 표면에 거의 없을 때는 0이다. 관개 방식에 따라 토양 표면을 젖게 하는 정도는 다르다. 예를 들어, 스프링클러를 이용한 관개는 직접 관개보다 토양을 더 젖게 하고 그 결과 K_e 값은 더 높다. K_e 값이 높기 때문에 K_{ec} 값과 ET_c 값도 증가한다. 그러나 CROPWAT 모델은 특별한 K_{cb}와 K_e 값이 필요 없다. 단지 K_c 값만을 필요로 한다. K_c는 일별로 지정할 수 없으나 작물의 세 가지 성장 기간 별로 다른 값을 필요로 한다. 즉, 관개 기술에 따라 K_c를 조정해 CROPWAT로 모의실험할 수 있다. K_c 값은 지표를 젖지 않게 하는 기술이 적용될 때보다 지표층을 충분히 젖게 하는 관개 기술을 사용할 때 높게 나타난다. CROPWAT 모델의 대안으로는 AQUACROP (FAO, 2010e)가 있다. 이것은 더 좋은 물스트레스 조건에서 작물 수확량을 모의실험하고, K_{cb}와 K_e를 구분해 사용한다.

유효강수량(P_{eff})은 작물 성장에 요구되는 최소수량을 포함한 토양에 내재된 잠재수분량으로 총 강수량의 일부를 말한다. 총 강우 중 일부는 지표수로 유출되거나 지하로 투과되므로 유효강수량은 총 강수량보다 적다(Dastane, 1978). 총 강우량에 기초한 유효강수량을 측정하는 여러 방법이 있다. Smith (1992)는 USDA SCS (미국농무부 토양보전국) 방법을 권장했다. 이는 CROPWAT 사용자가 선택할 수 있는 네 가지 방법 중 하나다.

관개요구량(IR: Irrigation Requirement)은 작물의 물요구량과 효과적인 강수의 차이로 계산된다. 효과적인 강수가 작물의 물요구량보다 크다면 관개요구량은 0이다. 즉, $IR = max(0,$ $CWR - P_{eff})$일 때를 말한다. 이때 관개요구량은 완전히 충족된 것으로 간주한다. 녹색물 증발산량(ET_{green}) 또는 강우의 증발산량은 실제 작물 증발산량(ET_c)과 유효강수량(P_{eff})의 최소값과 같다. 청색물 증발산량(ET_{blue}) 또는 관개수 증발산량은 전체 작물 증발산량과 유효강수량(P_{eff})의 차와 같다. 그러나 유효강수량이 작물 증발산량을 초과할 때의 값은 0이다.

$$ET_{green} = min\,(ET_c,\ P_{eff})\ [\text{length/time}] \tag{59}$$

$$ET_{blue} = max(0,\ ET_c - P_{eff})\ [\text{length/time}] \tag{60}$$

모든 물의 흐름은 'mm/일' 또는 'mm/모의실험 기간'으로 나타낸다.

CROPWAT 모델의 '관개일정 옵션'

작물의 성장기간 동안에 녹색물과 청색물의 증발산은 FAO의 CROPWAT 모델(FAO, 2010b)로 추정할 수 있다. 모델은 두 가지 대체 옵션을 제공한다. '관개일정 옵션'은 'CWR 옵션'보다 더 정확하지만 덜 복잡하다. 이 모델은 효과적인 강수량의 개념(CWR 옵션에서 사용한 개념, 이전 내용 참조)을 사용하지 못한다. 대신 이 모델은 시간의 흐름에 따라 매일 사용하는 토양 수분 함량을 기록한 토양 물균형을 포함한다. 이러한 이유로 이 모델은 토양 유형에 대한 입력 데이터가 필요하다. 작물 증발산 조절에 의해 산출된 보정 증발산량(ET_a)은 최적의 조건이 아니기 때문에 작물 증발산은 실제 작물 증발산량(ET_c)보다 적을 수 있다. ET_a는 최적 조건 하의 실제 작물 증발산량(ET_c)에 물스트레스계수(K_s)를 곱해 계산한다:

$$ET_a = K_s \times ET_c = K_s \times K_c \times ET_o\ [\text{length/time}] \tag{61}$$

물스트레스계수(K_s)는 작물 증산에 있어 물의 스트레스 효과를 설명한다. 토양에 물이 부족할 때($K_s < 1$), 토양에 물스트레스가 없을 때($K_s = 1$)를 각각 나타낸다.

'천수답 조건'은 관개 적용 없이 모델에 의한 모의실험이 가능하다. 천수답 시나리오에서 녹색물 증발산량(ET_{green})은 모의실험의 전체 증발산량과 같다. 그리고 이 경우 청색물 증발산량(ET_{blue})은 0이다.

'관개 조건'에서는 작물이 관개되는 방법을 지정해 모의실험할 수 있다. 관개 시간과 응용프로그램 옵션은 실제 관개 전략에 따라 선택할 수 있다. 기본 옵션에는 '주요 고갈 지역에 물을 대는 것', '필드 용량 충전 토양'이 있다. 최적의 관개 조건은 관개 간격이 작물에 스트레스가 되는 것을 피할 경우로 가정한다. 관개 기간 당 관개 적용 평균 깊이는 경험에 따른 관개 방법과 관련 있다. 일반적으로 사용 빈도가 높은 관개 시스템(중심축을 기준으로 회전하는 방식)의 경우는 습윤 이벤트 당 10㎜ 또는 그 보다 적게 적용된다. 표면 또는 스프링클러 관개의 경우에는 40㎜ 또는 그 이상의 관개 깊이를 사용한다. 선택한 관개 옵션 모델을 실행한 후 성장 기간 동안의 전체 물 증발산량(ET_a)은 '작물의 실제 물사용'과 동일하다. 청색물 증발산량(ET_{blue})은 '전체 관개요구량'과 '실제 관개요구량'의 최소값과 같다. 녹색물 증발산량(ET_{green})은 관개 시나리오에서 모의실험한 것을 토대로 전체 물 증발산량(ET_a)에서 청색물의 증발산량(ET_{blue})을 뺀 값이다.

또 다른 방법은 '관개 사용' 또는 '관개 미사용'의 두 가지 시나리오를 실행하는 것이다. 이 두 시나리오는 관개할 때 작물의 여러 특성(뿌리의 깊이 등)을 고려해 적용한다. 이는 작물의 특성이 관개와 천수답에서 상당히 다르기 때문이다. 관개에서 녹색물 증발산은 관개 없는 시나리오에서의 전체 증발산과 같다고 추정할 수 있다. 시나리오에 따라 모의된 관개량에서 녹색물 증발산 예측치를 뺀 값을 전체 증발산량에 기초해 청색물 증발산량을 산출한다.

성장 기간 동안 청색물 증발산은 실제 관개량보다 일반적으로 적다는 사실을 주목해야 하는데, 이런 차이는 관개용수가 지하수로 스며들고, 지표수로 유출되는 일이 일어나기 때문이다.

작물 성장과정의 물발자국 산정: 스페인 발라돌리드 지역의 사탕무

이 부록은 작물 성장의 녹색, 청색, 회색 공정물발자국을 추정하는 사례로 북부 스페인 발라돌리드(Valladolid) 지역 1헥타르 규모의 경작지에서 생산되는 사탕무에 초점을 맞추었다.

공정물발자국의 녹색물 및 청색물 구성요소

첫째, 녹색·청색물의 증발산은 CROPWAT 8.0 모델(Allen 등, 1998; FAO, 2010b)을 사용해 추정했다. 이 작업은 두 가지 옵션을 포함한다. 하나는 작물 물요구량 옵션(최적의 조건으로 가정)이고 다른 하나는 관개일정 옵션(정해진 시간에 실제 관개 공급의 가능성을 포함)이다. 프로그램 사용에 대한 포괄적인 설명서는 온라인(FAO, 2010b)으로 이용할 수 있다.

위의 두 가지 옵션은 작물 경작지(그림 II.1) 위치와 가장 가까운 기상청의 기후 데이터를 사용해 계산했다. 작물 데이터는 지역 농업 연구원 데이터를 사용했으며, 지역의 농사 계획은 스페인 농수산업(MAPA, 2001)(표 II.1)의 자료를 이용했다.

온화한 북부 스페인은 사탕무를 봄에 심고 가을에 수확한다. 이에 반해, 따뜻한 남부 지역(Andalusia)은 사탕무를 가을에 심고 봄에 수확한다. 지역과 기후에 따른 작물계수와 작물 길이는 UN식량농업기구(FAO)를 참고했다(Allen 등, 1998, 표 11, 12). 뿌리 깊이, 고갈 위험 수준, 수율 반응계수는 FAO 글로벌 데이터베이스를 참고했다(FAO, 2010b). 또한, 관개일정 옵션의 토양 데이터는 토양 물균형 추정이 요구되며 토양 정보는 FAO (2010b)를 이용했다.

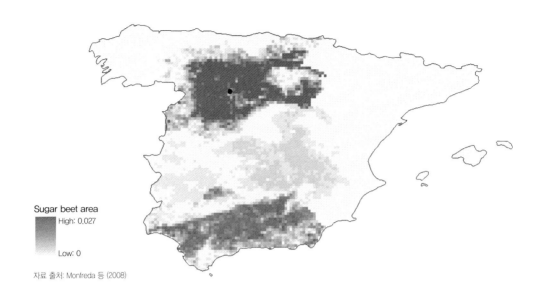

자료 출처: Monfreda 등 (2008)

그림 II.1 스페인의 사탕무 재배 지역(발라돌리드 지역, 검은 점으로 표기)

표 II.1 발라돌리드 지역의 사탕무 생산 농사 계획일, 수확 계획일, 수확량

작물	농사 계획일[*]	수확 계획일[*]	수확량(ton/ha)[**]
사탕무	4월 1일(3~4월)	9월 27일(9~10월)	81

[*] 출처: MAPA (2001)
[**] 출처: MARM (2009), 기간 2000~2006

작물 물요구량 옵션

이 옵션은 최적의 조건에서 증발산량을 예측하며, 이는 실제 작물 증발산량(ET_c)과 작물 물요구량(CWR)과 같다는 조건을 의미한다. 최적 조건이란 토양의 물 여건이 최적인 상태에서 병충해가 없고, 작물에 비료가 잘 공급되며 주어진 기후 조건에서 전체 생산을 달성하는 것을 말한다(Allen 등, 1998). 작물 물요구량 옵션의 시행은 기후와 작물 데이터만을 가지고도 할 수 있다. ET_c는 유효강수량(effective rainfall)을 이용해 10일 간격으로 전체 성장

기간 동안 추정될 수 있다. 유효강수량을 계산하기 위해 가장 널리 사용하는 방법 중 하나인 미국농무부 토양보존국(USDA SCS)의 방법을 이용했다. 모델은 ET_c를 다음과 같이 계산한다.

표 II.2 CROPWAT 8.0을 이용한 총 녹색·청색물 증발산의 CWR 출력 결과

Month	Period	Stage	K_c -.	ET_c mm/day	ET_c mm/ period	P_{eff} mm/ period	Irr. req. mm/ period	ET_{green} mm/ period	ET_{blue} mm/ period
Apr	1	Init	0.35	1.02	10.2	12.6	0	10.2	0
Apr	2	Init	0.35	1.13	11.3	13.8	0	11.3	0
Apr	3	Init	0.35	1.24	12.4	14	0	12.4	0
May	1	Init	0.35	1.35	13.5	14.5	0	13.5	0
May	2	Init	0.35	1.45	14.5	15	0	14.5	0
May	3	Dev	0.48	2.2	24.2	13.8	10.4	13.8	10.4
Jun	1	Dev	0.71	3.55	35.5	12.7	22.7	12.7	22.8
Jun	2	Dev	0.94	5.02	50.2	11.9	38.3	11.9	38.3
Jun	3	Mid	1.15	6.6	66	9.8	56.3	9.8	56.2
Jul	1	Mid	1.23	7.58	75.8	7.1	68.6	7.1	68.7
Jul	2	Mid	1.23	8.05	80.5	5	75.6	5	75.5
Jul	3	Mid	1.23	7.8	85.8	4.8	81	4.8	81
Aug	1	Mid	1.23	7.59	75.9	4.1	71.8	4.1	71.8
Aug	2	Late	1.23	7.39	73.9	3.3	70.6	3.3	70.6
Aug	3	Late	1.13	6.05	66.6	5.7	60.9	5.7	60.9
Sep	1	Late	1	4.65	46.5	8.9	37.5	8.9	37.6
Sep	2	Late	0.87	3.51	35.1	11.2	23.8	11.2	23.9
Sep	3	Late	0.76	2.6	18.2	7.8	7	7.8	10.4
Over the total growing period					796	176	625	168	628

$$ET_c = K_c \times ET_o \ [length/time] \tag{62}$$

여기서 K_c는 작물 특성과 토양으로부터 증발되는 영향의 평균을 포함한 작물계수를 의미하며 ET_o는 물부족 상태가 아닌 가상의 초본성 대조작물 증발산량을 뜻한다.

녹색물 증발산량(ET_{green})은 10일 단위로 작물의 총 증발산량(ET_c)과 유효강수량(P_{eff})의 최소값으로 계산한다. 총 녹색물 증발산량은 성장 기간 동안의 ET_{green}을 합산해 구한다. 청색물 증발산량(ET_{blue})은 10일 기준으로 작물의 총 증발산량(ET_c)과 총 유효강수량(P_{eff}) 간의 차이로 추정한다. 유효강수량이 작물보다 클 때, 작물의 총 증발산량보다 클 경우 ET_{blue} 값은 0이다. 총 청색물 증발산량은 성장 전 기간의 모든 ET_{blue}를 더한다(표 II.2).

$$ET_{green} = min\ (ET_c,\ P_{eff})\quad [\text{length/time}] \tag{63}$$

$$ET_{blue} = max\ (0,\ ET_c - P_{eff})\quad [\text{length/time}] \tag{64}$$

관개일정 옵션

두 번째 옵션에서는 일일 토양물수지(균형) 접근 방식을 사용해 전체 성장 기간 동안 최적의 조건과 비최적 조건 모두에서 작물 증발산량을 계산한다. 계산한 증발산량은 ET_a (보정 증발산량)라 하며, ET_a는 비최적화 조건에서는 ET_c보다 작다. 토양 내 물의 이동 및 수분함유 능력과 물을 사용하는 식물의 능력은 물리적 조건, 비옥도, 토양의 생물학적 상태 등과 같은 다양한 요인에 영향을 받는다. ET_a는 물스트레스계수(K_s)를 이용해 계산한다.

$$ET_a = K_s \times ET_c = K_s \times K_c \times ET_o\quad [\text{length/time}] \tag{65}$$

K_s는 작물 증산에 물스트레스 효과를 반영하며 토양 수분이 제한적인 상태에서는 $K_s < 1$, 스트레스 없는 조건에서는 $K_s = 1$이 된다.

관개일정 옵션에는 기후, 작물, 토양 데이터가 필요하다. 천수답에서 청색물 증발산량(ET_{green})을 추정하려면 천수답을 선택한 상태에서 툴바의 옵션 버튼을 누르면 된다(표 II.3). 이 시나리오에 의한 녹색물 증발산량은 모의실험에서의 총 증발산량과 같다. 이것은 모델 출력에서 지정한 '작물 실제 물사용량'으로 표기되며 이 경우 청색물 증발산량(ET_{blue})은 당연히 0이 된다. 녹색·청색물 증발산량을 추정하려면 관개농업, 다른 시기의 관개, 응용 프로그램 옵션을 실제 관개 전략에 따라 선택할 수 있다. 기본 옵션(중요 고갈시기에 관개, 필

표 II.3   천수답 시나리오에 따른 관개일정: CROPWAT 8.0 출력 결과

CROP IRRIGATION SCHEDULE

ETo station: VALLADOLID   Crop: Sugar beet   Planting date: 01/04
Rain station: VALLADOLID   Soil: Medium (loam)   Harvest date: 27/09

Yield red.: 50.1%

Crop scheduling options
Timing: No irrigation (rain-fed)
Application: −
Field eff. 70%

Table format: Daily soil moisture balance

Date	Day	Stage	Rain mm	K_s −	ET_a mm	Depl %	Net Irr mm	Deficit mm	Loss mm	Gr. Irr mm	Flow l/s/ha
01−Apr	1	Init	0	1	1	1	0	1	0	0	0
02−Apr	2	Init	0	1	1	2	0	2	0	0	0
03−Apr	3	Init	6.7	1	1	1	0	1	0	0	0
04−Apr	4	Init	0	1	1	2	0	2	0	0	0
05−Apr	5	Init	0	1	1	3	0	3	0	0	0
06−Apr	6	Init	0	1	1	4	0	4.1	0	0	0
07−Apr	7	Init	6.7	1	1	1	0	1	0	0	0
08−Apr	8	Init	0	1	1	2	0	2	0	0	0
09−Apr	9	Init	0	1	1	3	0	3	0	0	0
10−Apr	10	Init	0	1	1	4	0	4.1	0	0	0
11−Apr	11	Init	0	1	1.1	5	0	5.2	0	0	0
12−Apr	12	Init	0	1	1.1	6	0	6.3	0	0	0
13−Apr	13	Init	7.4	1	1.1	1	0	1.1	0	0	0
......											
25−Sep	178	End	0	0.21	0.5	92	0	266.5	0	0	0
26−Sep	179	End	0	0.2	0.5	92	0	267	0	0	0
27−Sep	End	End	0	0.2	0	90					

Totals:

Total gross irrigation	0	mm	Total rainfall	190.3	mm
Total net irrigation	0	mm	Effective rainfall	171.1	mm
Total irrigation losses	0	mm	Total rain loss	19.3	mm
Actual water use by crop	432.2	mm	Moist deficit at harvest	261.1	mm
Potential water use by crop	793.3	mm	Actual irrigation requirement	622.3	mm
Efficiency irrigation schedule	−	%	Efficiency rain	89.9	%
Deficiency irrigation schedule	45.5	%			

Yield reductions:

Stage label	A	B	C	D	Season	
Reductions in ET_c	0	0	53.3	87.7	45.5	%
Yield response factor	0.5	0.8	1.2	1	1.1	
Yield reduction	0	0	64	87.7	50.1	%
Cumulative yield reduction	0	0	64	95.6		%

표 II.4 관개 시나리오에 따른 관개일정: CROPWAT 8.0 출력 결과

CROP IRRIGATION SCHEDULE

ETo station: VALLADOLID   Crop: Sugar beet   Planting date: 01/04
Rain station: VALLADOLID   Soil: Medium (loam)   Harvest date: 27/09

Yield red.: 0.0%

Crop scheduling options
Timing: Irrigate at user defined intervals
Application: Fixed application depth of 40mm
Field eff. 70%

Table format: Daily soil moisture balance

Date	Day	Stage	Rain mm	K_s —	ET_a mm	Depl %	Net Irr mm	Deficit mm	Loss mm	Gr. Irr mm	Flow l/s/ha
01–Apr	1	Init	0	1	1	1	0	1	0	0	0
02–Apr	2	Init	0	1	1	2	0	2	0	0	0
03–Apr	3	Init	6.7	1	1	1	0	1	0	0	0
04–Apr	4	Init	0	1	1	2	0	2	0	0	0
05–Apr	5	Init	0	1	1	3	0	3	0	0	0
06–Apr	6	Init	0	1	1	4	0	4.1	0	0	0
07–Apr	7	Init	6.7	1	1	1	40	0	39	57.1	6.61
08–Apr	8	Init	0	1	1	1	0	1	0	0	0
09–Apr	9	Init	0	1	1	2	0	2	0	0	0
10–Apr	10	Init	0	1	1	3	0	3	0	0	0
11–Apr	11	Init	0	1	1.1	4	0	4.2	0	0	0
12–Apr	12	Init	0	1	1.1	5	0	5.3	0	0	0
13–Apr	13	Init	7.4	1	1.1	1	0	1.1	0	0	0
......											
25–Sep	178	End	0	1	2.6	6	0	16.3	0	0	0
26–Sep	179	End	0	1	2.6	7	0	18.9	0	0	0
27–Sep	End	End	0	1	0	4					

Totals:

Total gross irrigation	1428.6	mm	Total rainfall	190.3	mm
Total net irrigation	1000.0	mm	Effective rainfall	171.1	mm
Total irrigation losses	344.8	mm	Total rain loss	19.3	mm
Actual water use by crop	793.3	mm	Moist deficit at harvest	261.1	mm
Potential water use by crop	793.3	mm	Actual irrigation requirement	622.3	mm
Efficiency irrigation schedule	65.5	%	Efficiency rain	89.9	%
Deficiency irrigation schedule	0.0	%			

Yield reductions:

Stage label	A	B	C	D	Season	
Reductions in ET_c	0	0	0	0	0	%
Yield response factor	0.5	0.8	1.2	1	1.1	
Yield reduction	0	0	0	0	0	%
Cumulative yield reduction	0	0	0	0		%

드 용량까지 수분 충전)은 어떠한 물스트레스를 겪지 않는 최적의 관개조건으로 설정된다. 관개 당 평균 적용 관개 깊이는 적용되는 관개 방법과 관련되어 있다. 일반적으로 사용 빈도가 높은 관개 시스템(중심축을 기준으로 회전하는 방식)의 경우는 습윤 이벤트 당 10㎜ 또는 그 보다 적게 적용한다. 표면 또는 스프링클러 관개의 경우에는 40㎜ 또는 그 이상의 관개 깊이를 사용한다. 발라돌리드 지역에서 생산된 사탕무는 7일 마다 40㎜를 적용했다(표 II.4). 선택한 관개 옵션 모델을 실행한 후 얻은 성장 기간 동안 증발산 된 물의 총량(ET_a)은 '실제 작물 물사용'과 같다. 청색물 증발산량(ET_{blue})은 모델 출력값의 총 순관개량(total net irrigation)과 실제 관개요구량(actual irrigation requirement)의 최소값과 같다. 녹색물 증발산량(ET_{green})은 증발산된 물의 총량(ET_a)에서 청색물 증발산량(ET_{blue})을 뺀 값이다.

두 옵션(CWR 및 관개일정)에서는 ㎜ 단위로 추정한 작물 증발산 값을 ㎥/ha로 변환한다. 작물 공정과정의 물발자국 산정과정에 있어 녹색물발자국($WF_{proc,green}$, ㎥/ton)은 작물의 녹색물사용량(CWU_{green}, ㎥/ha)을 작물 생산량 Y (ton/ha)로 나누어 계산한다. 공정청색물발자국($WF_{proc,blue,}$ ㎥/ton)도 유사한 방법으로 계산한다.

$$WF_{proc,green} = \frac{CWU_{green}}{Y} \quad \text{[volume/mass]} \tag{66}$$

$$WF_{proc,blue} = \frac{CWU_{blue}}{Y} \quad \text{[volume/mass]} \tag{67}$$

표 II.5는 두 옵션의 결과를 보여준다. 총 ET 양과 총 물발자국의 규모는 두 옵션 결과 모두 유사하나 청색과 녹색물 증발산량 비율은 상당히 다르다. 계산은 필드의 증발산량을 참조하며, 수확한 작물에는 녹색·청색물을 포함하지 않은 상태다. 사탕무의 물 비율은 75~80% 범위에 있고 이것은 물 자체만이 포함되었을 경우 사탕무의 물발자국이 0.75~0.80 ㎥/ton을 의미한다. 이러한 경우 물발자국 크기는 증산된 수량의 1%보다 작은 규모다.

표 II.5 토양에 CWR 옵션과 관개일정 옵션을 사용해 발라돌리드 지역 사탕무의 물발자국(㎥/ton)을 산정하는 데 있어 녹색·청색물의 계산

CROPWAT option	ET_{green}	ET_{blue}	ET_a	CWU_{green}	CWU_{blue}	CWU_{tot}	Y^*	$WF_{proc,green}$	$WF_{proc,blue}$	WF_{proc}
	mm/growing period			m³/ha			ton/ha	m³/ton		
Crop water requirement option	168	628	796	1,608	6,208	7,960	81	21	78	98
Irrigation schedule option	125	668	793	1,250	6,680	7,930	81	15	82	98

* 출처: MARM (2009), 기간 2000~2006

회색물발자국 산정

주요 작물(㎥/ton)의 회색물발자국 산정은 오염된 물의 부하로 계산한다. 수계로 유입되는 오염물 부하(kg/yr)는 수질오염기준(최대 허용농도: c_{max})과 수역의 자연적인 배경농도(c_{nat})의 차이로 산출한다(표 II.6). 자연 하천에 도달하는 질소량은 경작지에 소비된 질소량(kg/ha/yr)의 약 10%로 가정한다(Hoekstra와 Chapagain, 2008). 환경에 영향을 주는 영양소, 살충제, 제초제 등의 사용 영향은 고려하지 않았다. 질소 1톤 당 요구되는 물의 양은 침출되거나 표면으로 흐르는 물에 유입되는 질소 양(ton/ton)과 자연 수계에서 최대로 허용되는 농도를 고려해 계산했다. 여기에서 질소의 일반적인 환경기준 농도는 10㎎/ℓ로 했다. 이 조건은 오염물 부하를 정화하기 위해 필요한 담수의 양을 계산하는 데 사용되었으나 배경농도의 경우 적절한 데이터가 부족해 그 값을 0으로 간주했다. 비료의 데이터는 FertiStat 데이터베이스(FAO, 2010c)를 사용했다.

표 II.6 발라돌리드 지역 사탕무의 물발자국(㎥/ton) 산정의 회색물 계산

Average fertilizer application rate*	Area	Total fertilizer applied	Nitrogen leaching or running off to water bodies 10%	max. conc.	Total $WF_{proc,grey}$ sugar beet	Production**	$WF_{proc,grey}$ sugar beet
kg/ha	ha	ton/year	ton/year	mg/l	10^6㎥/year	ton	m³/ton
178	1	0.2	0.02	10	0.002	81	22

* 출처: FertiStat (FAO, 2010c)
** 출처: MARM (2009), 기간 2000~2006

부록III

제품물발자국 산정: 발라돌리드 지역의 정제설탕

이 부록은 스페인 발라돌리드 지역에서 정제설탕 생산에 있어 소비되는 녹색 · 청색 · 회색 물발자국을 추정하는 방법의 예를 담고 있다.

만약 주요 작물이 제품으로 처리(예: 사탕무가 설탕으로 가공)된다면, 제품의 무게 감축이 있을 것이다. 왜냐하면 작물의 일부분만이 제품으로 만들어졌기 때문이다. 농작물의 물발자국은 한 제품에 포함된 성분비율에 따라 입력하는 제품의 물발자국을 나누어 계산한다. 제품 비율은 투입되는 제품의 기본 단위량에 기초한 산출 제품의 양으로 정의된다. FAO (2003), Chapagain과 Hoekstra (2004)의 정의에 따르면 다양한 작물 생산 비율은 각기 다른 원자재의 계통수 차이로부터 정의된다.

그림 III.1은 정제된 설탕의 제품 계통수를 제공한다. 원재료가 두 개 이상의 다른 제품으로 처리된 경우, 원재료의 물발자국은 각각의 생산품에 분배되어야 하며 원재료의 가치와 일정량 비례해야 한다. 공정(처리) 제품 에 대한 가치의 비율은 생산제품이 지닌 시장가치 대비 원재료에서 얻은 종합적 시장가치 간의 비율로 정의된다. 처리하는 동안 물을 사용한 경우 물사용은 원 제품의 물발자국 값에 추가된다. 자연 상태의 사탕무에는 설탕이 포함되어 있다. 설탕 생산공정에서 설탕이 사탕무에서 추출되고 굵은 입자로 정제된다. 사탕무 수확은 9월 중순에 시작되며 대부분 운송차량으로 이동된다. 운반된 사탕무는 공장에서 세척과정을 거치게 되고 여기에 사용된 물은 재사용을 위해 정수장 청소에 사용된다. 제거된 토양 잔해는 저장고에 보관되거나 일부는 배수구에 버려진다. 세척이 끝난 사탕무는 적절한 크기

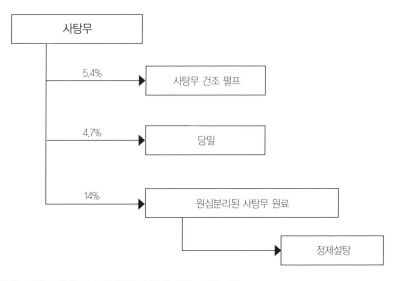

그림 Ⅲ.1 생산 비율을 포함한 정제설탕(사탕무 원료) 생산 다이어그램 출처: FAO (2003)

다이어그램 내용:
- 사탕무
- 5.4% → 사탕무 건조 펄프
- 4.7% → 당밀
- 14% → 원심분리된 사탕무 원료 → 정제설탕

로 가공되며, 절단된 사탕무에 있는 설탕은 따뜻한 물에 넣어 확산시켜 분리한다. 이런 방법으로 설탕 농도 14%인 주스 원액이 만들어진다(FAO, 2003). 이것은 가공 전 사탕무의 양과 거의 같다. 설탕이 정제되고 남은 사탕무, 즉 펄프는 압축, 건조해 동물사료로 판매한다.

다음 생산공정은 주스 원액의 정화다. 이를 통해 석회와 이산화탄소가 함유된 묽은 주스로 정제된다. 생산공정에서 석회와 이산화탄소가 생성되며, 석회는 이산화탄소가 가해짐에 따라 불순물을 흡수한다. 이렇게 생겨난 고체 물질들은 필터링을 통해 제거된다. 제거된 물질은 토양의 체질을 개선하는 데 이용하는 고성능 자연 석회비료로 사용되며 Betacal SU라는 상품명으로 판매된다. 수분 증발을 통해 묽은 주스는 약 70% 수준의 당도를 지닌 진한 주스가 되며, 이 과정에서 진공 팬을 통해 많은 물이 증발한다. 이후 최종 설탕을 얻기 위해 고급 설탕 결정화 과정을 거친다. 물이 계속 증발해 적정한 크기의 설탕 결정체가 만들어진다. 맑고 투명한 설탕 결정은 원심분리기를 통해 액체상(시럽)으로 분리되며, 건조 과정을 거쳐 저장고에 저장된다. 당밀(molasses)이라 불리는 시럽은 알코올 생산을 위한 원료로도 사용된다.

설탕산업의 공정은 그림 Ⅲ.1과 같은 생산 다이어그램으로 표현된다. 사탕무 펄프는 건조시킨 후 우유와 고기 생산을 위한 농가에 사료 원료로 판매되며 암퇘지 생산을 위한 농장에서도 이용된다. 이 펄프를 사료로 사용한 암퇘지는 일반 사료를 먹은 암퇘지보다 낮은 수준의 암모니아를 배출해 환경문제에 긍정적인 영향을 끼친다. 사탕무 펄프를 사료로 사용해

돼지의 살을 찌우는 긍정적인 결과를 실험을 통해 얻었다. 당밀은 알코올 산업과 낙농업 쪽에 판매된다.

앞에서 설명한 공정과정에서 물사용은 최대한 제한된다. 설탕공장은 원료인 사탕무와 물을 사용하며, 이 물은 증발과 응축 공정을 통해 제거된다. 사탕무는 물을 75% 이상 함유하고 있어 설탕 생산공정 동안 물 과잉이 발생할 수 있다. 정화에 사용한 물은 배수구로 버려지고 사탕무 세척을 통해 유기물질도 제거되어 정화된다. 호기성 정화 외에 혐기성 정화에서 발생하는 메탄가스는 내구성이 좋은 바이오가스를 생산한다.

정제 공정을 마친 설탕의 물발자국은 녹색, 청색, 회색으로 구분해 추정할 수 있으며 이것은 두 가지 단계, 즉 중간 단계의 사탕무와 정제된 설탕으로 이루어진다.

첫째, 사탕무 원료의 청색물발자국은 다음 방정식으로 구할 수 있다.

$$WF_{prod}[p] = \left(WF_{proc}[p] + \sum_{i=1}^{y} \frac{WF_{prod}[i]}{f_p[p,i]} \right) \times f_v[p] \quad \text{[volume/mass]} \tag{68}$$

공정상의 물발자국($WF_{prod}[p]$)은 0 이상이다. 발라돌리드 지역에서 생산되어 사용된 원재료 사탕무의 청색물발자국($WF_{prod}[i]$)은 82㎥/ton이다(부록II). 설탕 생산 다이어그램에 있어 제품의 상대적 비율($f_p[p,i]$)은 0.14ton/ton이다. 그리고 0.89 US$/US$ 값의 가치 분율($f_v[p]$)은 다음과 같이 계산된다.

$$f_v[p] = \frac{price[p] \times w[p]}{\sum_{p=1}^{z} \left(price[p] \times w[p] \right)} \quad [-] \tag{69}$$

$$f_v[p] = \frac{price_{rawcentr.beetsugar} \times weight_{rawcentr.beetsugar}}{price_{drybeetpulp} \times w_{drybeetpulp} + price_{molasses} \times w_{molasses} + price_{rawcentr.beetsugar} \times w_{rawcentr.beetsugar}} \quad [-] \tag{70}$$

대체로 원심 분리된 사탕무 원료의 총 청색물발자국은 524㎥/ton에 이른다.

두 번째 단계로 정제된 설탕의 청색물발자국을 계산할 때도 마찬가지로 공정의 물발자국

값은 0으로 동일하다. 이 과정에서 사용되는 원심분리된 사탕무의 청색물발자국($WF_{prod}[i]$)은 524㎥/ton이다. 설탕 생산 다이어그램의 제품 분율($f_p[p, i]$)은 0.92ton/ton이고 가치 분율($f_v[p]$)은 1US$/US$인데 이는 하나의 생산제품만이 발생하기 때문이다. 결국 발라돌리드 지역에서 생산된 설탕의 청색물발자국은 570㎥/ton이 된다. 녹색과 회색물발자국도 같은 방법으로 계산된다(표 Ⅲ.1).

표 Ⅲ.1 발라돌리드 지역 사탕무의 녹색 · 청색 · 회색물발자국(㎥/ton)

Process water footprint of sugar beet crop (㎥/ton)				Product water footprint of refined sugar (㎥/ton)			
$WF_{proc,green}$	$WF_{proc,blue}$	$WF_{proc,grey}$	WF_{total}	$WF_{proc,green}$	$WF_{proc,blue}$	$WF_{proc,grey}$	WF_{total}
15	82	22	120	107	570	152	829

회색물발자국 산정 예제

예제1: 점오염원의 회색물발자국

아래 도식과 같이 묘사된 경우의 물사용 공정을 고려해 보자. 이 경우 취수되는 양은 0.10 ㎥/s이며 공정과정을 거쳐 방출되는 유량은 취수량보다 조금 적은 0.09㎥/s인데, 이는 공정과정에서 증발되는 물이 발생하기 때문이다. 특정 화학 물질의 자연 상태 배경농도(c_{nat})는 0.5g/㎥이지만, 취수원에서의 실제농도(c_{act})는 상류역에서의 활동 영향으로 인해 1g/㎥이다. 방출수의 화학 물질 농도(c_{effl})는 15g/㎥이며 수계에서 최대 한계 허용농도(c_{max})는 10g/㎥이다. 이 공정을 통해 담수에 부가되는 오염부하는 0.09 × 15 − 0.1 × 1로 계산되며 그 값은 1.25g/s가 된다. 따라서 이 과정에서 발생하는 회색물발자국은 1.25/(10 − 0.5) = 0.13㎥/s가 된다.

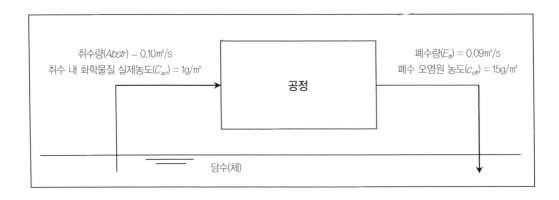

위의 예에서 유출수의 오염농도는 자연 상태의 최대 허용농도보다 크다. 환경에 미치는 영향을 정확히 가늠할 수 없는 공정 관리자는 유출수 농도가 최대 허용농도와 같게 되도록 유출수를 희석하게 된다. 이러한 경우 취수원의 용량은 $0.10㎥/s$에서 $0.15㎥/s$로 증가하고 방출량은 점점 $0.14㎥/s$에 가까워지게 된다. 이는 공정 중에 증발로 인한 감소가 있기 때문이다. 결국 유출수의 화학 물질 농도는 $10g/㎥$ 수준으로 희석되며 담수 수계의 부하는 이전과 동일하게 유지된다($0.14 × 10 − 0.15 × 1 = 1.25g/s$). 회색물발자국도 마찬가지로 같은 값을 지니게 된다($1.25 / (10 − 0.5) = 0.13㎥/s$). 이러한 경우 공정 관리자는 유출수의 농도가 유출 허용 기준 아래로 내려간 것을 확인할 수 있지만 회색물발자국의 부하는 여전히 이전과 같다는 것을 알지 못한다.

끝으로, 취수원 농도를 $0.10㎥/s$로 하기 위해 추가적인 취수를 중단하기로 결정하고 그 대신 방류하기 전에 폐수를 처리할 수 있다. 이 경우 폐수처리를 통해 유출수의 화학물질이 상당 부분 제거된다. 유출수를 $0.09㎥/s$로 유지하기 위해 폐수처리 동안 증발이 없도록 설계되었다면 유출수 내 화학물질의 농도(c_{effl})는 $15g/㎥$에서 $2g/㎥$로 감소될 수 있다. 이렇게 되면 담수 수계의 처리 부하는 $0.08g/s$가 된다($0.09 × 2 − 0.1 × 1 = 0.08g/s$). 이러한 조건에서의 회색물발자국은 $0.08 / (10 − 0.5)$로 계산되어 그 값은 $0.0084㎥/s$으로 감소한다. 그러나 유출수의 화학 물질 농도는 담수 수계에 최대 허용농도 이하이더라도 회색물발자국은 0이 아니다. 그 이유는 유출수의 농도가 여전히 자연 수계의 배경농도보다 높기 때문이다. 따라서 공정은 자연수계의 자연정화 능력에 여전히 의존하게 된다.

예제2: 다른 공간역 간 수질오염수준 계산

아래 도식과 같이 세 개의 소집수역으로 구성된 집수역의 경우를 고려해 보자. 상류역에 위치한 소집수역 두 곳의 물은 세 번째 소집수역으로 모이게 된다. 도식에 의하면 각각의 소집수역에는 한 달에 특정 화학 물질 부하 2,000kg이 발생한다. 이때 수체에서 특정 물질의 배경농도가 0이고 최대 허용농도가 $0.01kg/㎥$의 조건이라면 각 소집수역의 월간 회색물발자국은 $200,000㎥$ ($2000 / (0.01−0)$)로 동일하게 설정된다. 소집수역 1의 월간 유출수량은 $1,000,000㎥$이고 소집수역 2는 $200,000㎥$, 소집수역 3은 $800,000㎥$이다. 이 집수역의 물 체류시간이 낮다면 한 달간 집수역의 유출수는 3곳의 소집수역 유출량의 합과 같게 된다($2,000,000㎥$). 각 한 달 동안의 소집수역별 '수질오염수준'은 회색물발자국과 유출수 양 간의 비율(회색물발자

국: 유출수량)로 계산되는데, 이 경우 소집수역 2의 수질오염수준은 1이다. 이것은 이 소집수역의 수질정화 능력이 완전히 소비된다는 것을 의미한다. 나머지 2개 소집수역의 오염수준은 그림에서 보는 바와 같이 다르며, 전체 집수역에서의 수질오염수준은 0.3이다. 이는 오염원이 불균형적으로 분포하는 집수역에서는 분석의 수준이 충분히 높을 경우에 한해 핫스팟의 구분이 분명해 질 수 있음을 보여준다.

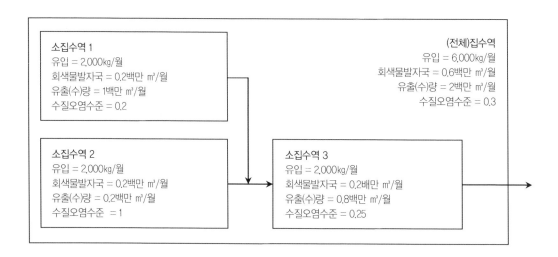

위의 예는 회색물발자국이 집수역의 마지막 지점에서 부과되는 오염물질에 기준하지 않고 수체로 유입되는 각각의 지점에서 측정되어야 하는 이유를 설명하는 근거로 활용될 수 있다. 다음 3가지 경우를 가정해 결과를 고려한 예를 살펴보자.

우선, 소집수역 1에서 오염부하가 발생해 소집수역 3으로 유입되고, 하천의 생화학적 작용으로 일부 분해되어 총 부하의 80%가 오염물질로 배출되며, 두 번째로 소집수역 2에도 같은 양의 오염부하가 발생해, 소집수역 3으로 오염부하의 90%가 유입된다고 가정하면 강 하류 지점에 나타나는 오염부하는 5,000kg이 된다. 이는 집수역에 유입된 오염부하량 6,000kg보다 적다. 만약 집수역 전체에 유입되는 오염부하 대신에 하류 지점에서의 오염부하에 기초해 회색물발자국이나 수질오염수준을 계산한다면 잘못된 정보를 제공하게 된다.

위의 예를 조금 변경하면 이러한 결과는 보다 분명해진다. 예를 들어 소집수역 1~3의 오염부하가 각각 10,000, 2,000, 8,000kg/월 이라고 가정하면, 이것은 모든 소집수역의 수질오염수준이 1에 이른다는 것을 의미한다. 만약 이것이 각 소집수역에서 일어나는 경우라면 이 또한 전체 집수역에서도 가능한 경우여야 한다. 그러나 소집수역 3의 유출되는 오염부하는 0.8 ×

(10,000 + 2,000) + 0.9 × 8,000 = 16,800kg/월로 그 차이가 발생한다. 이는 집수역 전체의 수질 오염수준을 최종 유출 지점에서의 오염부하로 계산할 경우 전체 오염수준의 0.84배로 산출하는 오류를 범할 수 있음을 보여준다.

환경유량요건

물발자국 프레임 워크에서 환경유량요건 기준에 대한 논의는 매우 중요하다. 2007년 호주 브리즈번에서 개최된 제10차 국제 강 심포지엄과 환경유량 컨퍼런스에서 정의된 환경유량 요건은 '담수역과 하구역 생태계 및 이에 의존하는 인류의 삶과 복리를 유지하기 위해 요구되는 유량, 시기, 수질'이다(Poff 등, 2010).

하천유량에서 소비되는 청색물발자국의 환경적 영향을 고려함에 있어서 해당 집수역의 환경유량요건을 이해하는 것이 매우 중요하다. 이 부록에서는 환경물의 흐름에 있어 환경적으로 요구되는 유량과 시기에 초점을 둔다. 양적 측면에서 볼 때 집수역의 자연적인 유량(R_{nat})에서 환경유량요건(EFR)을 뺀 값이 인간이 사용할 수 있는 양이 된다. 즉, 청색물가용성(WA_{blue})은 다음과 같이 정의 된다.

$$WA_{blue} = R_{nat} - EFR \quad \text{[volume/time]} \tag{71}$$

집수역 내의 청색물발자국(WF_{blue})은 청색물가용성(WA_{blue})과 비교가 필요하다. 청색물발자국이 청색물가용성에 이르거나 초과할 경우 문제가 발생할 수 있다. 자연적인 유량은 실제 유량와 청색물발자국의 합으로 추정할 수 있다. 우리는 전 세계 많은 집수역의 유량을 알고 있기 때문에 경험적 데이터가 없을 경우 모델을 이용한 추정이 가능하다. 시간 데이터가 일 단위로 필요하지만 일반적으로는 최소한 월 단위 유출량 데이터를 이용할 수 있다. 대부분의 물발자국 데이터는 연간 자료를 기초로 제시되지만, 관개 물사용량 계산은 1~10일 단위에 기초해 계산되기 때문에 이러한 데이터는 일정 시간 동안의 정보를 제공한다. 청색물발자국과 청색물가용성의 비교는 연 단위로 수행되지만, 1년 동안 실제로 나타난 정보를 알기에는 부족한 것이 사실이다. 그래서 보다 나은 비교를 위해서는 월 단위에 기초하는 것이 바람직하다.

많은 문헌들은 특정 집수역에 환경유량요건(EFR)을 확립하는 것은 정교한 작업이라는 결론을 적시하고 있다. 그러므로 단순하고 일반적이며 쉬운 방법을 통해 EFR을 추정해 세계 임의의 집수역 내 청색물발자국의 환경적 영향을 평가한다는 것은 관심 가질 만한 내용이다. 환경유량요건에 대한 다양한 연구가 유용한 방법, 지침과 예제를 제공하지만 단순한 규칙과 기존의 사용 가능한 데이터를 기반으로 전 세계적 환경유량요건에 대한 연구는 Smakhtin 등 (2004)의 연구가 유일하다. 이 연구의 장점은 많은 실무자들이 원하는 것(쉬운 방법, 명확한 수치, 세계적 범위)을 제공한다는 것이고, Smakhtin 지도는 많은 사업 보고서와 발표자료에 특징적으로 사용된다는 점이다. 그럼에도 불구하고 EFR의 월 단위가 아닌 연간 자료를 사용하고 있어 많은 전문가들이 계산 방식과 매개변수 그리고 이를 근거로 추정된 EFR 결과에 동의하지 않는다는 단점을 지니고 있다. Arthington 등 (2006)에 따르면, Smakhtin 방식은 환경유량요건을 크게 과소평가한 것으로 나타났다.

보다 쉽게 사용할 수 있는 데이터와 세계적으로 적용 가능한 방법에 이르는 방안은 보다 짧은 시간적 단위를 사용하되 연중 변화를 충분히 반영하는 집수역의 환경유량요건을 설정하는 것이다. 이런 방법으로 구한 추정값은 다른 진보된 방법이 없는 한 EFR 기본값으로 사용할 수 있다. 이러한 단순하고 일반적인 방법으로 추정된 초기값은 보다 진보된 방법으로 추정된 값이 가능할 경우 언제든지 대체될 수 있다는 것이 전제되어야 한다. 이러한 실용적 목표를 위해 우리는 환경유량요건의 구축을 위한 ELOHA 체계를 사용할 수 있을 것으로 보며, 이것은 아마도 세계 최고의 전문가들에 의해 제안될 고급화된 방법일 것이다(Poff 등, 2010). 많은 비용과 노동 집약적으로 준비 중인 이 작업을 통해 몇 년 이내로 전 세계적으로 적용 가능한 새로운 EFR 추정치를 사용할 수 있을 것이다. 그때까지 당분간은 환경유량요건을 설정함에 있어 다음과 같은 간단하며 일반적인 규칙의 사용을 제안한다.

1. 연중 각 월에 적용하는 데 있어 개발 상태에서의 평균 월간 유량은 미개발 상태에서 발생하는 월 평균 유량의 ± 20% 범위로 설정하고
2. 연중 각 월에 적용하는 데 있어 기저유량은 미개발 상태에서 발생하는 월 평균 기저유량의 ± 20% 범위로 정한다.

월 평균 유량은 하천유량 측정을 통해 이용하거나 모델 추정값을 사용할 수 있다. 하천에 유입되는 지하수의 양을 의미하는 기저유량은 10년간 하천유량에 기초해 추정할 수 있다. 보다 상세한 자료를 만들고자 한다면 하천유역 변경수준(levels of river basin modification)을 구분할 것을 제안한다. 개발 상태와 미개발 상태의 월평균 유량 편차(Δ)를 참고해 다음 체계를 적용할 수 있다.

$\Delta \langle \pm 20\%$	변경되지 않았거나 또는 약간 변경	A등급
$\pm 20\% \langle \Delta \langle \pm 30\%$	중간 정도 수준으로 변경	B등급
$\pm 20\% \langle \Delta \langle \pm 40\%$	많이 변경된 수준	C등급
$\Delta \rangle \pm 40\%$	심각하게 변경	D등급

현재 얼마나 많은 유역들이 위 4가지 범주로 분류되는가? 댐이 설치되지 않은 하천의 대부분은 A등급으로 분류되며 댐의 영향을 받는 하천이나 강은 B~D등급으로 분류될 것이다. 20% 규칙은 '사전예방적 기본 *EFR*'로 간주된다. 위의 등급 간 경계는 '잠재적 우려에 대한 역치'라 불리는데 이는 위의 경계가 결정적이라기보다는 이러한 경계가 있다는 사실을 보여주는 것이라 할 수 있다.

EFR 수립을 위한 적절한 공간 규모를 집수역 수준이라 한다. 강 유역 수준에서 *EFR*은 강 유역을 구성하는 각 집수역의 *EFR* 값의 합으로 추정될 수 있다. 집수역 수준에서 *EFR*이 가장 적절히 추론될 때, 이상적인 물발자국이 설정된다. 하지만 지리정보시스템(GIS)을 사용해 공간 명시적 방법으로 만들어진다면 이 경우보다 더 정확한 물발자국을 얻을 수 있다.

강에서 환경유량요건을 충족하지 못하는 연간 평균 월수와 환경유량요건을 위배하는 정도를 고려해 청색물발자국의 지역적 영향을 계량화해야 한다. 이는 환경유량요건을 위배하는 데 작용한 실질적인 활동으로 유발된 청색물발자국의 합에 의한 것이기 때문으로, 우리는 고려할 수 있는 활동들의 상대적 작용 정도를 검토해야 한다.

위에서 언급한 단순한 방법은 몇몇 수자원 전문가들로부터 얻은 초기적 사고에 기반을 두고 있다(Jay O'Keeffe, UNF.SCOIHE; Brian Richter, TNC; Stuart Orr, WWF; Arjen Hoekstra, University of Twente 등과의 개별적 교신). 단순하고 일반화된 방법은 비판 받을 수 있고, 다양한 이해관계를 충족하고 복잡계를 단순한 규칙으로 만들기 위한 과학적 난이성이 있음을 고려할 때, 보다 많은 전문가 그룹의 지원과 합의를 통해 *EFR* 표준을 설정할 필요가 있다. 청색물소비의 영향을 평가하고 계산하는 데 환경유량요건의 정량화가 필수적이기 때문이다.

부록VI

자주 묻는 질문

현실적인 질문

1. 왜 물발자국을 고려해야 하는가?

민물(담수)은 제한된 자원이다. 1년간 쓸 수 있는 양은 제한되어 있지만 그 수요는 증가하고 있다. 인류의 물발자국은 몇몇 지역에서 지속가능한 범위를 넘어섰으며, 물수요자들에게 공평하게 분배되지 못하는 실정이다. 지역과 기업의 물발자국에 관한 좋은 정보가 있으면 민물을 보다 지속가능하고 공평하게 얻을 수 있는 방법을 찾는 데 도움이 될 것이다.

세계 여러 나라에서는 심각한 물 기근 및 오염 사태를 겪고 있다. 강이 말라가고, 호수와 지하수 수위가 내려가고 있으며 이에 따라 오염된 물이 생물종까지 위협하고 있다. 물발자국 연구를 통해 일상적인 상품 소비와 상품이 생산되는 장소에서 벌어지는 물 고갈 및 오염 사이의 상관관계를 알게 된다. 상품 대부분은 크든 작든 물발자국을 남기며, 그것은 그 상품을 사는 소비자, 생산자 등 상품 유통 과정 전반에 관련되어 있다.

2. 왜 기업은 물발자국을 염두에 두어야 하는가?

첫째, 기업의 사회적 책임이라는 차원에서 환경적 경각심과 전략은 사업의 일부분이 되는 경우가 많다. 물발자국을 줄이는 것은 탄소발자국을 줄이는 것과 마찬가지로 사업상의 환경 전략 중 하나다. 둘째, 많은 기업들은 공정이나 유통 과정에서 물부족과 관련한 어려움을 실제로 겪고 있다. 안정적인 물공급은 주류업에 필수적이며 목화밭에 안정적으로 물을 공급하지 않으면 청바지 공장을 운영할 수가 없다. 셋째, 물발자국을 계산하고 기업의 물발자국을 줄이기 위해 공식적인 수단을 쓰는 까닭은 정부의 규제가 예상되기 때문이다. 현 단계에서 정부가 어떻게 나올지 확실히 알 수는 없지만, 분명한 것은 정부가 몇몇 분야에서 규제 조치를 취할 것이라는 점이다. 마지막으로 기업은 물발자국 전략을 기업 이미지 증진이나 브랜드 홍보를 위한 수단으로 활용할 수 있다.

3. 소비자들은 물발자국을 줄이기 위해 무엇을 할 수 있는가?

집에서 물을 사용할 때 물발자국을 줄일 수 있는 직접적인 방법이 있다. 물 절약형 변기나 샤워기를 사용하고, 이를 닦을 때 수도꼭지를 잠그며 화단에 물을 적게 주고 약이나 페인트 등 공해 물질들을 싱크대에 덜 버리면 된다. 간접적인 방법은 직접적인 방법보다 훨씬 광범위하다. 보통 두 가지 방법이 있다. 첫 번째는 물발자국을 많이 발생시키는 제품 대신에 물발자국을 덜 유발하는 제품으로 바꿔 쓰는 것이다. 예를 들어 고기를 덜 먹고 채식을 늘린다든지 커피 대신 차를 마신다든지 혹은 그냥 맹물을 마시는 것이다. 면직물보다는 인조섬유로 된 옷을 입는 것도 물을 절약하는 방법이다. 하지만 이런 접근은 부족함이 있다. 많은 사람들이 육식에서 채식으로 쉽사리 바꾸지 못하며, 커피나 면직물을 무척 좋아하기 때문이다. 두 번째 방법은 기존의 소비패턴을 유지하는 대신에 물발자국이 적게 나오거나 물이 부족하지 않은 지역에서 생산된 면, 고기, 커피를 선택하는 것이다. 하지만 이 경우 소비자들에게는 선택을 위한 적합한 정보가 있어야 한다. 이러한 정보가 현실적으로 부족하기 때문에 소비자들은 생산과정의 투명성과 정부 규제를 중요하게 여긴다. 특정 품목이 물 시스템에 어떤 영향을 주는지 잘 알 수 있다면 소비자들은 제품을 살 때 적합한 선택을 할 수 있을 것이다.

4. 산업계에서 물발자국을 줄이기 위해 무엇을 해야 하는가?

산업 공정에서 물발자국을 줄이면 수질오염을 최소화할 수 있다. 여기서 키워드는 쓰지 않기, 줄이기, 재활용, 그리고 버리기 전에 처리하는 것으로 압축된다. 하지만 대부분의 경우 공정상의 물발자국 생성보다 유통 과정에서의 물발자국 생성이 훨씬 크다. 유통 과정에서의 개선은 직접 컨트롤할 수 없기 때문에 더 어려운 것이 사실이다. 기업에서는 기준을 세워서 공급자들과 특정한 계약을 맺거나 공급자를 교체하는 것으로 유통 과정에서의 물발자국을 줄일 수 있다. 대부분의 경우 이것은 전 사업 모델이 통합되거나 더 나은 유통망으로 개선해 소비자에게 전해지는 모든 유통 과정을 최대로 투명하게 만드는 것이기 때문에 중대한 의미를 갖는다. 많은 대안과 보완책 중에서 투명성을 높이는 길은 다음과 같다. 물발자국을 양적으로 줄이도록 설정한다든지, 벤치마킹, 제품 라벨링이나 보증을 거치며 물발자국 보고서를 작성하는 것이다.

5. 정부기관에서 국가적인 규모로 물발자국을 산정해야 하는 이유는?

전통적으로 국가는 물수요자들의 요구를 충족시켜주기 위해 국가 물관리 계획을 공식화한다. 그러나 최근 많은 국가들이 물수요를 줄이거나 공급을 늘리기 위한 방안을 강구한다 하더라도 그들이 세계적인 물부족 현상을 고민하는 것은 아니다. 또한 국가들은 물 집약적인 제품을 수입해 자국 내 물사용을 줄이려 하지도 않는다. 게다가 국가는 자기 영역 내의 물사용에만 관심을 가지며 국가적 소비 측면에서의 지속가능성에도 무관심하다. 사실 많은 나라에서는 제품 생산 국가에서의 물 부족이나 오염에 대해서는 고려하지 않고 물발자국을 표시한다. 정부는 소비 제품의 지속가능성을 염두에 두고 소비자와 생산자를 연결해야 하며 또 그렇게 할 수 있다. 국가물발자국 회계는 국가 물 통계에 있어 기본 요소가 되어야 하며 국가 공식 물 계획과 하천유역 계획을 제정하는 데 기초가 되어야 한다. 그리고 이것은 환경, 농업, 산업, 에너지, 무역, 외교, 국제협력 등과 마찬가지로 국가 정책과 조응하는 것이 된다.

6. 나의 물발자국이 지속가능한 상태는 무엇인가?

(i) 세계 전체적인 측면에서 소비자로서 당신의 물발자국이 당신 몫보다 적을 때 (ii) 당신의 물발자국 전체 중 어느 부분도 물부족 지역에 위치하지 않을 때 (iii) 당신의 물발자국 전체 중 어느 부분도 줄일 수 없거나 합리적, 사회적 비용을 써서 모두 제거할 수 없을 때까지를 지속가능한 범위라 할 수 있다.

7. 어떻게 하면 내가 물발자국을 벌충(상쇄)할 수 있나?

이 질문은 보통 탄소 절감 개념과 친숙한 사람들이 제기한다. 탄소의 경우 저감 조치가 어느 곳에서 발생하는지와 상관없이, 다른 곳에서 이산화탄소 배출을 저감하거나 탄소 제거에 기여한 경우, 자신의 이산화탄소 배출을 벌충(상쇄)할 수 있다. 물의 경우는 이와 달라서 특정 장소에서의 물 부족이나 오염을 다른 장소에서의 조치로 갚을 수가 없다. 그래서 그 사람 자신의 물발자국을 줄이는 것이 관건이며, 물발자국 문제를 유발하는 시간과 장소가 문제가 된다. 우리가 할 수 있는 것은 직접적이건 간접적이건, 스스로의 물발자국을 줄일 수 있는 '합리적인 가능성'이 전부다. 이것은 생산자나 소비자 모두에 해당된다. 단지 차선책으로 물발자국을 줄이기 위한 노력을 다 해보고 나서 벌충을 생각해 볼 수는 있다. 이것은 남은 물발자국이 있는 수원에서 지속가능하고 공평하며, 효율적인 물사용에 목표를 두고 입안된 프로젝트에 있어 합리적인 투자가 이루어진 경우를 말하는 것이다. '합리적 가능성', '합리적 투자'라는 용어는 사회적 동의가 가능한 범위에서 좀 더 양적인 사양을 요하는 표준 요소를 포함하는 말이다.

8. 나는 벌써 물 비용을 부담했는데, 그것으로 충분치 않은가?

보통 물은 실제로 경제적인 비용보다 훨씬 싸게 책정된다. 대부분의 정부에서는 댐, 운하, 배수로, 하수처리와 같은 인프라에 대규모로 투자할 때 보조해 준다. 이러한 비용은 보통 물사용자들에게 부과하지 않는다. 결과적으로 물사용자들이 물을 절약하는 데에 충분한 경제적 동기가 주어지지 않게 된다. 게다가 물의 공적인 특성상, 물부족은 보통 물로 생산되는 재화와 용역의 가격에 있어 추가적인 일부분으로서 치환되지 않는 경향이 있다. 이것은 사적인 재화의 경우와는 다르다. 마지막으로 물사용자들은 하류 쪽 사람들이나 생태계에 나쁜 영향을 준 부분에 대해 제대로 대가를 치르지 않는다.

9. 우리는 왜 녹색물발자국을 줄여야 하는가?

비를 공짜라고 생각하는 사람들이 있다. 만약 인류가 자연 상태의 물을 요리, 섬유, 목재, 바이오에너지를 생산하는 데 사용하지 않으면, 그것은 어쨌거나 증발하고 말 것이다. 하지만 자연적인 물발자국을 줄여야 하는 합리적인 이유가 두 가지 있다. 먼저 비는 저절로 내리지만 무제한적이지는 않다는 사실이다. 사실 청색물 만큼이나 녹색물 또한 제한된 자원이며 특정 장소나 1년 중 특정 시기에 있어서는 더욱 그러하다. 어떤 강 유역이든 땅의 일부분은 자연을 위해 보존되어야 하며, 이에 따라 자연히 일정 정도의 민물은 농사에 쓰지 말아야 한다. 민물이 부족한 집수역에서는 민물의 생산성을 증대하는 것(다른 말로, 민물의 발자국을 줄이는 것)이 민물이 부족한 상태에서 최적의 생산을 얻기 위해 필수석이다. 두 번째 이유는 일반 민물 자원에 기초한 증가된 생산성은 음용수 자원에 의한 물품의 수요를 줄인다는 점이다. 이것은 민물이 풍부한 곳에서도 마찬가지로 민물의 발자국을 줄여야 하는 이유가 된다. 비가 풍족한 지역에서 빗물을 더 효율적으로 사용하면 빗물에 의존한 제품의 세계적 생산을 증대시키게 될 것이다. 또한 이것은 물부족 지역에서 관개에 의한 제품 생산의 필요성을 줄인다.

10. 우리는 왜 강수량이 풍부한 지역에서도 청색물발자국을 줄여야 하는가?

얼핏 생각하면 청색물이 부족한 지역에서만 청색물발자국을 줄이는 것이 긴요해 보인다. 하지만 물이 부족한 지역에만 초점을 맞추는 것은 부적절하다. 물이 풍부한 지역에서 물을 비효율적으로 사용한다는 것은 단위 당 생산제품의 물사용이 증가될 수 있다는 뜻이며, 물이 풍족한 지역에서의 물 집약적 재화의 생산을 증대시켜 물부족 지역에서 동일 제품의 생산을 줄일 수 있음을 함축하는 것이다. 물이 풍족한 지역에서의 단위제품 당 물발자국이 줄어들게 되면 물부족 지역에서의 전체 물발자국을 줄일 수 있는 가능성에 기여하게 된다.

물풍족 지역에서 물발자국을 줄여야 하는 또 다른 이유는, 그것을 다른 목적으로 사용할 수 있는 여지를 남기기 때문이다. 육류, 바이오에너지, 화훼와 같이 물 집약적이거나 사치품의 물발자국은 물이 풍족하거나 환경적으로 물 필요량이 충족되는 지역에서 집중적으로 생성될 수 있다. 그러나 세계적인 의미로 봤을 때 이러한 물발자국은 기본적 식량 수요를 충족하기 위한 곡물 재배와 같은 기타 목적으로 할당될 수 있는 물이 더욱 줄어들게 되는 것을 의미한다. 물이 풍족한 지역에서 특정 생산품의 물발자국을 줄이는 것은 그 제품을 더 많이 생산할 수 있는 가능성을 부여하며, 다른 제품을 위해 물을 쓸 수 있게도 되는 것이다.

11. 물발자국 저감의 합리적 목표는 무엇인가?

이 질문에 대한 일반적인 답은 없다. 왜냐하면 제품, 기술력, 지역적 상황 등에 따라 목표가 달라지기 때문이다. 게다가 기준적인 요소를 포함하는 그 질문을 생각하면 곧 정치사회적인 맥락에서 대답할 필요성이 생긴다. 그렇지만 몇 가지 기본적인 것은 있다.

무엇보다 우리는 녹색·청색·회색물발자국의 저감 목표가 각각 다르다는 점을 알아야 한다. 회색물발자국은 수질오염에 관계되는 것으로 장기적인 관점에서 보면 모든 제품에서 완전한 소멸을 추구할 수 있다. 오염은 필수가 아니다. 회색물발자국을 제거하는 것은 예방, 재활용, 처리에 의해 가능하다. 다만 냉각용으로 사용한 물의 열 오염(폐열)의 경우 완전히 제거하는 것이 어려운데, 이런 종류의 오염 또한 열을 흡수하는 것으로 상당수가 방지될 수 있다. 소모적인 물 손실을 줄이거나 청색물생산성을 끌어 올리고 빗물을 직접 농사에 활용하는 등의 방법으로 농업 재배 단계에서의 청색물발자국은 충분히 저감될 수 있다. 산업적인 단계에서 볼 때에도 마찬가지이며 이미 그렇게 되어 있다.

기술적인 면에서 볼 때, 산업은 물을 완전히 재사용하는 것이 가능하며 이로써 청색물발자국은 어디에서나 실제 제품 생산이 가능할 정도의 양까지 줄일 수 있게 된다. 우수한 생산자의 사례를 취해 특정 제품을 개발하는 것도 가능하다. 농업에서의 녹색물 자원을 더 효율적으로 사용해, 다른 말로 녹색물생산성을 높여, 녹색물발자국을 더욱 근본적으로 줄일 수 있다. 어느 한 지역에서 녹색물 자원에 기초한 생산성 향상은 다른 곳에서 청색물 자원을 필요로 하는 생산 수요를 줄이게 된다. 어떤 물발자국이든 저감 계획의 일반적인 기준은, 해당 장소, 해당 시간의 물수요를 교란하는 물발자국 압력을 회피하는 것이다. 물발자국 저감 전략의 마지막 원리는 물 자원의 공정한 배분에 대한 것이다. 이것은 특히 물사용이 많은 사용자에게 적용되는 물발자국 저감 노력이 될 것이다.

12. 물발자국은 탄소발자국과 비슷한가?

이 두 개념은 서로 훌륭한 조화를 이룬다. 탄소발자국은 기후변화를 가리키며, 물발자국은 물부족 이슈와 관련 있다. 양쪽 경우 모두 유통 과정과 관련 있지만 다른 점도 있다. 탄소 배출은 그것이 발생한 장소와는 상관없이 문제를 일으키는 데 반해 물발자국은 장소와 관련 있다. 한 장소에서의 탄소 배출은 다른 장소에서의 탄소 배출 저감 및 회피로 상쇄할 수 있지만 물은 그렇지 않다. 어떤 장소에서 물을 절약한다고 해서 다른 장소의 지역적 물사용에 반영되지는 않는다.

13. 민물은 바닷물을 담수화해서 얻을 수 있는데 왜 부족하다고 하는가?

바닷물을 담수화한 물은 제한된 용도로만 사용할 수 있다. 그것은 모든 목적에 맞는 적합한 수준의 물을 얻을 수 없어서가 아니고, 담수화할 때 에너지나 다른 부존자원이 필요하기 때문이다. 사실 담수화란 것은 에너지를 민물로 대체하는 방법이다. 만약 어떤 지역에서 담수 부족 문제가 에너지 문제보다 훨씬 중요하다면 담수를 선택할 수 있지만 그것을 일반적인 물부족 해결 목적으로 쓸 수는 없는 것이다. 게다가 에너지 문제를 떠나서 담수화는 여전히 비싸다. 마지막으로 바닷물은 해안지역에서만 쓸 수 있고 다른 지역에서 사용하려면 에너지 부담을 비롯해 추가적인 비용이 발생하게 된다.

14. 제품에 물 라벨을 표기해야 하는가?

물부족이나 오염과 관련된 지역에서는 특히 생산과정에서의 투명화가 매우 유용하다. 사실 관계를 대중들이 알게 되면 제품을 선택하기가 한결 쉽다. 라벨을 써서 정보를 제공하거나 인터넷에서 정보를 공유할 수 있다. 이것은 물에 큰 영향을 미치는 제품의 경우가 특히 그러하며, 면과 설탕이 여기에 포함된다. 소비자의 입장에서는 에너지, 공정 무역 같은 정보까지 포함해서 큰 라벨에 써 놓으면 훨씬 도움이 될 것이다. 이상적으로는, 모든 제품들이 엄격한 기준에 부합한다는 것을 믿을 수 있어서 라벨 따위가 필요 없는 세상이 좋다. 한 라벨에 해당 제품의 전체 물발자국을 표시할 수도 있을 텐데, 이것은 선택의 편리보다는 소비자들에게 각성을 일으키는 기능적인 효과가 있다.

좋은 제품을 선택하는 데 도움을 주기 위해서는 녹색, 청색, 회색 요소를 구분해야 하며 제품의 물발자국이 환경유량요건이나 주변수질기준 등에 부합하는지와 관련된 등급이 표시되어야 한다. 예를 들어, 전체 물발자국은 환경유량요건이나 주변수질기준에 부합하지만 세 요소 중 한 부분은 그 기준을 위반할 수도 있다. 결국 라벨이 인식 개선이나 제품 선택의 기반이 된다는 점에서 효과적이지만, 단지 제품 공급의 투명성을 위한 한 가지 방법에 불과하며, 제한된 정보만 실을 수 있기 때문에 한계가 있다. 게다가 실제 물발자국 저감은 라벨에 정보를 싣는다고 해서 달성되는 것은 아닐 것이다.

기술적인 질문들

1. 물발자국이란 무엇인가?

제품의 물발자국이란 물이 언제, 어디에서, 얼마나 소비되었고 오염되었는지, 생산과 유통 전반에 걸쳐 측정되는 경험적 지표다. 물발자국은 다차원적인 지표로, 그 양도 보여주면서 동시에 물사용의 형태(빗물, 지표수, 지하수, 오염된 물의 소비)도 명확히 하며, 그 장소와 시간까지 구체화한다. 개인·지역·사업적인 물발자국은 전체 물사용량으로 정의되며, 이 것은 개인이나 지역에서 소비되거나 기업에서 생산된 재화와 용역을 만들어내는 데 소비된다. 물발자국은 세계적으로 제한된 민물 자원을 인류가 얼마나 소비하는지 보여주며, 물 자원 배분을 토론하는 데 기초를 제공하고, 지속가능하며 공평하고 효율적인 물사용과 관련한 이슈를 제공한다. 게다가 물발자국은 저수 단계에서 재화와 용역의 영향을 토론하고, 이러한 영향을 저감시키기 위한 전략을 내는 데 기초 자료가 된다.

2. 물발자국에 있어 새로운 점은?

전통적으로 물사용의 통계는 물 재사용, 직접적인 물공급에 초점을 맞춘다. 물발자국 산정 방법의 범주는 훨씬 넓다. 먼저 물발자국은 직접, 간접 물사용 모두를 말하며 간접 사용은 상품 유통 과정에서 물이 사용된 것을 말한다. 따라서 물발자국은 최종 소비자와 중간 사업자, 유통업자와 제품 공급사슬 전체를 연결한다. 이것은 적절하다. 왜냐하면 보통 소비자의 직접 물사용은 간접 물사용에 비해 적고, 물 유통 전반과 비교하면 생산공정상의 물사용은 적기 때문이다. 그래서 소비자와 생산자의 실제 물 의존성 계획은 급격히 변할 수 있다. 물 소비의 측면(물 재사용과 반대 개념)에서 보면 물발자국 산정 방법이 사뭇 달라진 것이다. 이 경우 소비라는 것은 증발이나 제품에 포함되는 물 재사용까지 포함한다. 게다가 물발자국은 청색물(지하/지표수) 사용만 고려하는 것을 넘어 녹색물발자국(빗물 사용)이나 회색물발자국(오염된 물)까지 포함한다.

3. '물발자국'은 단순한 수식어인가?

'발자국'이란 용어는 보통 인간이 사용 가능한 자연자원(땅, 에너지, 물)을 적합하게 이용하는지에 대해 언급할 때 수식어로 사용된다. 하지만 '생태발자국', '탄소발자국'이라는 표현과 같이 '물발자국'이라는 표현은 수식어 이상의 의미를 지닌다. 물발자국 산정에서는 제품, 개인 소비자, 지역, 국가, 기업의 물발자국을 다양한 측정 변수와 계산 기법을 이용해 정밀히 계산하도록 한다. 이처럼 엄격한 계산 기법과 측정가능한 저감 목표를 사용했을 때 설득력 있는 효과를 얻을 수 있기 때문에 물발자국 개념을 상징적으로만 사용한다면 실망스럽다.

4. 물은 재생 가능한 자원이며 순환 과정 속에 있는데 뭐가 문제인가?

물은 재생 가능하지만 무제한적이지는 않다. 특정 기간의 강수량은 항상 어느 정도까지 제한되어 있다. 지하수를 채우는 물도 마찬가지고 강물도 마찬가지다. 빗물은 농업용수로 사용될 수 있으며 강과 대수층의 물은 관개용, 산업용, 가정용으로 쓸 수 있지만 역시 사용 가능한 양에는 한계가 있다. 특정 기간에 흐르는 것 이상으로 강물을 쓸 수 없으며, 장기적으로 보면, 보충되는 비율 이상으로 강과 지하수 물을 끌어 쓸 수 없다. 물발자국은 소비되거나 오염된, 사용 가능한 물의 양을 재는 것이다. 이런 점에서 그것은 인간이 쓸 수 있는 알맞은 양을 제시하며, 남는 것은 자연에 남겨져 야생의 생물이 성장하는 데 쓰인다. 지하수와 지표수는 인간을 위해 증발되거나 오염될 운명이 아니라 수생태계를 건강하게 유지하는 데 작용해야 한다.

5. 물발자국을 측정하는 데 논쟁거리가 있는가?

물발자국 산정법은 과학저널에 자세하게 게재되어 왔다. 게다가 특정한 상품, 개인 소비자, 지역, 사업, 조직의 물발자국 산정법을 어떻게 적용하는지에 대한 사례도 있다. 속된 관점에서 보면 물발자국의 정의와 계산에 관련한 논쟁이 있다. 하지만 매번 전에는 겪어보지 못했던 상황에서 그 개념을 적용하게 되며, 무엇이 포함되어야 하는지, 무엇이 제외되어야 하는지, 유통망이 적합하게 추적될 수 없는 경우에는 어떻게 처리해야 하는지, 회색물발자국을 적용하기 위한 수질기준은 어떤 것인지와 같은 새로운 질문이 생긴다. 따라서 토론은 이런 실질적 이슈를 어떻게 처리해야 하는지에 맞춰진다.

6. 녹색 · 청색 · 회색물발자국을 구분하는 이유는?

지구상의 민물 이용도는 해당 지역의 연 강수량에 따라 결정된다. 어떤 지역에서 강수는 증발하고 다른 지역에서는 대수층과 강을 통해 바다로 흘러간다. 증발과 흐름 모두 인간의 목적에 부합하는 생산성을 가질 수 있다. 증발은 작물의 생육이나 생태계를 유지하는 데 쓰인다. 녹색물발자국은 전체 증발의 어떤 부분이 실제로 인간의 목적에 부합하는지를 측정한다. 대수층이나 강을 통해 흘러가는 물은 모든 종류의 목적에 사용될 수 있으며, 관개, 세탁, 공정, 냉각 등이 이에 해당한다. 청색물발자국은 소비(재사용되고 증발되거나 제품 속에 사용되는 것)된 지하수나 지표수의 양을 측정한다. 회색물발자국은 인간에 의해 오염된 대수층이나 강의 유수량을 측정한다.

이런 방법으로 녹색 · 청색 · 회색물발자국은 서로 다른 물의 쓰임을 측정한다. 필요하다면, 더 세분화된 방법으로 물발자국을 구분할 수도 있다. 청색물발자국의 경우 지표수와 재사용 가능한 지하수, 사용 불가능한 지하수로 구분해 볼 수 있다. 회색물발자국의 경우 서로 다른 오염의 종류에 따라 구분할 수 있다.

7. 한 작물에 있어 전체 녹색물발자국을 연구해야 하는 이유는? 자연 상태의 식물에서 발생하는 증발을 연구하지 않는 이유는?

이것은 실제 지적하는 질문에 따라 다르다. 녹색물발자국은 전체 증발을 측정하며 제한된 가용량이라는 전제 하에서 물의 배분을 서로 다른 목적으로 할당하도록 간주하는 논의를 제기한다는 의미가 있다. 증발의 증가나 감소에 관한 정보는 수문학 및 잠재적인 하류 효과와 관련이 있다.

연구 결과를 보면, 작물은 때로 자연 상태의 식물(특히 급격한 성장기)에 비해 증발이 많지만, 때로는 감소하기도 한다(예를 들어 토양의 질 저하, 지상의 다른 생물). 많은 경우 이런 차이는 주목할 만큼 크지 않다. 증발의 변화는 집수 수문학의 관점이나 잠재적 하류 효과에서는 관심 사항이지만, 제한된 물 자원을 서로 다른 목적에 어떻게 배분하느냐에 대해서는 그렇지 않다. 물발자국은 후자에 맞춰져 있다. 녹색물발자국의 목적은 인간의 증발 흐름에 대한 적합성을 따지는 것이며, 녹색 · 회색물발자국 또한 지표를 흐르는 빗물을 인간이 적합하게 사용하는지에 목적이 맞춰져 있다. 녹색물발자국은 인간에게 적합하도록 증발되는 물의 양을 측정하는 것이며 자연에 맞는 개념이 아니다. 따라서 물발자국은 전체 물사용의 관점에서 작물의 비용을 표현하게 된다.

8. 엄청나게 많은 물을 한 가지 지표로 뭉뚱그리는 것은 너무 단순화하는 것 아닌가?

제품, 소비자, 생산자의 총화된 물발자국은 과정에서 소비되거나 오염되는 데 충당된 전체 물의 양을 보여준다. 그것은 대략적인 지표가 되므로, 경각심을 일깨우는 도구가 되기도 하며 대부분의 물이 어디에 소비되는지 알아내는 데 쓰이기도 한다. 물발자국은 하나의 총화된 수치로 나타나지만 사실 물사용 지표로서 다면적이며, 공간과 시간에 따른 물사용과 오염의 다른 양상들을 보여준다. 지속가능한 물사용 전략을 발전시키기 위해서는 종합 물발자국 지표에 더해 좀 더 세분화된 정보층을 갖출 필요가 있다.

9. 지역 영향에 따라 서로 다른 물발자국 가중치를 세워야 하지 않는가?

'측정 가중치'라는 개념은 참 매력적이다. 똑같은 양의 물이라도 모든 지역에 똑같은 영향을 주지는 않기 때문이다. 하지만 이런 접근법은 크게 세 가지 문제점이 있다. 먼저 가중치는 매우 가변적인데, 거기에는 매우 다른 요인(환경, 사회, 경제적)이 영향을 미치며 그것들을 쉽게 계량할 수 없기 때문이다. 둘째, 영향이란 것은 항상 지역적 맥락에 의존한다. 이것은 전 세계 공통의 측정 가중치라는 것을 만들 수 없다는 뜻이다. 어떤 강의 특정 시간, 특정 지점에 있어 추출된 단위부피 당 물의 영향은 강의 특성에 의존하며, 해당 시간 그 지점의 물과 재활용, 수질 생태계 및 다른 사용자들의 영향과 비교해야 한다. 셋째로 가장 중요한 것은 용적화된 물발자국 수치에 가중치를 주었을 때 수치가 엉망이 된다는 점이다. 물발자국은 실제 사용된 물의 양에 관련된 것이며, 그 자체로 중요한 정보다. 왜냐하면 세계적으로 물 자원은 희소하며 각기 다른 목적으로 어느 정도씩 배분되는지 아는 것이 중요하기 때문이다.

물 소비나 오염의 지역적 차이는 이와 다른 이슈다. 물발자국 요인이 실제로 지역적 영향을 받는다는 것을 확실하게 지적하려면, 우리는 물발자국이 다면적인 지표이며, 규모를 제시하지만 한편으로 물사용의 유형을 말해 주며, 물사용의 장소와 시간 또한 말해 준다는 점을 강조해야 한다. 물발자국 산정(계정)은 물발자국 전체를 완전히 계량화하는 것이다. 이로써 지역 영향평가의 합당한 기초를 형성하게 되며 시공간에 따라 각각 다른 물발자국 요소들의 다양한 영향을 측정하게 된다. 확실히 지역 영향평가에서는 각각 다른 물발자국 요소에 따라 영향이 다르다는 점을 확인하게 될 것이다. 물발자국을 줄이기 위한 물정책을 공식화하는 데 있어 가중치가 부여된 물발자국영향지수보다는 물발자국 요소들이 얼마나 다양한 영향들과 결부되어 있는지 아는 것이 더 유용하다. 물발자국영향지수에 가중치를 부여하는 것은 진일보한 것 같지만, 영향에 대한 꼬리말(주석)을 다는 것 대신에 영향에 대한 모든 정보를 지표에 숨기는 것과 같은 위험이 존재한다.

10. 물발자국 산정은 전과정평가와 어떻게 관련 있는가?

상품의 물발자국은 상품의 전과정평가에 있어 한 지표가 될 수 있다. 전과정평가에 적용하는 것은 물발자국 적용에 있어 하나의 방법이다. 세계적인 맥락에서 보면, 물발자국은 세계의 부존자원인 물이 특정 제품을 생산하는 데 얼마나 많이 사용되는지 보여주는 관련 지표다. 좀 더 지역적 차원에서 보면 시공간적으로 분명한 물발자국은 시공간적으로 명시적인 물발자국영향지도에 도달하기 위한 물 관련 지도와 겹친다. 다양한 영향들은 합산된 물발자국영향지수에 접목하기 위해 측정되고 종합된다. 전과정평가의 경우 중요한 질문은 자연 자원 이용 방법들이 얼마나 다른지, 그리고 환경영향이 총량화되는지 여부다. 이런 것은 전과정평가에서 특히 필요한 것이며 물발자국의 다른 적용과는 관계가 없다. 예를 들어, 특정 제품들, 소비 그룹, 기업 물발자국의 주요 지점이라든지 등 물발자국의 다른 적용은 물발자국을 줄이거나 관련 영향을 완화시키는 반응 전략을 공식화하는 것이다. 즉 전체적인 것은 기능적이지 않으며, 물과 시공간 유형의 특정화가 이러한 적용을 하기 위해 필수적이기 때문이다.

11. 물발자국은 생태·탄소발자국과 어떤 관련이 있는가?

물발자국 개념은 수십 년에 걸쳐 환경과학에서 발전시켜온 더 많은 관련 개념들의 부분이다. 보통 '발자국'은 인간에 의해 자연 자원이 적합하게 사용되었는지, 환경에 주는 압력은 어떤지 알려주는 개념이 되었다. 생태발자국은 생명생산성 공간(헥타르)의 사용을 측정한다. 탄소발자국은 온실가스(GHGs) 생산량을 측정하고, 단위부피 당 탄소 산화물을 측정한다. 물발자국은 연간 단위부피 당 물사용을 측정한다. 이러한 세 지표는 완전히 다른 것들이기 때문에 서로 보완적이다. 방법론적으로 볼 때, 각기 다른 발자국 사이에는 공통점이 많지만 독특한 실체가 있다고 간주되므로 각각은 특수성을 지닌다. 물발자국의 대부분 전형은 시공간의 특정에 중요성이 있다. 이는 시공간에 따라 물의 이용도가 매우 다양하기 때문이며, 이에 따라 물의 사용성에는 그 지역성이 항상 고려되어야 한다.

12. 물발자국과 가상수는 어떤 차이가 있나?

물발자국은 제품을 만들 때 사용되는 물을 일컫는 용어다. 이런 맥락에서 '물발자국' 대신에 제품의 '가상수함량'을 말할 수도 있다. 하지만 물발자국 개념은 더 넓은 적용이 가능하다. 예를 들면 물발자국이라고 했을 때 재화와 용역에 소비된 물발자국을 살펴보는 것은 소비자에 대한 것일 수도 있고, 혹은 재화와 용역의 생산에 들어간 물발자국을 살펴보는 것은 생산자(사업, 생산, 서비스 공급자)에 대한 것일 수도 있다. 더욱이 물발자국 개념은 제품의 '가상수함량'이라는 개념에서처럼 단순히 물의 양만 뜻하는 게 아니다. 물발자국은 다면적인 개념이며 사용된 물의 양만 뜻하는 게 아니라 물발자국이 어디에 위치했는지, 어디서 온 물이 쓰였는지, 어디서 물이 사용되었는지에 대한 명세를 만드는 것이다. 추가적인 정보는 제품 물발자국의 지역적 영향을 측정하기 위해 결정적이다.

기호 분류표

기호	단위[a]	설명
α	−	침출 지표수 분율. 즉, 담수역에 도달하는 화학물질의 일부(비율)
$Abstr$	volume/time	취수량
$Appl$	mass/time	단위시간 당 토양에 살포된 화학물질(비료 및 살충제) 양
AR	mass/area	단위면적 당 토양에 살포된 화학물질(비료 및 살충제) 적용률
C	mass/time[b]	제품 소비량
c_{act}	mass/volume	취수 내 화학물질(오염원) 실제농도
c_{effl}	mass/volume	폐수 오염원 농도
c_{max}	mass/volume	오염원 최대 허용농도
c_{nat}	mass/volume	오염원 배경농도
CWR	length/time	작물 물요구량
CWU_{blue}	volume/area	작물 청색물 사용량
CWU_{green}	volume/area	작물 녹색물 사용량
E	money/time	비즈니스 유닛별 생산품 총 경제가치
$Effl$	volume/time	폐수량
EFR	volume/time	환경유량요건(환경유지용량)
ET_a	length/time	(실제 조건에 따른) 보정 증발산량
ET_{blue}	length/time	청색물 증발산량
ET_c	length/time	(주어진 여건에 따른) 작물 증발산량
ET_{env}	volume/time	자연식생지 증발산량(녹색물 환경요구량)
ET_{green}	length/time	녹색물 증발산량
ET_o	length/time	대조작물 증발산량
ET_{unprod}	volume/time	작물 비경작지 증발산량

기호	단위[a]	설명
$fp[p,i]$	−	입력제품 i로부터 생산되는 출력제품 p의 제품분율
$fv[p]$	−	출력제품 p의 가치분율
IR	length/time	관개요구량
K_c	−	작물계수
K_{cb}	−	기초 작물계수
K_e	−	토양 증발계수
K_s	−	물스트레스계수
L	mass/time	오염원 부하량
L_{crit}	mass/time	오염원 임계부하량
P	mass/time[b]	제품 생산량
P_{eff}	length/time	유효강수량
$price$	money/mass	제품 가격
R_{act}	volume/time	집수역 실제방출유량
R_{nat}	volume/time	집수역 자연방출유량(청색물발자국 제외)
S_g	volume/time	제품 무역을 통한 지구 물절약 양
S_n	volume/time	제품 무역을 통한 국가 물절약 양
T	mass/time[b]	제품 무역량
T_e	mass/time[b]	제품 수출량
T_i	mass/time[b]	제품 수입량
T_{effl}	temperature	폐수 온도
T_{max}	temperature	최대 허용온도
T_{nat}	temperature	배경온도
V_b	volume/time	특정지역(예: 국가) 가상수 예산
V_e	volume/time	특정지역(예: 국가) 가상수 총 수출량
$V_{e,d}$	volume/time	국내 생산품 가상수 총 수출량
$V_{e,r}$	volume/time	수입된 제품의 재수출을 통한 가상수 총 수출량
V_i	volume/time	특정지역(예: 국가) 가상수 총 수입량
$V_{i,net}$	volume/time	특정지역(예: 국가) 가상수 순 수입량
$w[i]$	−	입력제품 i의 양
$w[p]$	mass	출력제품 p의 양

기호	단위[a]	설명
WA_{blue}	volume/time	청색물가용성
WA_{green}	volume/time	녹색물가용성
WD	%	국가 가상수 수입의존율
WF_{area}	volume/time	특정지역 물발자국
$WF_{area,nat}$	volume/time	국가내물발자국(국가생산물발자국)
WF_{bus}	volume/time	비즈니스물발자국
$WF_{bus,oper}$	volume/time	비즈니스운용물발자국
$WF_{bus,sup}$	volume/time	비즈니스공급사슬물발자국
WF_{cons}	volume/time	소비자물발자국
$WF_{cons,dir}$	volume/time	소비자직접물발자국
$WF_{cons,indir}$	volume/time	소비자간접물발자국
$WF_{cons,nat}$	volume/time	국가소비물발자국
$WF_{cons,nat,dir}$	volume/time	국가소비직접물발자국
$WF_{cons,nat,indir}$	volume/time	국가소비간접물발자국
$WF_{cons,nat,ext}$	volume/time	국가소비외적물발자국
$WF_{cons,nat,int}$	volume/time	국가소비내적물발자국
WF_{proc}	volume/time[c]	공정물발자국
$WF_{proc,blue}$	volume/time[c]	공정청색물발자국
$WF_{proc,green}$	volume/time[c]	공정녹색물발자국
$WF_{proc,grey}$	volume/time[c]	공정회색물발자국
WF_{prod}	volume/mass[b]	제품물발자국
WF^{*}_{prod}	volume/mass[b]	(소비자 및 수출에 연관된) 제품 평균 물발자국
$WFⅡ_{blue}$		청색물발자국영향지수
$WFⅡ_{green}$		녹색물발자국영향지수
$WFⅡ_{grey}$		회색물발자국영향지수
WPL		연중 특정 기간 중 집수역 수질오염수준
WS_{blue}		연중 특정 기간 중 집수역 내 청색물부족
WS_{green}	−	연중 특정 기간 중 집수역 내 녹색물부족
WSS	%	국가 물자족률
Y	mass/area	작물 생산량

i : 입력제품

n : 국가

ne : 수출국

ni : 수입국

p : 출력제품

q : 공정

s : 공정단계

t : 시간

u : 비즈니스 유닛

x : 장소, 기원지

[a]각 변수의 단위는 질량, 길이, 면적, 체적, 시간의 일반적인 도량형으로 표현되었다. 물발자국 산정에 있어 질량은 ㎏이나 ton으로, 체적은 ℓ 나 ㎥, 시간은 일, 월 또는 년으로 표현된다. 강우량, 증발산량 및 작물 관개요구량의 변수는 ㎜/일, ㎜/월 또는 ㎜/년을 적용했으며 생산량과 작물 물이용량은 ton/ha 및 ㎥/ha로 각각 표기했다. 물의 양은 1 ℓ 가 1 ㎏과 동일하다는 전제하에 체적으로 표기했으며 이를 통해 질량을 체적으로 전환해 활용한다. 수치를 제공할 때에는 정확한 단위를 사용해야 한다.

[b]제품물발자국은 대부분 단위질량 당 물의 체적으로 표기되며, 이 경우 생산, 소비 및 교역에 있어 시간당 질량(mass/time)으로 전환해 표기되어야 한다. 때로는 제품의 물발자국은 단위가격 당 물의 체적(volumme/money)으로 표현되기도 하는데, 이 경우에는 생산, 소비 및 교역은 시간당 화폐단위(monetary unit/time)로 전환해 기술되어야 한다. 제품물발자국을 표기하는 다른 방법으로는 단위제품 당 물 체적(volume/piece: 제품의 양을 질량이 아닌 개수로 표기할 경우), 단위열량 당 물 체적(volume/kcal: 식료품의 경우), 단위에너지 당 물 체적(volume/joule: 연료나 전기제품의 경우) 등이 있다.

[c]일반적으로 공정물발자국은 단위시간 당 물 체적(volume/time)으로 표기되나 이를 단위시간 당 생산되는 제품의 수량(product unit/time)으로 나눈 단위제품당 물 체적(volume/product unit)으로 변형해 표기할 수도 있다.

약어 및 용어 설명

약어

CBD 생물다양성협약(Convention on Biological Diversity)

CWR 작물 물요구량(crop water requirements)

EPA 환경보호청(Environmental Protection Agency)

FAO 식량농업기구(Food and Agriculture Organization (UN))

GHG 온실가스(greenhouse gas)

GIEWS 글로벌정보 및 조기경보 시스템(Global Information and Early Warning System)

GIS 지리정보시스템(Geographic Information System)

GMIA 관개지역 세계전도(Global Map of Irrigation Areas)

IPCC 기후변화에 관한 정부 간 패널(Intergovernmental Panel on Climate Change)

IRBM 통합유역관리(integrated river basin management)

IWRM 통합수자원관리(integrated water resource management)

LCA 전과정평가(life cycle assessment)

MFA 물질흐름분석(material flow analysis)

MPA 최대허용추가(maximum permissible addition)

MPC 최대허용농도(maximum permissible concentration)

TMDL 일일 최대 총 오염배출량(total maximum daily load)

UNCTAD 무역개발유엔회의(United Nations Conference on Trade and Development)

UNDP 유엔개발계획(United Nations Development Programme)

UNEP 유엔환경계획(United Nations Environment Programme)

WCED 세계환경개발위원회(World Commission on Environment and Development)

WFN 물발자국네트워크(Water Footprint Network)

용어

1차 영향(Primary impacts) 특정지역의 물발자국 지속성 평가 관련 용어로 특정 유역에서의 물 흐름과 수질에 대한 물발자국의 우선적인 중요 효과를 의미

2차 영향(Secondary impacts) 1차 영향 다음으로 중요한 영향, 예를 들어 생물다양성, 보건, 복지, 안전 등에서 생태적, 사회적, 경제적 가치 등에 대한 물발자국의 영향을 의미

가상수균형(Virtual-water balance) 국가나 유역과 같이 지리적으로 명확하게 구분되는 지역에 대한 특정 시기의 가상수 수지 평형. 특정 기간 동안의 가상수 순수입(= 가상수 총 수입 – 가상수 총 수출) 값이 양수이면 가상수가 외국에서 국내로 유입되는 수준이 높고 음수이면 반대의 상태라는 것을 의미

가상수 수입량(Virtual-water import) 국가나 유역이 다른 지역에서 수입한 상품과 서비스에 사용된 가상수량. 수입하는 지역 입장에서는 추가적인 수량 확보로 인해 수자원 유용량이 확보됨을 의미

가상수 수출량(Virtual-water export) 국가나 유역 등 특정지역에서 수출한 가상수의 양으로 그 지역에서 수출된 제품과 서비스에 사용되거나 오염된 물의 양을 지칭

가상수흐름(Virtual-water flow) 국가나 유역 등 2개 지역 간 가상수의 이동 또는 양국 간의 무역활동으로 이동한 가상수량

가상수함량(Virtual-water content) 제품에 포함된 담수량을 의미하는 것으로 실제적 의미보다는 가상적 관점에서 살펴볼 수 있는 물의 양을 지칭하는 개념적 용어. 제품의 전체 공정과정에서 소비되거나 오염된 물의 양을 의미함. 이러한 제품을 수출 혹은 수입한다면 가상수를 수출 혹은 수입하는 것으로 간주 가능함. 가상수함량은 제품물발자국과 동일한 개념이나 이는 제품에 포함된 물의 양만을 의미한다는 점에서 차이가 있음. 제품물발자국은 물의 양 및 물의 유형, 언제 어디서 사용되었는지를 모두 포함하는 다면적 개념인 반면 가상수함량은 물의 양만을 의미함

간접물발자국(Indirect water footprint) 제품이 소비되거나 혹은 생산된 이후에 소비자나 생산자에 의해 사용된 담수 소비량과 오염량. 소비자가 소비하는 모든 제품의 물발자국 합과 같거나(소비자 간접물발자국) 생산자가 이용한 모든 입력제품(물 제외)의 물발자국의 총합 (생산자 간접물발자국)과 같음

간접성 물발자국(Overhead water footprint) 제품물발자국을 구성하는 2가지 요소, 즉 제품에 즉각적으로 관여하는 물사용과 간접성 활동에 연관된 물사용 중 후자를 일컫음. 특정 제

품이 생산되는 초기단계에 우선적으로 고려되지 않는 물사용으로 지원활동이나 재료와 연계된 것을 지칭함. 이는 특정한 제품만이 아니라 그 사업에서 생산되는 모든 다른 제품과도 연관됨. 따라서 사업의 간접성 물발자국은 관련된 모든 제품의 상대적인 가치에 기초해 할당되어야 함. 예를 들면 기업의 욕실 및 부엌에서 사용한 물과 공장 및 각종 기계에 사용된 콘크리트, 강철 등의 생산에 사용된 담수량이 해당됨

관개요구량(Irrigation requirement) 강수량을 제외하고 정상적인 작물 생산에 필요한 관개수량. 토양 증발 등 회피하기 어려운 수량 손실까지 포함하며, 수심으로 표현(단위: ㎜)하고 작물재배 시기에 따라 월별, 계절별, 연간 등으로 적용 가능

국가내물발자국(Water footprint within a nation) 한 국가의 영토 내에서 소비된 총 담수량과 오염량

국가물발자국(National water footprint) 국가소비물발자국(Water footprint of national consumption)과 동일한 값. 국내 거주자들이 소비하는 상품과 서비스에 사용된 담수 총량으로 외국에서 수입된 상품과 서비스에 포함된 물의 양까지 포괄하는 개념. 국가 내 영역에서 소비 혹은 오염된 담수총량인 '국가내물발자국'과 혼동해서는 안 되는 개념

국가 물자족률 대비 물의존율(Water self-sufficiency versus water dependency of a nation) 물자족률은 국가가 소비한 총 물발자국 대비 국가소비내적물발자국의 비율임. 국내 제품과 서비스 생산에 요구되는 담수 총량 중 국내에서 공급한 수준을 말하며, 물자족률이 100%이면 자국 영토 내에서 필요한 모든 물의 공급이 이루어지고 있음을 의미함. 이 값이 0에 근접하면 국내 상품과 서비스에 대한 요구를 가상수 수입에 거의 의존하고 있음을 나타냄. 가상수 수입에 의존하고 있는 국가는 실제로는 타 국가의 수자원 유용성에 의존하는 것을 의미함. 가상수 수입의존율은 국가가 소비한 총 물발자국 대비 국가소비외적물발자국의 비율임

국가생산물발자국(Water footprint of national production) 국가내물발자국(Water footprint within a nation)과 동일 개념

국가소비내적물발자국(Internal water footprint of national consumption) 국가소비물발자국의 일부로 국내에서 생산된 상품과 서비스의 소비과정에 이용된 국내 수자원 양

국가소비물발자국(Water footprint of national consumption) 국내 거주자에 의해 소비된 상품과 서비스를 생산하는 데 사용된 담수 총량. 국내 소비된 모든 제품의 물발자국을 합산하는 상향식(bottom-up)과 국내 수자원 총사용량 + 가상수 총 수입량 − 가상수 총 수출량으로 산정하는 하향식(top-down)의 두 가지 방식으로 산정

국가소비외적물발자국(External water footprint of national consumption) 국가소비물발자국

의 일부로 국외에서 기원되는 물발자국. 국외에서 수입되어 소비되는 상품과 서비스 생산 과정에서 사용된 수자원이 국내 소비로 전용되는 양

녹색물가용성(Green water availability) 토지로부터 빗물이 증발산되는 양에서 식생이 머금 는 물의 양을 빼고, 식물에게 생산적으로 사용되지 못하는 양도 뺀 나머지 양

녹색물(Green water) 강수량 중 유출되지 않고 지하수로 충전되거나 토양, 표토층, 식생에 일시적으로 머무는 물. 결국에는 식물을 통해 증발산되는 물로 식물 성장에 생산적으로 이 용되는 물

녹색물발자국영향지수(Green water footprint impact index) 집수역 수준에서 녹색물발자국 의 영향을 종합적으로 평가한 측정치. (i) 제품/소비자 혹은 생산자의 유역 별, 월별 녹색물 발자국과 (ii) 유역별, 월별 녹색물부족 정도 등의 기준을 매트릭스 형태로 곱하고 각 매트릭 스의 합을 통해 산정. 다양한 녹색물발자국의 요소가 있는 특정지역에서 특정 기간 동안의 녹색물부족 영향을 반영, 평가한 녹색물발자국으로 해석 가능

녹색물발자국(Green water footprint) 생산과정에서 사용되는 빗물의 양으로 농업과 임업제 품과 관련된 용어임. 총빗물 증산량 + 수확된 작물과 목재에 포함된 물을 의미

녹색물부족(Green water scarcity) 녹색물발자국을 녹색물유용성으로 나눈 비율. 연중, 연차 별로 다를 수 있음

녹색물수요(요구)량(Environmental green water requirement) 자연생태계에 의존하는 인간의 생활과 자연 및 생물다양성 보전을 위해 필요한 토지의 녹색물 양

물발자국 산정(계정)(Water footprint accounting) 시공간적으로 정의된 물발자국의 실제적, 경험적 자료를 종합하는 물발자국평가과정의 한 단계

물발자국상쇄(Water footprint offsetting) 물발자국의 부정적 영향을 벌충(보상)하기 위한 물 중립의 한 부분으로 적정한 수준으로 물발자국을 감소시키는 선행 작업 후에 실시하는 마지 막 과정임. 보상은 물발자국의 영향이 발생한 지역 내에서 수문학적으로 지속가능하고 공평 한 물사용과 배분을 위한 조정 또는 노력(예: 경제적 투자)

물발자국영향지수(Water footprint impact indices) 청색, 녹색, 회색물발자국영향지수로 구 분해 산정

물발자국 지속가능성평가(Water footprint sustainability assessment) 특정 물발자국의 지속 (가능)성 여부를 환경, 사회, 경제적 관점에서 평가하기 위한 물발자국평가단계

물발자국평가(Water footprint assessment) 다음 3가지 물발자국평가과정을 지칭함. (i) 공정, 제품, 생산자 또는 소비자의 물발자국 계량화 및 설정 또는 특정지역 내 물자국을 시공간적으

로 계량화, (ii) 환경, 사회, 경제적 관점에서의 물발자국 지속성평가, (iii) 대응옵션수립

물발자국(Water footprint) 소비자와 생산자가 사용하는 직간접적인 담수사용량의 지표. 개인, 지역사회, 비즈니스의 물발자국은 각 영역에서 소비 혹은 생산된 상품과 서비스를 생산하는 과정에서 소비된 담수량으로 정의함. 단위는 사용된 담수량(제품 내 포함되거나 증발량도 고려)과 시간 당 오염물질량 2가지 모두 혹은 둘 중 하나로 활용 가능함. 특정 제품, 마을, 도시, 지자체, 광역시도, 국가 등의 소비자그룹, 공공기관, 민간업체, 경제 분야 등 생산자 각각에 대해 물발자국 산정이 가능하고 지역적인 특성을 반영해 설명하는 지표로 유용함

물부족(Water scarcity) 청색물부족과 녹색물부족을 참조

물생산성(Water productivity) 물 소비량이나 오염량 당 생산된 제품의 양(제품량/㎥)으로 표기되며 이는 물발자국(㎥/제품)의 역분수 관계임. 청색물생산성은 청색물 1㎥ 소비 당 생산된 제품의 양이고, 녹색물생산성은 녹색물 1㎥ 소비 당 생산된 제품의 양이며, 회색물생산성은 회색물 1㎥ 소비 시 생산된 제품의 양임. 노동이나 토지 생산성과 유사한 개념이나 단위물소비량(㎥)으로 환산된 개념임. 이를 화폐단위로 환산하면 경제적 물생산성으로도 지칭할 수 있음

물소비(Water consumption) 제품에 사용되거나 증발 혹은 포함된 담수량을 지칭. 집수역 내 지표수나 지하수 이용량과 다른 유역이나 바다로 환원되는 양을 포함함. 이 개념과 취수는 별개의 개념으로 구분, 사용해야 함

물오염수준(Water pollution level) 유출량의 오염된 정도. 실제 소비된 유출량의 폐수흡수용량 분율로 표현. 이 수치가 100%이면 유출량의 폐수흡수용량이 완전히 소비되었음을 의미

물전용(책정)(Water appropriation) 인간 활동을 위해 사용된 담수량(녹색 및 청색물발자국)과 오염된 담수량(회색물발자국)을 모두 의미하는 물발자국평가관점에서 활용

물중립(Water neutral) 다음 조건을 충족할 때 생산자, 소비자, 지역사회, 비즈니스가 물중립인 것으로 정의함: (i) 물이 매우 부족하거나 오염된 지역에서 가능한 범위 내에서 물발자국을 줄이고, (ii) 잔여 물발자국의 부정적인 환경, 사회, 경제적 외부 요인들이 상쇄(보상)되었을 때임. 예를 들어, 물 재활용이나 폐기물 무방출(zero waste)을 통해 물순환체계에 영향을 주지 않고, 이론적으로는 물발자국이 완전히 0이 될 때 물중립에 해당됨. 이와는 달리 작물재배의 물발자국은 완전히 0이 될 수 없기 때문에 물중립이라고 해서 물발자국이 완전히 0일 필요는 없으나, 최대한 물발자국을 감축시키거나 물발자국의 부정적인 환경적, 사회적, 경제적 외부 요인이 완전히 상쇄되는 경우를 의미

배경농도(Natural concentration) 인간의 간섭이나 훼손이 없는 상류지역에서 유역의 수체

로 유입되는 오염물질의 자연적 혹은 기본적 고유농도. 유럽연합의 수질관리규정(EU Water Framewirj Directive)에 의하면 매우 좋은 수질 상태

비즈니스공급사슬물발자국(Supply-chain water footprint of a business) 비즈니스물발자국 중 간접적인 공급 물발자국. 사업체(기업)가 일련의 과정을 통해 제품과 서비스를 생산하기 위해 사용 혹은 오염시킨 담수량

비즈니스물발자국(Water footprint of a business, Organizational water footprint) 기업이나 기관 물발자국으로 대체 사용이 가능한 개념으로 사업체를 운영, 지원하기 위해 직간접적으로 사용된 총 담수량을 의미하며, 다음 2가지 요소로 구성됨. (i) 생산자가 사용한 직접적인 물사용량(생산, 제조 및 지원 활동에 필요한 물 모두 포함), (ii) 생산자가 활용하는 자원과 관련된 간접적인 물사용량, 비즈니스 생산제품의 물발자국과 동일한 개념

비즈니스운용물발자국(Operational water footprint of a business) 비즈니스 자체를 운용하는 과정에서 소비되거나 오염시킨 담수량

상품무역을 통한 국가 물절약(National water saving through trade) 물을 다량으로 필요로 하는 상품을 국내에서 생산하지 않고 수입해서 자국의 담수자원을 보존함

상품무역을 통한 지구적 물절약(Global water saving through trade) 생산과정에서 물이 많이 요구되는 제품을 물이 풍부한 지역(물발자국이 적은 지역)에서 생산해서 물이 부족한 지역(물발자국이 큰 지역)으로 거래하는 경우 국제적으로는 담수자원의 이용 효율을 높일 수 있음을 의미

생산체계(Production system, Product tree) 제품을 생산하기 위한 모든 일련의 과정으로서 생산되는 제품이 하나 혹은 다수일 경우에 따라 선형, 나무 형태, 망 구조 등 다양할 수 있음

소비자물발자국(Water footprint of a consumer) 소비자가 사용한 제품과 이용한 서비스의 생산에 있어 소비 혹은 그로 인해 오염된 총 담수량. 소비자에 의한 직접적인 물사용량과 간접적 물사용량을 합해 산정하며, 간접적인 물사용량은 소비자가 사용한 모든 상품과 서비스가 지닌 각각의 물발자국을 곱해 산정

유효강수량(Effective precipitation) 총 강수량 중 작물 생산에 이용 가능한 토양 내 습윤된 양

임계부하(Critical load) 유입 수체의 정화 능력을 초과하는 오염물질 부하

작물 물요구량(Crop water requirement) 특정 기후 조건에서 식물이 자라는 동안 증발산에 필요한 물의 총량, 강우나 관개를 통해 식물 성장과 수확에 제약을 주지 않는 한도에서 토양 내 수분이 적정하게 유지되는 것을 전제로 함

최종소비제품물발자국(End-use water footprint of a product) 소비자가 사용하는 소비단계

에서 산정한 제품의 물발자국. 예를 들어 가정에서 비누 사용으로 오염되는 경우와 같이 제품의 물발자국은 아니지만 소비자 단계에서는 물발자국인 것을 의미

제품물발자국(Water footprint of a product) 상품, 재화, 서비스 등 모든 제품을 생산하는 데 사용된 총 담수량으로 산정하며 생산과정의 각 단계에서 사용된 양을 산정하는 것이 중요함. 제품물발자국은 사용된 수량은 물론 언제 어디서 사용되었는지의 정보와도 연계됨

주변수질기준(Ambient water quality standards) 하천, 호소 또는 지하수의 특정 물질의 농도 유지에 허락되는 최대 유입량. pH나 수온과 같은 물의 이화학적 특성을 의미하기도 함. 기준은 인간의 보건 및 삶의 질, 야생과 생태계 기능에 미칠 수 있는 부정적 영향을 방지하기 위해 설정됨. = 최대 허용농도(Maximum acceptable concentration)

증발산(량)(Evapotranspiration) 작물이 자라는 토양과 토양 표면으로부터의 증발산량

지리적 지속(가능)성(Geographic sustainability) 특정 집수역이나 유역의 청색, 녹색, 회색물발자국의 지리적 자족성으로서 환경, 사회, 경제적 지속성 기준들에 기초해 평가될 수 있음

지속(가능)성 기준(Sustainability criteria) 환경, 사회, 경제의 3가지 지속성으로 구분

직접물발자국(Direct water footprint) 소비자 혹은 생산자가 이용하는 담수소비량과 이와 연동된 오염량, 간접적인 물발자국이 생산자가 상품, 서비스 등을 생성하는 과정에서 사용하는 물의 양과 오염물질의 양을 의미하는 것과 차이가 있음

청색물(Blue water) 민물 지표수와 지하수를 일컫는 말로 담수역의 유수, 정수 및 대수층을 의미함

청색물발자국영향지수(Blue water footprint impact index) 집수역 수준에서 청색물발자국의 영향을 종합적으로 평가한 측정치. 두 가지 입력 요소 (i) 월별 각 집수역의 생산품, 소비자 또는 생산자의 청색물발자국과 (ii) 월별 집수역의 청색물부족에 기초함. 지수는 앞의 두 매트릭스를 곱한 후 이 결과로 얻은 매트릭스를 합해 얻어짐. 결과는 지역 내 청색물부족 정도와 청색물요소가 발생하는 기간을 평가한 청색물발자국으로 해석됨

청색물발자국(Blue water footprint) 제품의 생산이나 서비스 등의 과정에서 소비된 청색물의 양. 소비는 제품에 포함되었거나 생산과정에서 이용된 물과 증발된 양을 포함함. 또한 집수역 내 지표수나 지하수로부터 취수된 물과 바다나 타 집수역으로 되돌아가는 물을 포함함. 이는 취수된 본래 집수역으로 다시 돌아가지 않는 지하수나 지표수의 양을 의미하기도 함.

청색물부족(Blue water scarcity) 청색물발자국/청색물가용성의 비율로 이는 연간, 연중 변화함

청색물가용성(Blue water availability) 지하수 및 유수로부터 발생하는 자연적 유출량에서 환

경유량요건(환경유지용량)을 뺀 수량. 이는 연간, 연중 값이 변화함

취수(Water withdrawal, Water abstraction) 지표수나 지하수로부터 취수한 담수량. 이 중 일부는 증발되고 나머지는 본래 집수역으로 회귀하거나 다른 일부는 타 집수역이나 바다로 유입됨

특정지역 내 물발자국(Water footprint within a geographically delineated area) 특정 지리적 경계 내에서의 총 담수 사용량과 오염량으로 정의. 이때 지리적 단위는 집수역, 유역 등의 수문학적 단위일 수도 있고 시, 군, 광역지자체, 국가 등의 행정적 단위로 설정도 가능함. 핫스팟(Hotspot) 특정 집수역이나 소유역에서 물발자국이 지속가능하지 않은 특정 시기(주로 갈수기)에 대상 지역의 환경적 물수요 혹은 수질기준에 의해 유발되거나, 물의 배분과 이용이 공평하지 않고 경제적인 비효율성에 의해 기인됨

환경유량요건(환경유지용량)(Environmental flow requirements) 담수와 기수역 생태계 및 이에 의존하는 인간의 생활과 복지를 지속적으로 유지하기 위해 필요한 물 흐름의 시기와 이에 따른 수량과 수질

환원수(Return flow) 취수한 물 중에서 농업, 산업, 내수 목적으로 동일 집수역의 지하수나 지표수로 다시 되돌려진 담수. 다시 취수되어 사용 가능한 담수

회색물발자국영향지수(Grey water footprint impact index) 집수역 수준에서의 회색물발자국 영향을 종합적으로 평가한 측정치. 녹색물발자국영향지수와 마찬가지로 (i) 제품/소비자 혹은 생산자의 유역별, 월별 회색물발자국과 (ii) 유역별, 월별 수질오염수준을 담은 두 매트릭스를 곱하고 산출된 매트릭스의 합을 통해 산정. 다양한 회색물발자국의 요소가 있는 특정 지역에서 특정 기간 동안의 수질오염수준을 계량화한 회색물발자국으로 해석 가능

회색물발자국(Grey water footprint) 제품생산과정을 거쳐 생산과정이 야기한 담수오염의 지표, 지역의 기존 수질기준과 자연적 배경농도까지 오염유출량을 처리하는 데 요구되는 담수량으로 정의, 허용가능한 수질기준 이상으로 수질을 유지하기 위해 오염물질을 희석하는 데 요구되는 수량

희석계수(Dilution factor) 공장 폐수를 최대 허용농도에 맞추기 위해 주변의 물로 희석하는 과정의 횟수

참고문헌

Acreman, M. and Dunbar, M. J. (2004) 'Defining environmental river flow requirements: A review', *Hydrology and Earth System Sciences*, vol 8, no 5, pp861–876

Alcamo, J. and Henrichs, T. (2002) 'Critical regions: A model-based estimation of world water resources sensitive to global changes', *Aquatic Sciences*, vol 64, no 4, pp352–362

Aldaya, M. M. and Hoekstra, A. Y. (2010) 'The water needed for Italians to eat pasta and pizza', *Agricultural Systems*, vol 103, pp351–360

Aldaya, M. M. and Llamas, M. R. (2008) 'Water footprint analysis for the Guadiana river basin', Value of Water Research Report Series No 35, UNESCO-IHE, Delft, Netherlands, www.waterfootprint.org/Reports/Report35-WaterFootprint-Guadiana.pdf

Aldaya, M. M., Allan, J. A. and Hoekstra, A. Y. (2010a) 'Strategic importance of green water in international crop trade', *Ecological Economics*, vol 69, no 4, pp887–894

Aldaya, M. M., Garrido, A., Llamas, M. R., Varelo-Ortega, C., Novo, P. and Casado, R. R. (2010b) 'Water footprint and virtual water trade in Spain', in A. Garrido and M. R. Llamas (eds) *Water Policy in Spain*, CRC Press, Leiden, Netherlands, pp49–59

Aldaya, M. M., Muñoz, G. and Hoekstra, A. Y. (2010c) 'Water footprint of cotton, wheat and rice production in Central Asia', Value of Water Research Report Series No 41, UNESCO-IHE, Delft, Netherlands, www.waterfootprint.org/Reports/Report41-WaterFootprintCentralAsia.pdf

Aldaya, M. M., Martinez-Santos, P. and Llamas, M. R. (2010d) 'Incorporating the water footprint and virtual water into policy: Reflections from the Mancha Occidental Region, Spain', *Water Resources Management*, vol 24, no 5, pp941–958

Allan, J. A. (2003) 'Virtual water – the water, food, and trade nexus: Useful concept or misleading metaphor?', *Water International*, vol 28, no 1, pp106–113

Allen, R. G., Pereira, L. S., Raes, D. and Smith, M. (1998) 'Crop evapotranspiration: Guidelines for computing crop water requirements', FAO Irrigation and Drainage Paper 56, Food and Agriculture Organization, Rome

ANZECC and ARMCANZ (Australian and New Zealand Environment and Conservation Council and Agriculture and Resource Management Council of Australia and New Zealand) (2000) 'Australian and New Zealand guidelines for fresh and marine water quality', ANZECC and ARMCANZ, www.mincos.gov. au/publications/australian_and_new_zealand_guidelines_for_fresh_and_marine_water_quality

Arthington, A. H., Bunn, S. E., Poff, N. L. and Naiman, R. J. (2006) 'The challenge of providing environmental flow rules to sustain river ecosystems', *Ecological Applications*, vol 16, no 4, pp1311–1318

Austrian Federal Ministry of Agriculture, Forestry, Environment and Water Management (2010) 'BGBl 2010 II Nr. 99: Verordnung des Bundesministers für Landund Forstwirtschaft, Umwelt und Wasserwirtschaft über die Festlegung des ökologischen Zustandes für Oberflächengewässer (Qualitätszielverordnung Ökologie Oberflächengewässer – QZV Ökologie OG)'

Barton, B. (2010) 'Murky waters? Corporate reporting on water risk, A benchmarking study of 100 companies', Ceres, Boston, MA, www.ceres.org/Document.Doc?id=547

Batjes, N. H. (2006) 'ISRIC-WISE derived soil properties on a 5 by 5 arc-minutes global grid', Report 2006/02, ISRIC – World Soil Information, Wageningen, Netherlands, available through www.isric.org

Berger, M. and Finkbeiner, M. (2010) 'Water footprinting: How to address water use in life cycle assessment?', *Sustainability*, vol 2, pp919–944

Brown, S., Schreier, H. and Lavkulich, L. M. (2009) 'Incorporating virtual water into water management: A British Columbia example', *Water Resources Management*, vol 23, no 13, pp2681–2696

Bulsink, F., Hoekstra, A. Y. and Booij, M. J. (2010) 'The water footprint of Indonesian provinces related to the consumption of crop products', *Hydrology and Earth System Sciences*, vol 14, no 1, pp119–128

Canadian Council of Ministers of the Environment (2010) 'Canadian water quality guidelines for the protection of aquatic life', Canadian Environmental Quality Guidelines, Canadian Council of Ministers of the Environment, Winnipeg, Canada, http://ceqg-rcqe.ccme.ca

CBD (Convention on Biological Diversity) (2002) 'Global strategy for plant conservation', CBD, Montreal, Canada, www.cbd.int

Chahed, J., Hamdane, A. and Besbes, M. (2008) 'A comprehensive water balance of Tunisia: Blue water, green water and virtual water', *Water International*, vol 33, no 4, pp415–424

Chapagain, A. K. and Hoekstra, A. Y. (2003) 'Virtual water flows between nations in relation to trade in livestock and livestock products', Value of Water Research Report Series No.13, UNESCO-IHE, Delft, Netherlands, www.waterfootprint.org/Reports/Report13.pdf

Chapagain, A. K. and Hoekstra, A. Y. (2004) 'Water footprints of nations', Value of Water Research Report Series No.16, UNESCO-IHE, Delft, Netherlands, www.waterfootprint.org/Reports/Report16Vol1.pdf

Chapagain, A. K., and Hoekstra, A. Y. (2007) 'The water footprint of coffee and tea consumption in the Netherlands', *Ecological Economics*, vol 64, no 1, pp109–118

Chapagain, A. K. and Hoekstra, A. Y. (2008) 'The global component of freshwater demand and supply: An assessment of virtual water flows between nations as a result of trade in agricultural and industrial products', *Water International*, vol 33, no 1, pp19–32

Chapagain, A. K. and Hoekstra, A. Y. (2010) 'The green, blue and grey water footprint of rice from both a production and consumption perspective', Value of Water Research Report Series No.40, UNESCO-IHE, Delft, Netherlands, www.waterfootprint.org/Reports/Report40-WaterFootprintRice.pdf

Chapagain, A. K. and Orr, S. (2008) *UK Water Footprint: The Impact of the UK's Food and Fibre Consumption on Global Water Resources*, WWF-UK, Godalming

Chapagain, A. K., and Orr, S. (2009) 'An improved water footprint methodology linking global consumption to local water resources: A case of Spanish tomatoes', *Journal of Environmental Management*, vol 90, pp1219–1228

Chapagain, A. K. and Orr, S. (2010) 'Water footprint of Nestlé's "Bitesize Shredded Wheat": A pilot study to account and analyse the water footprints of Bitesize Shredded Wheat in the context of water availability along its supply chain', WWFUK, Godalming

Chapagain, A. K., Hoekstra, A. Y. and Savenije, H. H. G. (2006a) 'Water saving through international trade of agricultural products', *Hydrology and Earth System Sciences*, vol 10, no 3, pp455–468

Chapagain, A. K., Hoekstra, A. Y., Savenije, H. H. G. and Gautam, R. (2006b) 'The water footprint of cotton consumption: An assessment of the impact of worldwide consumption of cotton products on the water resources in the cotton producing countries', *Ecological Economics*, vol 60, no 1, pp186–203

Chinese Ministry of Environmental Protection (2002) 'Environmental quality standard for surface water', Ministry of Environmental Protection, The People's Republic of China, http://english.mep.gov.cn/standards_reports/standards/water_environment/quality_standard/200710/t20071024_111792.htm

Clark, G. M., Mueller, D. K., Mast, M. A. (2000) 'Nutrient concentrations and yields in undeveloped stream basins of the United States', *Journal of the American Water Resources Association*, vol 36, no 4, pp849–860

CONAMA (Conselho Nacional do Meio Ambiente) (2005) *Brazilian Water Quality Standards for Rivers*, The National Council of the Environment, Brazilian Ministry of the Environment

Crommentuijn, T., Sijm, D., de Bruijn, J., van den Hoop, M., van Leeuwen, K. and van de Plassche, E. (2000) 'Maximum permissible and negligible concentrations for metals and metalloids in the Netherlands, taking into account background concentrations', *Journal of Environmental Management*, vol 60, pp121–143

CropLife Foundation (2006) *National Pesticide Use Database 2002*, CropLife Foundation, Washington, DC, www.croplifefoundation.org/cpri_npud2002.htm

Dabrowski, J. M., Murray, K., Ashton, P. J. and Leaner, J. J. (2009) 'Agricultural impacts on water quality and implications for virtual water trading decisions', *Ecological Economics*, vol 68, no 4, pp1074–1082

Dastane, N. G. (1978) 'Effective rainfall in irrigated agriculture', Irrigation and Drainage Paper No 25, Food and Agriculture Organization, Rome, www.fao.org/docrep/X5560E/x5560e00.htm#Contents

Dietzenbacher, E. and Velazquez, E. (2007) 'Analysing Andalusian virtual water trade in an input-output framework', *Regional Studies*, vol 41, no 2, pp185–196

Dominguez-Faus, R., Powers, S. E., Burken, J. G. and Alvarez, P. J. (2009) 'The water footprint of biofuels: A drink or drive issue?', *Environmental Science & Technology*, vol 43, no 9, pp3005–3010

Dyson, M., Bergkamp, G. and Scanlon, J. (eds) (2003) *Flow: The Essentials of Environmental Flows*, IUCN, Gland, Switzerland

Ecoinvent (2010) *Ecoinvent Data v2.2*, Ecoinvent Centre, Switzerland, www.ecoinvent.org

Elkington, J. (1997) *Cannibals with Forks: The Triple Bottom Line of 21st Century Business*, Capstone, Oxford

Ene, S. A. and Teodosiu, C. (2009) 'Water footprint and challenges for its application to integrated water resources management in Romania', *Environmental Engineering and Management Journal*, vol 8, no 6, pp1461–1469

Environment Agency (2007) 'Towards water neutrality in the Thames Gateway', summary report, science report SC060100/SR3, Environment Agency, Bristol

EPA (Environmental Protection Agency) (2005) 'List of drinking water contaminants: Ground water and drinking water', US Environmental Protection Agency, www.epa.gov/safewater/mcl.html#1

EPA (2010a) 'Overview of impaired waters and total maximum daily loads program', US Environmental Protection Agency, www.epa.gov/owow/tmdl/intro.html

EPA (2010b) 'National recommended water quality criteria', US Environmental Protection Agency, www.epa.gov/waterscience/criteria/wqctable/index.html#nonpriority

Ercin, A. E., Aldaya, M. M. and Hoekstra, A. Y. (2009) 'A pilot in corporate water footprint accounting and impact assessment: The water footprint of a sugarcontaining carbonated beverage', Value of Water Research Report Series No 39, UNESCO-IHE, Delft, Netherlands, www.waterfootprint.org/Reports/Report39-WaterFootprintCarbonatedBeverage.pdf

EU (European Union) (2000) 'Directive 2000/60/EC of the European Parliament and of the Council of 23 October 2000 establishing a framework for Community action in the field of water policy', EU, http://eur-lex.europa.eu/LexUriServ/LexUriServ.do?uri=CONSLEG:2000L0060:20090113:EN:PDF

EU (2006) 'Directive 2006/44/EC of the European Parliament and of the Council of 6 September 2006 on the quality of fresh waters needing protection or improvement in order to support fish life', EU, Brussels, http://eur-lex.europa.eu/LexUriServ/LexUriServ.do?uri=OJ:L:2006:264:0020:0031:EN:pdf

EU (2008) 'Directive 2008/105/EC on environmental quality standards in the field of water policy', EU, http://eur-lex.europa.eu/LexUriServ/LexUriServ.do?uri=OJ:L:2008:348:0084:0097:EN:PDF

Eurostat (2007) *The Use of Plant Protection Products in the European Union: Data 1992–2003*, Eurostat Statistical Books, European Commission, http://epp.eurostat.ec.europa.eu/cache/ITY_OFFPUB/KS-76-06-669/EN/KS-76-06-669-EN.PDF

Falkenmark, M. (1989) 'The massive water scarcity now threatening Africa: Why isn't it being addressed?', *Ambio*, vol 18, no 2, pp112–118

Falkenmark, M. (2003) 'Freshwater as shared between society and ecosystems: from divided approaches to integrated challenges', *Philosophical Transaction of the Royal Society of London B*, vol 358, no 1440, pp2037–2049

Falkenmark, M. and Lindh, G. (1974) 'How can we cope with the water resources situation by the year 2015?', *Ambio*, vol 3, nos 3–4, pp114–122

Falkenmark, M. and Rockström, J. (2004) *Balancing Water for Humans and Nature: The New Approach in Ecohydrology*, Earthscan, London

FAO (Food and Agriculture Organization) (2003) Technical conversion factors for agricultural commodities, FAO, Rome, www.fao.org/fileadmin/templates/ess/documents/methodology/tcf.pdf

FAO (2005) 'New LocClim, Local Climate Estimator CD-ROM', FAO, Rome, www.fao.org/nr/climpag/pub/en3_051002_en.asp

FAO (2010a) 'CLIMWAT 2.0 database', FAO, Rome, www.fao.org/nr/water/infores_databases_climwat.html

FAO (2010b) 'CROPWAT 8.0 model', FAO, Rome, www.fao.org/nr/water/infores_databases_cropwat.html.

FAO (2010c) 'FertiStat database', FAO, Rome, www.fao.org/ag/agl/fertistat

FAO (2010d) 'FAOSTAT database', FAO, Rome, http://faostat.fao.org

FAO (2010e) 'AQUACROP 3.1', FAO, Rome, www.fao.org/nr/water/aquacrop.html

FAO (2010f) 'Global Information and Early Warning System (GIEWS)', FAO, Rome, www.fao.org/giews/countrybrief/index.jsp

FAO (2010g) 'Global map of monthly reference evapotranspiration and precipitation–at 10 arc minutes', GeoNetwork grid database, www.fao.org/geonetwork/srv/en

FAO (2010h) 'Global map maximum soil moisture – at 5 arc minutes', GeoNetwork grid database, www.fao.org/geonetwork/srv/en.

Galan-del-Castillo, E. and Velazquez, E. (2010) 'From water to energy: The virtual water content and water footprint of biofuel consumption in Spain', *Energy Policy*, vol 38, no 3, pp1345–1352

Galloway, J. N., Burke, M., Bradford, G. E., Naylor, R., Falcon, W., Chapagain, A. K., Gaskell, J. C., McCullough, E., Mooney, H. A., Oleson, K. L. L., Steinfeld, H., Wassenaar, T. and Smil, V. (2007) 'International trade in meat: The tip of the pork chop', *Ambio*, vol 36, no 8, pp622–629

Garrido, A., Llamas, M. R., Varela-Ortega, C., Novo, P., Rodríguez-Casado, R. and Aldaya, M. M. (2010) *Water Footprint and Virtual Water Trade in Spain*, Springer, New York, NY

Gerbens-Leenes, P. W. and Hoekstra, A. Y. (2009) 'The water footprint of sweeteners and bio-ethanol from sugar cane, sugar beet and maize', Value of Water Research Report Series No 38, UNESCO-IHE, Delft, Netherlands, www.waterfootprint.org/Reports/Report38-WaterFootprint-sweeteners-ethanol.pdf

Gerbens-Leenes, P. W. and Hoekstra, A. Y. (2010) 'Burning water: The water footprint of biofuel-based transport', Value of Water Research Report Series No 44, UNESCO-IHE, Delft, Netherlands, www.waterfootprint.org/Reports/Report44-BurningWater-WaterFootprintTransport.pdf

Gerbens-Leenes, P. W., Hoekstra, A. Y. and Van der Meer. T. H. (2009a) 'The water footprint of energy from biomass: A quantitative assessment and consequences of an increasing share of bio-energy in energy supply', *Ecological Economics*, vol 68, no 4, pp1052–1060

Gerbens-Leenes, W., Hoekstra, A. Y. and Van der Meer, T. H. (2009b) 'The water footprint of bioenergy', *Proceedings of the National Academy of Sciences*, vol 106, no 25, pp10219–10223

Gerbens-Leenes, W., Hoekstra, A. Y. and Van der Meer, T. H. (2009c) 'A global estimate of the water footprint of *Jatropha curcas* under limited data availability', *Proceedings of the National Academy of Sciences*, vol 106, no 40, pE113

Gleick, P. H. (ed) (1993) *Water in Crisis: A Guide to the World's Fresh Water Resources*, Oxford University Press, Oxford

Gleick, P. H. (2010) 'Water conflict chronology', www.worldwater.org/conflict

GWP (Global Water Partnership) (2000) 'Integrated water resources management', TAC Background Papers No 4, GWP, Stockholm

GWP and INBO (International Network of Basin Organizations) (2009) *A Handbook for Integrated Water Resources Management in Basins*, GWP, Stockholm, and INBO, Paris

Heffer, P. (2009) 'Assessment of fertilizer use by crop at the global level', International Fertilizer Industry Association, Paris, www.fertilizer.org/ifa/Home-Page/LIBRARY/Publication-database.html/Assessment-of-Fertilizer-Use-by-Crop-at-the-Global-Level-2006-07-2007-08.html2

Herendeen, R. A. (2004) 'Energy analysis and EMERGY analysis: A comparison', *Ecological Modelling*, vol 178, pp227–237.

Hoekstra, A. Y. (ed) (2003) 'Virtual water trade: Proceedings of the International Expert Meeting on Virtual Water Trade', 12–13 December 2002, Value of Water Research Report Series No 12, UNESCO-IHE, Delft, Netherlands, www.waterfootprint.org/Reports/Report12.pdf

Hoekstra, A. Y. (2006) 'The global dimension of water governance: Nine reasons for global arrangements in order to cope with local water problems', Value of Water Research Report Series No 20, UNESCO-IHE, Delft, Netherlands, www.waterfootprint.org/Reports/Report_20_Global_Water_Governance.pdf

Hoekstra, A. Y. (2008a) 'Water neutral: Reducing and offsetting the impacts of water footprints', Value of Water Research Report Series No 28, UNESCO-IHE, Delft, Netherlands, www.waterfootprint.org/Reports/Report28-WaterNeutral.pdf

Hoekstra, A. Y. (2008b) 'The relation between international trade and water resources management', in K. P. Gallagher (ed) *Handbook on Trade and the Environment*, Edward Elgar Publishing, Cheltenham, pp116–125

Hoekstra, A. Y. (2008c) 'The water footprint of food', in J. Förare (ed) *Water For Food*, The Swedish Research Council for Environment, Agricultural Sciences and Spatial Planning, Stockholm,, pp49–60

Hoekstra, A. Y. (2009) 'Human appropriation of natural capital: A comparison of ecological footprint and water footprint analysis', *Ecological Economics*, vol 68, no 7, pp1963–1974

Hoekstra, A. Y. (2010a) 'The relation between international trade and freshwater scarcity', Working Paper ERSD-2010-05, January 2010, World Trade Organization, Geneva

Hoekstra, A. Y. (2010b) 'The water footprint of animal products', in J. D'Silva and J. Webster (eds) *The Meat Crisis: Developing More Sustainable Production and Consumption*, Earthscan, London, pp22–33

Hoekstra, A. Y. and Chapagain, A. K. (2007a) 'Water footprints of nations: Water use by people as a function of their consumption pattern', *Water Resources Management*, vol 21, no 1, pp35–48

Hoekstra, A. Y. and Chapagain, A. K. (2007b) 'The water footprints of Morocco and the Netherlands: Global water use as a result of domestic consumption of agricultural commodities', *Ecological Economics*, vol 64, no 1, pp143–151

Hoekstra, A. Y. and Chapagain, A. K. (2008) *Globalization of Water: Sharing the Planet's Freshwater Resources*, Blackwell Publishing, Oxford

Hoekstra, A. Y. and Hung, P. Q. (2002) 'Virtual water trade: A quantification of virtual water flows between nations in relation to international crop trade', Value of Water Research Report Series No 11, UNESCO-IHE, Delft, Netherlands, www.waterfootprint.org/Reports/Report11.pdf

Hoekstra, A. Y. and Hung, P. Q. (2005) 'Globalisation of water resources: International virtual water flows in relation to crop trade', *Global Environmental Change*, vol 15, no 1, pp45–56

Hoekstra, A. Y., Chapagain, A. K., Aldaya, M. M. and Mekonnen, M. M. (2009a) *Water Footprint Manual: State of the Art 2009*, Water Footprint Network, Enschede, the Netherlands, www.waterfootprint.org/downloads/WaterFootprintManual2009.pdf

Hoekstra, A. Y., Gerbens-Leenes, W. and Van der Meer, T. H. (2009b) 'Water footprint accounting, impact assessment, and life-cycle assessment', *Proceedings of the National Academy of Sciences*, vol 106, no 40, pE114

Hoekstra, A. Y., Gerbens-Leenes, W. and Van der Meer, T. H. (2009c) 'The water footprint of *Jatropha curcas* under poor growing conditions', *Proceedings of the National Academy of Sciences*, vol 106, no 42, pE119

Hubacek, K., Guan, D. B., Barrett, J. and Wiedmann, T. (2009) 'Environmental implications of urbanization and lifestyle change in China: Ecological and water footprints', *Journal of Cleaner Production*, vol 17, no 14, pp1241–1248

Humbert, S., Loerincik, Y., Rossi, V., Margnia, M. and Jolliet, O. (2009) 'Life cycle assessment of spray dried soluble coffee and comparison with alternatives (drip filter and capsule espresso)', *Journal of Cleaner Production*, vol 17, no 15, pp1351–1358

IFA (International Fertilizer Industry Association) (2009) 'IFA data', IFA, www.fertilizer.org/ifa/ifadata/search

IFC, LimnoTech, Jain Irrigation Systems and TNC (2010) *Water Footprint Assessments: Dehydrated Onion Products, Micro-irrigation Systems* – Jain Irrigation Systems Ltd, International Finance Corporation, Washington, DC

IPCC (Intergovernmental Panel on Climate Change) (2006) '2006 IPCC guidelines for national greenhouse gas inventories', IPCC, www.ipcc-nggip.iges.or.jp

Japanese Ministry of the Environment (2010) 'Environmental quality standards for water pollution', Ministry of the Environment, Government of Japan, www.env.go.jp/en/water

Jongschaap, R. E. E., Blesgraaf, R. A. R., Bogaard, T. A., Van Loo, E. N. and Savenije, H. H. G. (2009) 'The water footprint of bioenergy from *Jatropha curcas* L.', *Proceedings of the National Academy of Sciences*, vol 106, no 35, ppE92–E92

Kampman, D. A., Hoekstra, A. Y. and Krol, M. S. (2008) 'The water footprint of India', Value of Water Research Report Series No 32, UNESCO-IHE, Delft, Netherlands

Koehler, A. (2008) 'Water use in LCA: Managing the planet's freshwater resources', *International Journal of Life Cycle Assessment*, vol 13, no 6, pp451–455

Kuiper, J., Zarate, E, and Aldaya, M. (2010) 'Water footprint assessment, policy and practical measures in a specific geographical setting', A study in collaboration with the UNEP Division of Technology, Industry and Economics, Water Footprint Network, Enschede, Netherlands

Kumar, V. and Jain, S. K. (2007) 'Status of virtual water trade from India', *Current Science*, vol 93, pp1093–1099

LAWA-AO (2007) 'Monitoring framework design, Part B, Valuation bases and methods descriptions: Background and guidance values for physico-chemical components', www.vsvi-sachsen.de/Beitr%E4ge%20aus%20unseren%20

Veranst/17.09.2008%20Tausalz%20Recht%20RAKONArbeitspapierII_Stand_07_03_2007.pdf

Levinson, M., Lee, E., Chung, J., Huttner, M., Danely, C., McKnight, C. and Langlois, A. (2008) *Watching Water: A Guide to Evaluating Corporate Risks in a Thirsty World*, J. P. Morgan, New York, NY

Liu, J. and Savenije, H. H. G. (2008) 'Food consumption patterns and their effect on water requirement in China', *Hydrology and Earth System Sciences*, vol 12, no 3, pp887–898.

Liu, J. G., Williams, J. R., Zehnder, A. J. B. and Yang, H. (2007) 'GEPIC: Modelling wheat yield and crop water productivity with high resolution on a global scale', *Agricultural Systems*, vol 94, no 2, pp478–493

Liu, J., Zehnder, A. J. B. and Yang, H. (2009) 'Global consumptive water use for crop production: The importance of green water and virtual water', *Water Resources Research*, vol 45, pW05428

Ma, J., Hoekstra, A. Y., Wang, H., Chapagain, A. K. and Wang, D. (2006) 'Virtual versus real water transfers within China', *Philosophical Transactions of the Royal Society B: Biological Sciences*, vol 361, no 1469, pp835–842

MacDonald, D. D., Berger, T., Wood, K., Brown, J., Johnsen, T., Haines, M. L., Brydges, K., MacDonald, M. J., Smith, S. L. and Shaw, D. P. (2000) *Compendium of Environmental Quality Benchmarks*, MacDonald Environmental Sciences, Nanaimo, British Columbia, www.pyr.ec.gc.ca/georgiabasin/reports/Environmental%20Benchmarks/GB-99-01_E.pdf

Maes, W. H., Achten, W. M. J. and Muys, B. (2009) 'Use of inadequate data and methodological errors lead to an overestimation of the water footprint of Jatropha curcas', *Proceedings of the National Academy of Sciences*, vol 106, no 34, ppE91–E91

MAPA (2001) *Calendario de siembra, recolección y comercialización, años 1996–1998*, Spanish Ministry of Agriculture, Madrid

MARM (2009) *Agro-alimentary Statistics Yearbook*, Spanish Ministry of the Environment and Rural and Marine Affairs, www.mapa.es/es/estadistica/pags/anuario/introduccion.htm

Mekonnen, M. M. and Hoekstra, A. Y. (2010a) 'A global and high-resolution assessment of the green, blue and grey water footprint of wheat', *Hydrology and Earth System Sciences*, vol 14, pp1259–1276

Mekonnen, M. M. and Hoekstra, A. Y. (2010b) 'Mitigating the water footprint of export cut flowers from the Lake Naivasha Basin, Kenya', Value of Water Research Report Series No 45, UNESCO-IHE, Delft, Netherlands, www.waterfootprint.org/Reports/Report45-WaterFootprint-Flowers-Kenya.pdf

Milài Canals, L., Chenoweth, J., Chapagain, A., Orr, S., Antón, A. and Clift, R. (2009) 'Assessing freshwater use impacts in LCA: Part I – inventory modelling and characterisation factors for the main impact pathways', *Journal of Life Cycle Assessment*, vol 14, no 1, pp28–42

Mitchell, T. D. and Jones, P. D. (2005) 'An improved method of constructing a database of monthly climate observations and associated high-resolution grids', *International Journal of Climatology*, vol 25, pp693–712, http://cru.csi.cgiar.org/continent_selection.asp

Monfreda, C., Ramankutty, N. and Foley, J. A. (2008) 'Farming the planet: 2. Geographic distribution of crop areas, yields, physiological types, and net primary production in the year 2000', *Global Biogeochemical Cycles*, vol 22, no 1, pGB1022, www.geog.mcgill.ca/landuse/pub/Data/175crops2000

Morrison, J., Morkawa, M., Murphy, M. and Schulte, P. (2009) *Water Scarcity and Climate Change: Growing Risks for Business and Investors*, CERES, Boston, MA, www.ceres.org/Document.Doc?id=406

Morrison, J., Schulte, P. and Schenck, R. (2010) *Corporate Water Accounting: An Analysis of Methods and Tools for Measuring Water Use and its Impacts*, United Nations Global Compact, New York, NY, www.pacinst.org/reports/corporate_water_accounting_analysis/corporate_water_accounting_analysis.pdf

NASS (2009) *Agricultural Chemical Use Database*, National Agricultural Statistics Service, www.pestmanagement.info/nass

Nazer, D. W., Siebel, M. A., Van der Zaag, P., Mimi, Z. and Gijzen, H. J. (2008) 'Water footprint of the Palestinians in the West Bank', *Journal of the American Water Resources Association*, vol 44, no 2, pp449–458

NCDC (National Climatic Data Center) (2009) Global surface summary of the day, NCDC, www.ncdc.noaa.gov/cgi-bin/res40.pl?page=gsod.html, data available from ftp://ftp.ncdc.noaa.gov/pub/data/gsod

Noss, R. F. and Cooperrider, A. Y. (1994) *Saving Nature's Legacy: Protecting and Restoring Biodiversity*, Island Press, Washington, DC

Novo, P., Garrido, A. and Varela-Ortega, C. (2009) 'Are virtual water "flows" in Spanish grain trade consistent with relative water scarcity?', *Ecological Economics*, vol 68, no 5, pp1454–1464

Odum, H. T. (1996) *Environmental Accounting: Emergy and Environmental Decision Making*, Wiley, New York, NY

Official State Gazette (2008) 'Approval of the water planning instruction', Ministry of the Environment and Rural and Marine Affairs, Official State Gazette 229, Madrid, Spain, 22 September 2008, www.boe.es/boe/dias/2008/09/22/pdfs/A38472-38582.pdf

Oregon State University (2010) 'The transboundary freshwater dispute database', Oregon State University, Department of Geosciences, Corvallis, OR, www.transboundarywaters.orst.edu/database

Pegram, G., Orr, S. and Williams, C. (2009) *Investigating Shared Risk in Water: Corporate Engagement with the Public Policy Process*, WWF, Godalming

Perry, C. (2007) 'Efficient irrigation; Inefficient communication; Flawed recommendations', *Irrigation and Drainage*, vol 56, no 4, pp367–378

Pfister, S. and Hellweg, S. (2009) 'The water "shoesize" vs. footprint of bioenergy', *Proceedings of the National Academy of Sciences*, vol 106, no 35, ppE93–E94

Pfister, S., Koehler, A. and Hellweg, S. (2009) 'Assessing the environmental impacts of freshwater consumption in LCA', *Environmental Science and Technology*, vol 43, pp4098–4104

Poff, N. L., Richter, B. D., Aarthington, A. H., Bunn, S. E., Naiman, R. J., Kendy, E., Acreman, M., Apse, C., Bledsoe, B. P., Freeman, M. C., Henriksen, J., Jacobson,

R. B., Kennen, J. G., Merritt, D. M., O'Keeffe, J. H., Olden, J. D., Rogers, K., Tharme, R. E. and Warner, A. (2010) 'The ecological limits of hydrologic alteration (ELOHA): A new framework for developing regional environmental flow standards', *Freshwater Biology*, vol 55, no 1, pp147–170

Portmann, F., Siebert, S., Bauer, C. and Döll, P. (2008) 'Global data set of monthly growing areas of 26 irrigated crops', Frankfurt Hydrology Paper 06, Institute of Physical Geography, University of Frankfurt, Frankfurt am Main, www.geo.unifrankfurt.de/ipg/ag/dl/forschung/MIRCA/index.html

Portmann, F. T., Siebert, S. and Döll P. (2010) 'MIRCA2000 – Global monthly irrigated and rainfed crop areas around the year 2000: A new high-resolution data set for agricultural and hydrological modeling', *GlobalBiogeochemical Cycles*, vol 24, GB1011

Postel, S. L., Daily, G. C. and Ehrlich, P. R. (1996) 'Human appropriation of renewable fresh water', *Science*, vol 271, pp785–788

Raskin, P. D., Hansen, E. and Margolis, R. M. (1996) 'Water and sustainability: global patterns and long-range problems', *Natural Resources Forum*, vol 20, no 1, pp1–5

Rebitzer, G., Ekvall, T., Frischknecht, R., Hunkeler, D., Norris, G., Rydberg, T., Schmidt, W. P., Suh, S., Weidema, B. P. and Pennington, D. W. (2004) 'Life cycle assessment Part 1: Framework, goal and scope definition, inventory analysis, and applications', *Environment International*, vol 30, pp701–720

Rees, W. E. (1992) 'Ecological footprints and appropriated carrying capacity: What urban economics leaves out', *Environment andUrbanization*, vol 4, no 2, pp121–130

Rees, W. E. (1996) 'Revisiting carrying capacity: Area-based indicators of sustainability', *Population and Environment*, vol 17, no 3, pp195–215

Rees, W. E. and Wackernagel, M. (1994) 'Ecological footprints and appropriated carrying capacity: Measuring the natural capital requirements of the human economy', in A. M. Jansson, M. Hammer, C. Folke and R. Costanza (eds) *Investing in Natural Capital: The Ecological Economics Approach to Sustainability*, Island Press, Washington, DC, pp362–390

Richter, B. D. (2010) 'Re-thinking environmental flows: From allocations and reserves to sustainability boundaries', *River Research and Applications*, vol 26, no 8, pp1052–1063

Ridoutt, B. G. and Pfister, S. (2010) 'A revised approach to water footprinting to make transparent the impacts of consumption and production on global freshwater scarcity', *Global Environmental Change*, vol 20, no 1, pp113–120

Ridoutt, B. G., Eady, S. J., Sellahewa, J. Simons, L. and Bektash, R. (2009) 'Water footprinting at the product brand level: case study and future challenges', *Journal of Cleaner Production*, vol 17, no 13, pp1228–1235

Ridoutt, B. G., Juliano, P., Sanguansri, P. and Sellahewa, J. (2010) 'The water footprint of food waste: Case study of fresh mango in Australia', *Journal of Cleaner Production*, vol 18, nos 16–17, pp1714–1721

Rockström, J. (2001) 'Green water security for the food makers of tomorrow: Windows of opportunity in drought-prone savannahs', *Water Science and Technology*, vol 43, no 4, pp71–78

Romaguera, M., Hoekstra, A. Y., Su, Z., Krol, M. S. and Salama, M. S. (2010) 'Potential of using remote sensing techniques for global assessment of water footprint of crops', *Remote Sensing*, vol 2, no 4, pp1177–1196

SABMiller and WWF-UK (2009) *Water Footprinting: Identifying and Addressing Water Risks in the Value Chain*, SABMiller, Woking and WWF-UK, Goldalming

SABMiller, GTZ and WWF (2010) *Water Futures: Working Together for a Secure Water Future*, SABMiller, Woking and WWF-UK, Goldalming

Safire, W. (2008) 'On language: Footprint', *New York Times*, 17 February 2008

Savenije, H. H. G. (2000) 'Water scarcity indicators: The deception of the numbers', *Physics and Chemistry of the Earth*, vol 25, no 3, pp199–204

Siebert, S. and Döll, P. (2010) 'Quantifying blue and green virtual water contents in global crop production as well as potential production losses without irrigation', *Journal of Hydrology*, vol 384, no 3–4, pp198–207

Siebert, S., Döll, P., Feick, S., Hoogeveen, J. and Frenken, K. (2007) 'Global map of irrigation areas, version 4.0.1', Johann Wolfgang Goethe University, Frankfurt am Main, and FAO, Rome, www.fao.org/nr/water/aquastat/irrigationmap/index10.stm

Smakhtin, V., Revenga, C. and Döll, P. (2004) 'A pilot global assessment of environmental water requirements and scarcity', *Water International*, vol 29, no 3, pp307–317

Smith, M. (1992) 'CROPWAT – A computer program for irrigation planning and management', Irrigation and Drainage Paper 46, FAO, Rome

Smith, R. A., Alexander, R. and Schwarz, G. E. (2003) 'Natural background concentrations of nutrients in streams and rivers of the conterminous United States', *Environmental Science and Technology*, vol 37, no 14, pp3039–3047

Sonnenberg, A., Chapagain, A., Geiger, M. and August, D. (2009) *Der Wasser-Fußabdruck Deutschlands: Woher stammt das Wasser, das in unseren Lebensmitteln steckt?*, WWF Deutschland, Frankfurt

South African Department of Water Affairs and Forestry (1996) *South African Water Quality Guidelines*, vol 7, Aquatic Ecosystems, Department of Water Affairs and Forestry

Svancara, L. K., Brannon, R., Scott, J. M., Groves, C. R., Noss, R. F. and Pressey, R. L. (2005) 'Policy-driven versus evidence-based conservation: A review of political targets and biological needs', *BioScience*, vol 55, no 11, pp989–995

TCCC and TNC (The Coca-Cola Company and The Nature Conservancy) (2010) *Product Water Footprint Assessments: Practical Application in Corporate Water Stewardship*, TCCC, Atlanta, and TNC, Arlington

UKTAG (UK Technical Advisory Group) (2008) 'UK environmental standards and conditions (Phase 1)', UK Technical Advisory Group on the Water Framework Directive, www.wfduk.org/UK_Environmental_Standards/ES_Phase1_final_report

UN (United Nations) (1948) *Universal Declaration of Human Rights*, UN General Assembly, Resolution 217 A (III) of 10 December 1948, Paris

UN (2010a) *Trends in Sustainable Development: Towards Sustainable Consumption and Production*, UN, New York, NY, www.un.org/esa/dsd/resources/res_pdfs/publications/trends/trends_sustainable_consumption_production/Trends_in_sustainable_consumption_and_production.pdf

UN (2010b) 'The human right to water and sanitation', UN General Assembly, 64th session, Agenda item 48, UN, New York, NY

UNEP (United Nations Environment Programme) (2009) 'GEMSTAT: Global water quality data and statistics', Global Environment Monitoring System, UNEP, Nairobi, Kenya, www.gemstat.org

UNESCO (United Nations Educational, Scientific and Cultural Organization) (2009) *IWRM Guidelines at River Basin Level, Part I: Principles*, UNESCO, Paris

USDA (United States Department of Agriculture) (1994) 'The major world crop areas and climatic profiles', *Agricultural Handbook No 664*, World Agricultural Outlook Board, USDA, www.usda.gov/oce/weather/pubs/Other/MWCACP/MajorWorldCropAreas.pdf

Van der Leeden, F., Troise, F. L. and Todd, D. K. (1990) *The Water Encyclopedia*, second edition, CRC Press, Boca Raton, FL

Van Lienden, A. R., Gerbens-Leenes, P. W., Hoekstra, A. Y. and Van der Meer, T. H. (2010) 'Biofuel scenarios in a water perspective: The global blue and green water footprint of road transport in 2030', Value of Water Research Report Series No 43, UNESCO-IHE, Delft, Netherlands, www.waterfootprint.org/Reports/Report43-WaterFootprint-BiofuelScenarios.pdf

Van Oel, P. R. and Hoekstra, A. Y. (2010) 'The green and blue water footprint of paper products: Methodological considerations and quantification', Value of Water Research Report Series No 46, UNESCO-IHE, Delft,

Netherlands, www.waterfootprint.org/Reports/Report46-WaterFootprintPaper

Van Oel, P. R., Mekonnen M. M. and Hoekstra, A. Y. (2008) 'The external water footprint of the Netherlands: Quantification and impact assessment', Value of Water Research Report Series No 33, UNESCO-IHE, Delft, Netherlands, www.waterfootprint.org/Reports/Report33-ExternalWaterFootprintNetherlands.pdf

Van Oel, P. R., Mekonnen M. M. and Hoekstra, A. Y. (2009) 'The external water footprint of the Netherlands: Geographically-explicit quantification and impact assessment', *Ecological Economics*, vol 69, no 1, pp82–92

Verkerk, M. P., Hoekstra, A. Y. and Gerbens-Leenes, P. W. (2008) 'Global water governance: Conceptual design of global institutional arrangements', Value of Water Research Report Series No 26, UNESCO-IHE, Delft, Netherlands, www.waterfootprint.org/Reports/Report26-Verkerk-et-al-2008GlobalWaterGovernance.pdf

Verma, S., Kampman, D. A., Van der Zaag, P. and Hoekstra, A. Y. (2009) 'Going against the flow: A critical analysis of inter-state virtual water trade in the context of India's National River Linking Programme', *Physics and Chemistry of the Earth*, vol 34, pp261–269

Wackernagel, M. and Rees, W. (1996) *Our Ecological Footprint: Reducing Human Impact on the Earth*, New Society Publishers, Gabriola Island, BC, Canada

Wang, H. R. and Wang, Y. (2009) 'An input-output analysis of virtual water uses of the three economic sectors in Beijing', *Water International*, vol 34, no 4, pp451–467

Water Neutral (2002) 'Get water neutral!', brochure distributed among delegates at the 2002 World Summit on Sustainable Development in Johannesburg, The Water Neutral Foundation, Johannesburg, South Africa.

WCED (World Commission on Environment and Development) (1987) *Our Common Future*, WCED, Oxford University Press, Oxford

Williams, J. R. (1995) 'The EPIC model', in V. P. Singh (ed) *Computer Models of Watershed Hydrology*, Water Resources Publisher, CO, pp909–1000

Williams, J. R., Jones, C.A., Kiniry, J. R. and Spanel, D. A. (1989) 'The EPIC crop growth-model', *Transactions of the ASAE*, vol 32, no 2, pp497–511

WRI and WBCSD (World Resources Institute and World Business Council for Sustainable Development) (2004) *The Greenhouse Gas Protocol: A Corporate Accounting and Reporting Standard*, revised edition, WRI, Washington, DC andWBCSD, Conches-Geneva, www.ghgprotocol.org/files/ghg-protocol-revised.pdf

WWAP (World Water Assessment Programme) (2009) *The United Nations World Water Development Report 3: Water in a Changing World*, WWAP, UNESCO Publishing, Paris, and Earthscan, London

WWF (2008) *Living Planet Report 2008*, WWF International, Gland, Switzerland.

WWF (2010) *Living Planet Report 2010*, WWF International, Gland, Switzerland.

Yang, H., Zhou, Y. and Liu, J. G. (2009) 'Land and water requirements of biofuel and implications for food supply and the environment in China', *Energy Policy*, vol 37, no 5, pp1876–1885

Yu, Y., Hubacek. K., Feng, K. S. and Guan, D. (2010) 'Assessing regional and global water footprints for the UK', Ecological Economics, vol 69, no 5, pp1140–1147

Zarate, E. (ed) (2010a) 'WFN grey water footprint working group final report: A joint study developed by WFN partners', Water Footprint Network, Enschede, Netherlands

Zarate, E. (ed) (2010b) 'WFN water footprint sustainability assessment working group final report: A joint study developed by WFN partners', Water Footprint Network, Enschede, Netherlands

Zeitoun, M., Allan, J. A. and Mohieldeen, Y. (2010) 'Virtual water "flows" of the Nile Basin, 1998–2004: A first approximation and implications for water security', *Global Environmental Change*, vol 20, no 2, pp229–242

Zhao, X., Chen, B. and Yang, Z. F. (2009) 'National water footprint in an inputoutput framework: A case study of China 2002', *Ecological Modelling*, vol 220, no 2, pp245–253

Zwart, S. J., Bastiaanssen, W. G. M., De Fraiture, C. and Molden, D. J. (2010) 'A global benchmark map of water productivity for rainfed and irrigated wheat', *Agricultural Water Management*, vol 97, no 10, pp1617–1627

〈Nature & Ecology〉 Academic Series 7

물발자국평가매뉴얼 : 글로벌 표준 설정
The Water Footprint Assessment Manual : Setting the Global Standard

발행일 | 2015년 4월 16일
지은이 | 아르옌 훅스트라, 아쇼크 샤파게인, 마이테 얼다이아, 메스핀 메코넨
옮긴이 | 노태호

펴낸이 | 조영권
만든이 | 강대현, 노인향

발행처 | 자연과생태
주소 _ 서울 마포구 신수로 25-32, 101(구수동)
전화 _ 02)701-7345-6 팩스 _ 02)701-7347
등록 _ 제2007-000217호
홈페이지 _ www.econature.co.kr

아르옌 훅스트라, 아쇼크 샤파게인, 마이테 얼다이아, 메스핀 메코넨 ⓒ 2015

ISBN 978-89-97429-52-3 93530